高等学校装配式建筑规划教材

装配式建筑案例分析

PREFABRICATED BUILDING CASE ANALYSIS

王家远　编著

中国建筑工业出版社

图书在版编目（CIP）数据

装配式建筑案例分析 / 王家远编著 . —北京：中国建筑工业出版社，2019.8
高等学校装配式建筑规划教材
ISBN 978-7-112-23993-1

Ⅰ.①装… Ⅱ.①王… Ⅲ.①装配式构件—高等学校—教材 Ⅳ.① TU3

中国版本图书馆CIP数据核字（2019）第149240号

　　本教材由 8 个专题组成。专题 1 主要介绍装配式建筑的概念、分类、特点、演变过程、与现浇建筑的对比分析以及现有技术体系，让读者对其有一个基本的认识。专题 2~ 专题 7 分别介绍中国内地、中国香港、美国、日本、新加坡和德国的装配式建筑发展现状，并结合典型案例进行分析，以期帮助读者对装配式建筑在各个国家和地区的发展有更深层次地了解。专题 8 主要围绕装配式建筑信息化管理展开讨论，介绍了如何应用 BIM、FRID、北斗定位、VR、3D 打印等信息技术来解决装配式建筑建设管理过程中遇到的技术难题，以期让读者对装配式建筑信息化管理有一个较为全面的认识。

　　本教材可作为工程管理、土木工程等专业教学用书，也可供高校师生、企业和项目管理人员在学习、研究及实践中加以借鉴。

　　为更好地支持相应课程的教学，我们向采用本书作为教材的教师提供教学课件，有需要者可与出版社联系，邮箱：cabpcm@163.com。

责任编辑：高延伟　张　晶　牟琳琳
责任校对：赵　菲　赵听雨

高等学校装配式建筑规划教材
装配式建筑案例分析
王家远　编著
*
中国建筑工业出版社出版、发行（北京海淀三里河路 9 号）
各地新华书店、建筑书店经销
北京雅盈中佳图文设计公司制版
北京建筑工业印刷厂印刷
*
开本：787×1092 毫米　1/16　印张：21　字数：481 千字
2019 年 11 月第一版　2019 年 11 月第一次印刷
定价：48.00 元（赠课件）
ISBN 978-7-112-23993-1
（34289）

前　言

装配式建筑具有建造效率高、建造质量有保障及节能环保等突出优点，得到国家的大力推广，在国务院办公厅印发的《关于大力发展装配式建筑的指导意见》（国办发〔2016〕71号）中明确指出，要力争用10年左右的时间，使装配式建筑占新建建筑面积的比例达到30%，这标志着推广装配式建筑已上升到了国家战略的层面，发展装配式建筑已成为我国建筑产业转型升级的新动力和新路径。但值得指出的是，尽管我国装配式建筑的建造技术和管理水平较之过去已有了显著提升，但与发达国家和地区相比，仍存在较大的差距。美国、日本、德国、新加坡、法国、英国等发达国家均已发展了各自的装配式建筑专用体系，如美国的预制装配停车楼体系、日本的多层装配式集合住宅体系、德国的预制空心模板墙体系、法国的预应力装配框架体系、英国的L板体系等，其建造技术和管理水平都已进入了十分成熟的阶段，而我国尚处于不断完善的过程。

作者在长期的教学、科研和工程实践中深切体会到，人才培养是目前推广装配式建筑的当务之急，而发达国家和地区的装配式建筑发展经验，无论对我国装配式建筑的技术、管理水平提升还是人才培养均具有很好的借鉴意义。为此，作者希望通过系统分析和总结我国和美国、日本等发达国家装配式建筑的发展现状、技术要点等，以案例的形式编写一本理论和实际结合的教材，供广大师生和同仁在学习、研究和实践中加以借鉴。

本书由8个专题组成。专题1主要介绍装配式建筑的基本概念、分类和特点；专题2~专题7分别介绍中国内地、中国香港、美国、日本、新加坡和德国的装配式建筑发展现状、技术要点等，其间穿插了许多典型案例；专题8对如何使用BIM、RFID、北斗定位、VR、3D打印等信息技术来解决装配式建筑在建设管理过程中的技术难题进行了探讨。在本书的撰写过程中，博士研究生喻博承担了基础性的工作，高宇、卞雨、周福萍、钟卓玲、王兴冲、张静蓉、周敏、李婕、陈坤阳、王进、何志林等硕士研究生参与了本书的资料收集、整理和初稿撰写工作，为本书的出版作出了重要贡献。作者也特别感谢李政道博士对本书的框架设计及专题3、专题8以及黄振宇博士对本书专题6的支持和贡献，感谢丁娟女士对本书素材收集给予的帮助。另外，本书还参考和吸收了国内外一些学者的研究成果，无法一一列举。在此，一并表示作者衷心的感谢。

由于装配式建筑正处于快速发展阶段，其理论研究和工程实践日新月异，加上作者的水平有限，难免有错误和不当之处，敬请读者加以指正，并提出宝贵意见，以便进一步修改和完善。

王家远

2019年6月于深圳荔园

目　录

1 装配式建筑概述

1.1 装配式建筑的概念、分类及特点

1.1.1 装配式建筑的概念及分类

按照常规理解，装配式建筑是指建筑的部分或全部构件在工厂预制完成，然后运输至施工现场，再将构件通过可靠的连接方式组装而成的建筑。基于此，装配式建筑有两个主要特征：第一个特征是建筑的主要构件是预制的；第二个特征是部品部件的连接方式必须可靠，具有一定的承载力、刚度和稳定性。住房和城乡建设部于2016年发布的《装配式混凝土建筑技术标准》GB/T 51231—2016、《装配式钢结构建筑技术标准》GB/T 51232—2016中对"装配式建筑（Assembled Building）"一词进行了明确定义：装配式建筑是指结构系统、外围护系统、设备与管线系统、内装系统的主要部分采用预制部品部件集成的建筑。该定义强调了装配式建筑不仅仅只是结构系统，而是由上述全部4个系统构成，各个系统的主要部分由部品部件集成。于2017年发布的《装配式建筑评价标准》GB/T 51129—2017中也对"装配式建筑（Prefabricated Building）"一词进行了明确定义：装配式建筑是指由预制部品部件在工地装配而成的建筑。该标准将装配式建筑作为最终产品，根据系统性的指标体系进行综合打分，把装配率作为考量指标，不以单一指标进行衡量。

装配式建筑按其结构形式与施工方法可分为砌块建筑、板材建筑、盒式建筑、骨架板材建筑和升板（升层）建筑；按其建筑高度可分为低层装配式建筑、多层装配式建筑、高层装配式建筑和超高层装配式建筑；按其预制率高低可分为超高预制率（70%以上）、高预制率（50%~70%）、普通预制率（20%~50%）、低预制率（5%~20%）和局部使用预制构件（0%~5%）；按其建筑物主要结构所使用的材料可分为装配式混凝土建筑、装配式钢结构建筑、装配式木结构建筑和装配式复合材料建筑（钢结构、轻钢结构与混凝土相结合的装配式建筑）。其中，装配式混凝土建筑常见的结构体系包括：装配整体式混凝土剪力墙结构、装配整体式混凝土框架结构和装配整体式框架–剪力墙结构。常见分类形式及种类见表1-1。

下文主要介绍按其结构形式与施工方法进行分类，以及按其建筑主要结构所使用材料的不同进行分类。

1. 按结构形式与施工方法分类

（1）砌块建筑

砌块建筑是指采用预制的块状材料砌筑而成的建筑，适用于3~5层建筑，若提高砌块强度或增加配筋数量，还可适当增加层数。砌块建筑适应性强、生产工艺简单、施工方便、造

装配式建筑常见分类   表 1-1

分类方式	主要类型
结构形式与施工方法	砌块建筑、板材建筑、盒式建筑、骨架板材建筑、升板（升层）建筑
建筑高度	低层装配式建筑、多层装配式建筑、高层装配式建筑、超高层装配式建筑
预制率高低	超高预制率（70% 以上）、高预制率（50%~70%）、普通预制率（20%~50%）、低预制率（5%~20%）、局部使用预制构件（0%~5%）
主要结构所使用的材料	装配式混凝土建筑（装配整体式混凝土剪力墙结构、装配整体式混凝土框架结构、装配整体式框架－剪力墙结构）、装配式钢结构建筑、装配式木结构建筑、装配式复合材料建筑

价较低，还可利用地方材料和工业废料。建筑砌块有小型、中型、大型之分。其中，小型砌块适用于人工搬运和砌筑，工业化程度较低，但灵活方便，因此使用较广；中型砌块采用小型机械吊装，可节省砌筑劳动力；大型砌块现已被预制大型板材所替代。砌块有实心和空心两类，实心砌块多采用轻质材料制成。砌块接缝是保证砌体强度的重要环节，因此一般采用水泥砂浆接缝，小型砌块还可采用套接，可减少施工过程中的湿作业环节。

（2）板材建筑

板材建筑是指由预制的大型内外墙板、楼板和屋面板等板材组装而成的建筑，又称大板建筑。它是工业化体系中全装配式建筑的主要类型，可以减轻结构重量、提高劳动生产率、扩大建筑的使用面积和提高抗震能力。板材建筑的内墙板多为钢筋混凝土实心板或空心板，外墙板多为带有保温层的钢筋混凝土复合板，也可采用由轻骨料混凝土、泡沫混凝土或大孔混凝土等制成的带有外饰面的墙板。建筑内的设备通常采用集中的室内管道配件或盒式卫生间，以提高装配化程度。板材建筑的关键问题在于节点设计，要求在结构上应保证构件连接的整体性。板材之间的连接方法主要有焊接、螺栓连接和后浇混凝土整体连接。在防水构造上要妥善解决外墙板接缝的防水，以及楼缝、角部的热工处理等问题。板材建筑的主要缺点是对建筑物造型和布局有较大的制约性，以及小开间横向承重的大板建筑内部分隔缺少灵活性，但纵墙式、内柱式和大跨度楼板式建筑内部可灵活分隔。

（3）盒式建筑

盒式建筑是在板材建筑的基础上演变而来的一种新型装配式建筑，具有工厂化程度高、现场组装快等优点。盒式建筑的主体结构在工厂内完成，建筑内部的装饰和设备也通常在工厂内配套完成，有的甚至连硬装家具都安装齐全。盒式建筑的主要形式有以下几种：

1）全盒式。全盒式是指全部由承重式板材重叠组成的建筑。

2）板材盒式。板材盒式是指开间较小的厨房、卫生间及楼梯间等采用承重盒子，再将其与墙板及楼板组成的建筑。

3）核心体盒式。核心体盒式是指以卫生间作为承重的盒子核心体，周围再与墙板、楼板及骨架组成的建筑。

4）骨架盒式。骨架盒式是指用轻质材料拼装成的许多住宅单元或单间式盒子，并将其支撑在承重骨架上而形成的建筑，也可以用轻质材料拼装成包括设备及管道的卫生间盒子。骨架盒式建筑的工业化程度虽然较高，但因其成本高、运输不方便且吊装设备要求高等，致使其发展受到诸多限制。

（4）骨架板材建筑

骨架板材建筑是指由预制的骨架与板材组成的建筑，按其承重形式分为以下两种：一种是由梁、柱主要承重，楼板及非承重内外墙板进行空间分隔的框架结构体系；另一种是由柱、楼板组成的板柱结构体系，其内外墙板是非承重的，其中承重骨架大多数是重型的钢筋混凝土结构，但也可采用钢材或木材做成骨架再与板材组合，这种组合方式一般用于轻型装配式结构中。骨架板材建筑具有结构合理和内部空间分隔灵活等优势，一般多用于多层及高层建筑中。

（5）升板（升层）建筑

升板（升层）建筑是板柱结构体系中的一种，泛指建筑在底层混凝土地面上预制各层的楼板及屋面板，竖立预制钢筋混凝土柱，以柱作为导杆，在柱上放油压千斤顶，把楼板及屋面板提升至各施工层，再加以固定。升板（升层）建筑的外墙包括预制外墙板、砖墙、轻质组合墙板、砌块墙或幕墙等。升板（升层）建筑主要在地面施工，减少了高空作业及垂直运输，同时节约了模板及脚手架，从而减少施工现场占地面积。升板（升层）建筑楼板多采用无梁楼板和双向密肋楼板，具备柱距大、楼板承载力强等优势，多用于商场、工厂、仓库及多层车库等。

2. 按建筑主要结构所使用材料的不同分类

（1）装配式混凝土建筑

按照《装配式混凝土建筑技术标准》GB/T 51231—2016 的定义，装配式混凝土建筑是指建筑的结构系统由混凝土部件（预制构件）构成的装配式建筑。常见的装配式混凝土体系包括："外挂内浇"预制装配式外挂墙板剪力墙体系、双面叠合板式剪力墙体系、全装配整体式剪力墙体系、装配式框架－现浇剪力墙体系、全装配整体式框架体系等。

1）装配整体式混凝土剪力墙结构。装配整体式混凝土剪力墙结构是由预制混凝土剪力墙墙板构件和现浇混凝土剪力墙构成的竖向承重和水平抗侧力体系，通过整体式连接形成的一种钢筋混凝土剪力墙结构形式。该结构体系的基本组成包括：水平方向（预制内墙板、预制外墙板、现浇连接段、现浇剪力墙）、竖直方向（预制剪力墙板／现浇剪力墙、水平现浇带／圈梁、灌浆层）以及水平与竖向（水平现浇带／圈梁、整体式楼屋盖、墙体）。要求其结构整体性能基本等同现浇，具有与现浇剪力墙结构相似的空间刚度、整体性、承载能力和变形性能。目前，该结构体系的技术标准、设计方法、构造措施等已经写入国家行业标准《装配式混凝土结构技术规程》JGJ 1—2014 中。可以说，该种结构体系技术可靠，内容完整。

2）装配整体式混凝土框架结构。装配整体式混凝土框架结构是指全部或者部分框架梁、柱采用预制构件构建而成的装配整体式混凝土结构，简称"装配整体式框架结构"。在装配整体式混凝土框架结构体系中，柱的竖向受力钢筋采用套筒灌浆技术进行连接，其连接方式分为两种：第一种是节点区域采用预制，或者梁柱节点区域和边缘构件预制成一个整体，将最复杂的节点在工厂预制，解决区域内钢筋交叉问题，但现有的预制构件加工精度很难达到要求；

第二种是将梁柱预制，节点区域采用现浇，考虑到我国预制构件厂和施工单位的施工工艺水平，《装配式混凝土结构技术规程》JGJ 1—2014 中建议使用这种方式。

3）装配整体式框架 – 剪力墙结构。装配整体式框架 – 剪力墙结构主要包括预制框架 – 现浇剪力墙和预制框架 – 预制剪力墙。预制框架 – 现浇剪力墙有两种施工方式：一是梁柱节点采用现浇；二是梁柱节点采用预制。在边柱或角柱的位置，也可以将梁柱节点与柱预制为一体，形成节点柱。预制框架 – 预制剪力墙主要包括以下形式：墙梁一体化预制 + 连梁形式；梁柱节点现浇，预制剪力墙、预制一字型梁形式；墙梁柱一体化预制形式；预制柱、预制墙、预制节点、预制梁一体化构件形式。

（2）装配式钢结构建筑

装配式钢结构建筑是指建筑的结构系统由钢部（构）件构成的装配式建筑。装配式钢结构建筑应采用系统集成的方法统筹设计、生产运输、施工安装和使用维护，实现全过程的协同。同时，应按照通用化、模数化、标准化的要求，以少规格、多组合的原则，实现建筑及部品部件的系列化和多样化。常见的装配式钢结构建筑体系包括钢框架结构、钢框架 – 支撑结构、钢框架 – 延性墙板结构、筒体结构、巨型结构、交错桁架结构、门式刚架结构、低层冷弯薄壁型钢结构等。

（3）装配式木结构建筑

装配式木结构建筑是指建筑的结构系统由木结构承重构件组成的装配式建筑。装配式木结构采用工厂预制的木结构组件和部品，以现场装配为主要手段建造而成的建筑，包括装配式纯木结构、装配式木混合结构等。其中，装配式木混合结构是指由木结构构件与钢结构构件、混凝土结构构件组合而成的混合承重的结构形式，包括上下混合装配式木结构、水平混合装配式木结构、平改坡的屋面系统装配式以及混凝土结构中采用的木骨架组合墙体系统。木结构作为我国历史上主要的房屋建筑形态，既体现出材料的特征，又涵盖了多种结构形式。伴随着我国历史的进程从兴起到发展，人们对于居住、办公、消费需求从必要性的普遍需求转变成舒适性的个性需求，以木材为建筑材料的新型木结构建筑，既能满足现有成熟结构体系的要求，又能在现有技术的基础上根据材料自身特性创造出更符合自身特性的结构形式。

1.1.2 装配式建筑的特点

1. 装配式建筑的特点

《国务院办公厅关于促进建筑业持续健康发展的意见》（国办发〔2017〕19 号）提出，应大力推广智能和装配式建筑，坚持标准化设计、工厂化生产、装配化施工、一体化装修、信息化管理和智能化应用，不断提高装配式建筑在新建建筑中的比例。住房和城乡建设部于 2016 年发布的《装配式混凝土建筑技术标准》GB/T 51231—2016 中规定了装配式建筑应遵循建筑全寿命周期的可持续原则，并应标准化设计、工厂化生产、装配化施工、一体化装修和智能化应用。

（1）标准化设计

标准化设计是指在建筑、结构、机电各专业同步一体化设计的基础上，将设计图纸进行分析与深化，并按照一定的模数标准和科学的拆分，形成具有某一固定特征的标准化、系列化的建筑部品部件。这就如同汽车的设计过程一样，先将每一个部位拆分成各种零部件，再根据选用的零部件进行拼装。装配式建筑的标准化设计在于形成部品部件库，将设计整体建筑的过程改良成设计建筑部品部件的过程，并将不同的部品部件进行分类，每一个部品部件都有自身单独的生产图纸、技术标准、组织方案、质量验收文件等。采用标准化设计可以极大程度地提高设计的质量和效率，实现部品部件的"少模数、多组合"，在保证建筑设计多样性的基础上实现部品部件的规模化生产。

（2）工厂化生产

工厂化生产是指改变原有现场浇筑混凝土的方式，将建筑所需要的各种部品部件在构件厂生产，然后再运送到施工现场。实现基于标准化设计建筑部品部件的工业化生产是实现建筑工业化生产的另一个主要环节。部品部件在流水线上依次生产出来后，按照生产的种类进行堆放，在指定的时间节点通过大型装载工具运送到施工现场，最终完成构件的交付。每种部品部件的生产时间和生产节拍可以确定，部品部件的生产质量不容易受到外界环境的影响，生产进度和施工质量得到进一步保证。每个部品部件的钢筋、预埋件、混凝土等的需求量可以精确计算，极大程度地减少了原材料的浪费。

工厂化预制的房屋外墙板不但具有质量轻、强度高等优点，而且在工厂里经过烘烤、喷涂等工艺还可使建筑物色彩达到久不褪色的效果。同时，工厂化生产还可使房屋屋架、龙骨、吊挂和连接件等尺寸精准，便于施工现场组装。该方式最大的优势在于，既保证了各种材料构件的性能，又在此基础上综合考虑了各种材料间的相互关系，这使得材料的性能，如强度、保湿、隔热、隔声、抗冻性、耐火性等得到很好的控制，进而保证了构件的质量。

（3）装配化施工

装配化施工是指施工现场的主要工作转变为进行构件的吊装，改变了以往以人工在现场加工钢筋、绑扎钢筋、浇筑混凝土、搭设脚手架、安拆模板等为主要工作内容的建造方式。装配式建筑的施工现场工作内容紧紧围绕构件的吊装展开，工作重心转为如何为运输车辆设计场内道路、如何优化构件的场地布置、如何优化构件的交付和存储、如何保证构件的供应进度和现场施工进度的匹配等。装配化施工能有效控制施工现场的施工节奏，确定和控制各楼层的施工进度和成本，减少了传统各专业交叉管理的风险，从而提高了现场的施工效率。

装配式建筑相比于现浇式建筑而言，自重小，可降低对地基承载力的要求，因此地基的设计、施工会容易很多。将工厂预制好的构件运输到施工现场后，可按设计要求进行安装施工。总的来说，装配化施工具有以下优势：

1）施工速度快、工期短、成本低。据统计，按现浇式建筑施工，每平方米建筑面积约需 2.5个工日，而按照装配式建筑施工则仅需 1 个工日。

2）交叉作业施工，前后工作井然有序，施工方便快捷。每道施工工序均与设备安装相似，须确保其准确度，以保证施工质量。

3）施工现场噪声小，现场湿作业量大大降低，废水废料排放也相应减少，有利于保护周围环境。

（4）一体化装修

一体化装修是指以工业化的模式，进行模数化、一体化的设计，将标准化、模块化的建筑内装修部品，以现场作业为主的装配式工艺进行组合，完成建筑全装修的一种建造模式。部品部件具有标准化、模数化、通用化、系列化、集成化的产品特性和规模化、工业化的生产特性。《装配式建筑评价标准》GB/T 51129—2017中已经明确指出，现阶段装配式建筑发展的重点方向有三点：一是主体结构由预制部品部件的应用向建筑各系统集成转变；二是装饰装修与主体结构的一体化发展，推广全装修，鼓励装配化装修方式；三是部品部件的标准化应用和产品集成。

一体化装修主要体现在两个方面：结构构件一体化和建筑部品部件一体化。结构构件主要面向建筑管线系统的集成，管线在构件生产阶段已经预埋在构件内。管线集成可以应用于包括给水排水、暖通空调等在内的多种建筑专业方向，集成的复杂程度可以根据客户的需求进行调整。此外，在墙内预制保温层和防水层，可以大幅度缩减后期装修所消耗的工期。

（5）信息化管理

信息化管理是指利用前沿信息技术，如建筑信息模型（Building Information Modeling，BIM）、虚拟现实（Virtual Reality，VR）、无线射频识别技术（Radio Frequency Identification，RFID）等，实现装配式建筑项目全生命周期数据共享和信息化管理。建筑行业由于专业涉及面广、参与人数众多和时间跨度长，信息表现出如下特点：信息总量巨大、类型复杂、来源离散、变化迅速、评价困难、牵涉面广泛等。装配式建筑实施信息管理的主要目的是以信息技术为手段实现管理层面的创新，促进企业相应管理体制的重组和革新，最终实现对设计、生产、施工和运维的全方位管控。

2. 装配式建筑的优点

（1）提升工程质量

预制构件生产过程中，能对温度、湿度等因素进行合理的控制和管理，从而有效保障构件质量。装配式建筑对放线准确性的要求较高，且整体的标高测量也应该保持精确。由于装配式建筑属于工厂化生产，其预制构件尺寸已固定，须保证放线时尺寸的精准度，确保预制构件安装的准确性，才可提升工程质量。

（2）提升整体安全性

以往的工程施工过程都是在露天情况下开展作业，会出现高空作业等安全隐患较大的操作。而对于装配式建筑来说，由于预制构件先通过运输到施工现场，再由专业的安装队伍进行组装，因此能有效降低安全隐患，从而提升整体工程施工的安全性。

（3）提升生产效率

装配式建筑的构件主要是由预制工厂进行批量生产，这样能够减少施工过程中脚手架和模板的数量，能有效降低整体的工程生产成本，还能大大提高施工效率、缩短工期，使整体工程能够在最短的时间内完成，并且能够更好地提升工程项目的整体质量。

（4）降低人力成本

在以往的现场施工中，需要大量的人力物力，对技术人员和施工人员的要求也相对较高，使得人工成本不断提升。而装配式建筑预制构件主要是在工厂生产，现场装配施工，比较注重于机械化操作，人工数量大大降低，能有效降低人工成本。

3. 装配式建筑存在的不足之处

（1）工艺落后、工业化程度低

相比发达国家而言，国内预制构件产品形式单一，机械化和工业化水平较低，生产的构件远远达不到规定的质量标准。美国、加拿大、日本等发达国家对装配式建筑的应用较为广泛，高达60%以上，而我国尚未达到10%，这就使得装配式建筑的优势很难发挥。

（2）前期一次性成本高

在大规模工业化的基础上，工业化生产能够极大程度地提高劳动效率，同时节约经济成本。就目前我国工业化程度不高的现状来看，装配式建筑建造前期的一次性投入普遍比传统建筑高，主要体现在以下三个方面：第一，在工业化研究之前，需要投入大量的资金来进行产品研发、流水线建设等；第二，按制造业纳税的情况来看，我国建筑工业化产品的增值税税率高达70%，这与建筑企业按工程造价3%的纳税相比，相差较大；第三，对未来收益存在不确定性。因此，即便是从长远的发展来看，绝大多数开发商仍认为工业化投入的性价比偏低。

（3）对结构安全性的担忧

装配式建筑相比于传统的现浇式建筑而言，存在高额的税负落差和其他一系列相关因素，加大了企业的一次性投入成本，极大地降低了预制构件生产企业的生产积极性。同时，开发商对装配式建筑的认可度较低，不愿意开发装配式住宅，即便个别开发商愿意开发装配式住宅，消费者也会因为装配式建筑普及率不高，对装配式建筑的概念和优势含糊不清，对其采取保守态度，不愿意购入。装配式建筑的各个相关因素存在相互制约的关系，工业化程度低会影响装配式建筑的一次性投入成本，进而制约装配式建筑的公众认可度。

（4）要求放线准确，标高测量精确

由于工厂化生产，使得预制构件的尺寸在生产时就已确定。如果放线时尺寸偏小，预制构件安装，如果放线时尺寸偏大，又会造成构件之间拼缝偏大的现象。同时，在现场施工时，各预制构件的标高也要控制好，否则将会导致构件安装不平整，或是安装平整之后，也会产生较大的施工缝。

1.2 装配式建筑发展演变

1.2.1 国外装配式建筑发展简史

从远古时期到第一次工业革命，世界上大多数地区所使用的砖和砌块都可以算作是最简单的预制部件。严格意义上讲，从最初"冬则营窟，夏则居巢"的远古时代一直到今天，除了必须要在现场施工的窑洞和现场浇筑的混凝土建筑外，人类所建造的其他建筑物基本都是"装配式建筑"。建造窑洞是做"减法",需要在施工现场将混凝土堆积成建筑物在施工现场挖掘黄土成窟;现场浇筑混凝土建筑则是做"加法",在施工现场将混凝土堆积成建筑物。公元前 8~6 世纪的古希腊建筑物都是用木材、泥砖或者黏土建造而成。大约在公元前 600 年,木柱经历了被称为石化的材料变革,所有的柱子都采用了石材,并预先制造。古希腊建筑的结构属梁柱体系,早期的主要建筑都用石材修建而成。限于材料性能,石材梁的跨度一般是 4~5m,最大不过 7~8m。石材柱以鼓状砌块垒叠而成,砌块之间由榫卯或金属销子连接,墙体也用石材砌块垒成。

公元 1851 年,第一次工业革命在英国结出了丰硕成果,大英帝国处于鼎盛时期,英女王邀请世界各国参加大英帝国举办的第一届世界博览会。约瑟夫·帕克斯顿仰仗现代工业技术的经济性、精确性和快速性,第一次采用单元部件连续生产模式,通过装配式结构的手法来设计和建造大型空间,只用 6 个月就建成了长 563m、宽 124m、最大跨度 22m、最高顶棚高度 33m、建筑面积约 9 万 m² 的伦敦世界博览会会场水晶宫。该水晶宫经历了从设计构思、制作、运输到最后建造和拆除的全过程,是一个完整的预制建造系统工程,曾是 19 世纪前半期的铸铁技术总检阅之一。

公元 1889 年,维克多·康塔明和建筑师杜忒尔特为巴黎世界博览会设计了 107m 跨度的机械展廊。机械展廊不仅被用来展览机器,其本身就是一个"展出的机器"。它的内部有沿着高架导轨移动的参观平台,参观者可以乘坐在上面对全部展品有一个全面而迅速的视野。巴黎世界博览会机械展廊对现代建筑最大的贡献在于,其大部分设计都是根据相关理论和力学方法加以确定的,所采用的变截面框架和简支于地基上的手法完全符合工程学的原理,验证了英国人托马斯·杨提出的弹性模量理论,创造了钢材铰链拱空前的大跨度结构空间。同年,有着丰富的铁路高架桥设计和建造经验的工程师埃菲尔与工程师努维依尔、柯赫林以及建筑师斯特芬·索维斯特共同为巴黎世界博览会设计了 300m 高的埃菲尔铁塔。正式开工时,当地的艺术家和文化名流们对它发起了猛烈的反对运动,著名作家莫泊桑甚至说:"铁塔建成之日,是我离开巴黎之日",可铁塔竣工后却成了代表巴黎形象的结构物。

1910 年 3 月,沃尔特·格罗皮厄斯向德国通用电气 AEG 公司的艾米尔·拉特诺提交了一份合理化生产住宅建筑的备忘录,这份备忘录写于沃尔特·格罗皮厄斯 26 岁那年,至今仍然是对标准化住宅单元预制、装配的先决条件最为透彻的阐述。格罗皮厄斯早期就已经对"住宅产业化"作了明确的阐述:不断地复制生产独立的部件,用机器制造同一标准尺寸的部件,提供具有互换性的部件。总的来说,格罗皮厄斯对现代设计具有非常重要的影响和作用,他的现代立场是坚定的,具有强烈的原则意识,坚持认为,设计是为社会服务,设计是解决问题的过程,而不是玩弄形式的手段。同时,他强调团体合作精神,反对个人至上,要求形式和内容的统一。在设计中,他坚持使用现代材料,运用现代的建筑技术、标准化和批量化的生产方式,强调现代主义的基础是工业化和都市化。格罗皮厄斯认为,从一个城市的规划、一栋建筑设计到一把椅子设计,本质上的解决方法都是一样的,那就是通过系统化的研究,了解需求和存在的问题,通过采用现代材料和技术来解决这些存在的问题。1925 年,格罗皮厄斯从开始设计新包豪斯校舍,采用了非常单纯的形式、现代化的材料及加工方法,以强调功能的原则从事设计。该建筑是一个综合性建筑群，其中包括了教室、工作室、工场、办公室、宿舍、食堂、剧院（礼堂）、体育馆等设施，建筑物顶部还建有屋顶花园。建筑高低错落，采用非对称结构，全部采用预制件拼装，工场部分是玻璃幕墙结构，整个建筑没有任何装饰，每个功能部分之间以天桥联系，代表了当时现代主义设计的最高成就，成为整个建筑成为 20 世纪 20 年代的现代主义设计最佳杰作。

1938 年，哈佛大学聘请格罗皮厄斯担任建筑系主任。这样，格罗皮厄斯在哈佛大学这个美国最高学府再次开始了他的设计改革实验，并以哈佛大学的大规模水平和国际性影响相依托，在美国促进和推动了现代建筑和设计思想的传播，重新掀起了国际主义风格的运动。从德国移居美国之后不久，格罗皮厄斯为家人建造的住宅戏剧性地影响到美国建筑，被当作美国早期杰出的住宅范例。他的细节设计保留了较强的包豪斯原则，格罗皮厄斯在德国就已经建立和指导开发过简单的、水平很高的设计，这次只是在住宅的结构里大批量配备了钢材墙壁灯、镀铬栏杆等。

早在 20 世纪 40 年代末到 50 年代初，为解决第二次世界大战退伍兵的就业和居住问题，美国政府开展了一次轰轰烈烈的"造城运动"。在纽约建造莱顿城，现场建造住宅采用的产业化方式类似于一个在现场的工厂，其生产技术模仿了工业过程，工人们从一个地块轮换到另一个地块，就像在组装线上作业。建筑物结合传统的建造技术和工艺，由少数复制到每块宅基地上的标准模式组成，木材按照规格裁切。

2003 年，美国住房和城市发展部（HUD）主持出版了《制造住宅技术路径》一书。该书是美国制造住宅产业为今后几十年的知识创新研究所提出来的技术路标，对制造住宅的产业未来至关重要。路标包括五大主题，即住宅、工厂、现场、市场和消费者，每个主题都极具挑战性。对于每个挑战，路标都展示一个景象、潜在的研究以及发展领域。每个主题内最具挑战性的内容摘要如下：

1. 住宅

（1）建筑部件和系统最优化：在下一代住宅的建造过程中，制造商将转换他们的角色，将产品组装变成真正的系统集成；

（2）材料和部件性能：产业将加倍努力，优化制造住宅在使用期间的强度、耐久性和整体性能；

（3）能效：工厂制造住宅是最具有能效的住宅；

（4）室内环境质量：产业要确保住宅的设计和实施能保障居住者的健康。

2. 工厂

（1）生产工艺：工厂制造的优势使制造商可以彻底改进住宅的生产效率；

（2）先进的建筑材料和方法：产业要不断尝试和采纳新的建筑材料，积极探究新的建筑系统，充分发挥工厂组装生产的优势；

（3）设计和加工过程：工厂要转变设计和加工方法，通过全面使用信息技术和计算机仿真技术来提高设计的灵活性和生产效率。

3. 现场

（1）现场准备：制造住宅产业要确保放置住宅的现场和基础达到与住宅自身相同的性能和质量水平；

（2）运输到现场：要保证到达现场的工厂制造住宅与离开工厂时完全相同；

（3）现场安装：在建筑质量和无缺陷方面，制造住宅安装过程要等效于工厂生产过程。

4. 市场

（1）开拓市场：制造住宅产业的首要任务依然是扩大产品供给系列范围，提供高品质、准入门槛低、能够负担得起的独立式家庭住宅；

（2）资金：建造和实施制造住宅所用的资金要更加稳定、灵活和透明；

（3）规章环境：产业将采取一个前瞻性的姿态，更加注重技术进步和潜在可变的环境。

5. 消费者

（1）消费者感觉：住宅购买者对于制造住宅和它的高价值会有新的认识；

（2）运行和维护：制造住宅产业需要努力改善住宅的质量和环境，不但要能买得起，经久耐用，而且还要具有可维护性。

1.2.2 国内装配式建筑发展历程

中国在远古时代（公元前 5000—3000 年，河姆渡文化）就开创了"梁柱式"建筑的"榫卯结构"，开始实施"装配式建筑"。公元前 5000—3300 年，在浙江余姚河姆渡新石器文化遗址中发掘出来的木构榫卯，是至今为止世界上考古发现的最早的装配式建筑预制构件。从 20世纪 50 年代开始，至今不过几十年的发展历程，国内的装配式建筑在行业政策推动下，进入了快速发展阶段，并在全球装配式建筑市场初具规模。按照我国装配式建筑发展所经历的几个重要时期，国内建筑工业化的总体发展大致可以分为开创期、持续发展期和创新发展期。

1. 开创期

20 世纪 50 年代中期到 70 年代中期为建筑工业化的开创期。1956 年，国务院颁发的《关于加强和发展建筑工业的决定》中明确指出："为了从根本上改善我国的建筑工业，必须积极地、有步骤地实行工厂化、机械化施工，逐步完成对建筑工业的技术改造，逐步完成向建筑工业化的过渡"，基本特征是设计标准化、构件生产工厂化和施工机械化（当时称之为"三化"）。建筑工业化推动了建筑装配化与建筑机械化的发展。在这一时期，建筑工业化的应用领域逐渐从公共建筑和工业建筑过渡发展到居住建筑，特点主要有：

（1）主要技术来源于苏联，接近于国际平均水平。在前建工部苏联专家组的指导下，前建工部起草的《关于加强和发展建筑工业的决定》以国务院的名义发布，在中华人民共和国的历史上首次明确了建筑工业化的方向；

（2）大规模的建设彰显了预制技术的优越性，对节约"三大材料"（当时对"钢筋、木材和水泥"的统称）起了积极作用；

（3）科学研究跟不上建设的速度。许多施工技术未经系统性和理论性的验证和分析，多种专用材料（如绝热材料、密封材料、防水材料等）的性能尚不过关就用于实际工程，使得该时期建造的装配式建筑质量不过关，无法满足抗震要求，即使没有倒塌的建筑，后来也因使用劣质的材料而被拆除。

2. 持续发展期

20世纪70年代中期到90年代中期为建筑工业化的持续发展期。这一时期建筑工业化经历了停滞、发展、再停滞的起伏波动。

（1）经过建筑工业化初期的发展，20世纪70年代我国城市主要是多层无筋砖混结构住宅，该类型住宅以小型黏土砖砌成的墙体承重，楼板多采用预制空心楼板，水平构件基本没有任何拉结，只是简单地用砂浆铺坐在砌体墙上，因此出现了墙上的支承面不充分、砌体墙无配筋、水平楼板无拉结等一系列问题。在这之后，北京、天津一带已有的砖混结构全部采用现浇钢筋混凝土圈梁和竖向构造柱形成的框架加固。全国划分了抗震烈度区，颁布了新的建筑抗震设计规范，修订了建筑施工规范，规范规定高烈度抗震地区废除预制板，采用现浇楼板；低烈度地区在预制板周围加现浇圈梁，在灌实板的缝隙内添加拉筋。因此，很多民用建筑的预制厂改为生产预制梁柱、铁路轨枕、涵洞管片、预制桩等工业制品。

（2）改革开放以后，在总结前20年建筑工业化发展的基础上，住宅建设政策研究的先行者林志群、许溶烈先生共同提出"四化、三改、两加强"，其中"四化"指房屋建造体系化、制品生产工厂化、施工操作机械化、组织管理科学化，"三改"指改革建筑结构、改革地基基础、改革建筑设备，"两加强"指加强建筑材料生产、加强建筑机具生产。与过去相比，它更加注重体系和科学管理，但重点还是集中在结构、建材和设备上。随后我国建筑工业化出现了一轮高峰，各地纷纷组建产业链条企业，快速建立起了标准化设计体系，一大批大板建筑、砌块建筑纷纷落地。但随着大规模上马，市场需求快速增长，工业生产无法满足建设需要，导致构件质量下滑，配套技术研发滞后，防水、隔声等影响住宅性能的关键技术均出现问题。同时，住房商品化带来的多样化需求，使得一度红火的建筑工业化又逐渐陷于停滞。随着墙体改革的深入，新型材料开始出现。前国家建材部中国新型建筑材料总公司、北京新型建筑材料厂（大板厂）在1978年相继成立，在制作大型墙板的同时开始引入石膏板、岩棉等新型建材。

（3）20世纪80年代初至1995年，国外现浇混凝土技术传入我国，建筑工业化的另一路径（即现浇混凝土的机械化）出现，孕育出内浇外砌、内浇外挂、大模板全现浇等不同体系。从20世纪80年代开始，这类体系应用极为广泛，因为它解决了高层建筑采用框架结构时梁柱节点和填充墙之间设计复杂的问题，而现浇配筋混凝土内横墙、纵墙、承重墙和现浇的筒体结构则形成了刚度很大的抗剪体系，可以抵抗较大的水平荷载，从而提高了结构的最大允许高度，外墙则采用预制的外挂墙板。这种建筑结构体系将施工现场泵送混凝土的机械化施工和外挂预制构件的装配化高效结合，发挥了各自的优势，因而得到了快速的发展。在某些情况下，无法解决外墙板的预制、运输或吊装，可以采用传统的砌体外墙，这就是内浇外砌体系。

（4）20世纪90年代初至2000年前后，由于城市建设改造的需要，北京大量兴建的高层住宅基本上是内浇外挂体系，在起初的内浇外挂住宅体系中，房屋的内墙（剪力墙）采用现浇混凝土，楼板则采用工厂预制整间大楼板或预制现浇叠合楼板，外墙采用工厂预制混凝土外墙板。

这一时期的主要特点有：

（1）我国建筑工业化加速发展，标准化体系快速建立，北方地区形成通用的全装配化住宅体系，北京、上海、天津、沈阳等地采用装配式建筑技术建设了较大规模的居住小区；

（2）现浇体系进入我国，预拌混凝土应运而生，结构的抗侧力能力进一步提升，建筑向高层发展；

（3）防水、隔声等一系列技术质量问题逐渐暴露，同时改革开放带来的商品住宅个性化要求不断提高，导致装配式建筑的发展再次骤然止步。

3. 创新发展期

1999年至今为建筑工业化的创新发展期，这一时期主要经历了三个阶段，即住宅产业现代化阶段、建筑产业现代化阶段以及发展装配式建筑阶段。

（1）1999年至2010年为住宅产业现代化阶段。1999年国务院印发了《关于推进住宅产业现代化提高住宅质量的若干意见》（国办发〔1999〕72号），系统地提出了推进住宅产业化工作的目标和任务，要求吸收引进国外技术，推广四新技术，即"新技术、新产品、新材料、新工艺"。

（2）2010年至2015年为建筑产业现代化阶段。2013年10月，政协主席俞正声主席主持双周协商会，提出"发展建筑产业化"的建议，时任国务院副总理的张高丽也对此作出了重要批示。2013年底，全国住房城乡建设工作会议明确提出"促进建筑产业现代化"的发展要求。2014年7月，住房和城乡建设部出台了《关于推进建筑业发展和改革的若干意见》，明确提出"统筹规划建筑产业现代化发展目标和路径，推动建筑产业现代化结构体系、建筑设计、部品构件配件生产、施工、主体装修集成等方面的关键技术研究与应用，进一步发挥政府投资项目的试点示范引导作用并适时扩大试点范围，积极稳妥推进建筑产业现代化"。

（3）2015年底至今为发展装配式建筑阶段。2016年2月，中共中央国务院《关于进一步加强城市规划建设管理工作的若干意见》（中发〔2016〕6号）明确提出"发展新型建造方式，大力推广装配式建筑的要求"。2016年9月，国务院办公厅印发的《关于大力发展装配式建筑的指导意见》（国办发〔2016〕71号）明确提出了发展装配式建筑的总体要求、八项重点任务及相关措施，要求坚持标准化设计、工厂化生产、装配化施工、一体化装修、信息化管理和智能化应用，提高技术水平和工程质量，促进建筑产业转型升级。以京津冀、长三角、珠三角三大城市群为重点推进地区，常住人口超过300万的其他城市为积极推进地区，其余城市为鼓励推进地区，因地制宜发展装配式混凝土结构、钢结构和现代木结构等装配式建筑。力争用10年左右的时间，使装配式建筑占新建建筑面积的比例达到30%。同时，逐步完善法律法规、技术标准和监管体系，推动形成一批设计、施工、部品部件规模化生产企业，具有现代装配建造水平的工程总承包企业以及与之相适应的专业化技能队伍。

这一时期的主要特点有：

（1）国务院办公厅发布了相关政策，明确了住宅产业现代化的发展目标、任务、措施等，原建设部专门成立住宅产业化促进中心，配合指导全国住宅产业化工作，装配式建筑发展进入一个新的阶段；

（2）全面实施国家康居示范工程，建立商品住宅性能认定制度，研究建立住宅部品体系框架，初步建立部品认证制度；

（3）住房的商品化、多样化驱使"毛坯房"成为主要的住房交付方式；

（4）现浇体系得以大规模发展，几乎占领高层住宅市场；

（5）在住宅产业化阶段，以万科为代表的一批开发企业开始全面提升大板体系，2008年万科两栋装配式剪力墙体系住宅的诞生，标志着预制装配整体式结构体系开始发展。在此期间，相关国家标准、行业标准、地方标准纷纷出台，各地预制构件生产厂开始大量再建新生产线；

（6）在住宅产业化阶段迈向建筑产业化阶段期间，我国保障性安居工程进入3600万套大规模建设时期，行业以保障房为切入点，在保障房建设中大力推行产业化生产；

（7）建筑产业化阶段末，在国家绿色化战略、节能减排的高要求以及人民群众日益增长的高品质住房需求下，历史阶段性产物"毛坯房"遭遇了严峻挑战，多个省市逐渐出台了全装修成品交房政策；

（8）在发展装配式建筑阶段，大力推广装配式建筑，加大政策支持力度，力争用10年左右时间，使装配式建筑占新建建筑面积的比例达到30%。积极稳妥推广钢结构建筑，在具备条件的地方，倡导发展现代木结构建筑。

1.3 装配式建筑与现浇建筑对比分析

装配式建筑与传统现浇式建筑的差异主要表现在设计流程、造价构成、施工方式、施工方案、专项方案、保证措施、施工平面布置等方面，下文主要介绍装配式建筑的造价构成以及施工方式两方面内容。

1.3.1 发展装配式建筑的必要性

随着我国经济快速发展，城市人口不断增长，住宅的需求量变得越来越大，传统的建造方式具有施工速度慢、工期长、成本高等缺点，已难以满足当前的建设需求。因此，建筑工业化将成为未来住宅发展的大方向。

建筑工业化的快速发展将大大降低住宅的建造成本，并且能够较大地提高建筑的建造速度，从而让更多国民较快地住上便宜舒适的住宅。一方面，采用住宅产业化方式修建房屋，可以大量节省劳动力和缩短工期，一层楼的修建时间由原本的7天减少到现在的5天，工期缩短近1/3，高峰期需要的劳动工人数目由240人左右减少到70人左右。另一方面，采用工业化生产方式，有效提高了建筑的预制率，有助于减少施工现场模板以及脚手架的用量，节约钢材和混凝土的使用同时也可节约水、电等各方面资源。此外，我国建筑工人的劳动力成本也在不断地增加，2000—2005年间，我国建筑农民工的平均日工资分别为23.24元、25.1元、28.23元、32.45元、37.7元、41.78元，总共增长了79.8%，而且这个数据还在持续增长中。据统计数据可知，采用住宅产业化的方式修建房屋，可以使工程项目的综合造价节省15%以上。

统计数据显示，当前我国城市用于住宅建设的土地占总建设土地的30%，在住宅建设中消耗的水资源占总消耗水资源的32%，住宅建设的钢材消耗量占全国钢材消耗量的20%，水泥消耗量占全国总消耗量的17.6%，$1m^2$房屋的建成，将会释放约0.8t CO_2。从以上数据可以看出，目前我国住宅的建设是以资源的高消耗与碳的高排放为基础的。因此，在当今"节能减碳"的大环境下，降低住宅建设过程中的各种资源消耗，减少CO_2的排放和对环境的污染，逐渐迈向绿色建筑，是建筑业即将取得的创新和突破。

综上所述，我国的住宅建设已经达到了一个重要的转折点，既要求数量的增加和质量的提高，又要求资源的合理利用和保护，实现住宅建设多、快、好、省的全面发展。因此，建筑工业化是目前我国建筑业发展的必然之路。

在住宅产业化发展的大背景下住房和城乡建设部陆续发布《住房城乡建设部关于保障性住房实施绿色建筑行动的通知》、《绿色建筑评价标准》等方案。据住房和城乡建设部发布的《住房城乡建设部办公厅关于认定第一批装配式建筑示范城市和产业基地的函》（建办科函[2017]771号），全国已有30个装配式住宅产业化示范城市和195个国家住宅产业化基地，这些都足以看出从国家层面上对建筑工业化的重视。

1.3.2　装配式建筑与现浇式建筑造价构成的差异性分析

装配式建筑与传统现浇式建筑的成本构成区别较大，因此传统现浇式建筑的计价模式并不完全适用于装配式建筑。

1. 传统现浇结构施工方式的造价构成

现浇式结构的土建工程造价主要由直接费（含材料费、机械费、人工费、措施费）、间接费、利润、规费和税金构成，其中直接费为施工企业主要支出的费用，是构成工程成本的主要部分，同时也是成本预算的计算基础。直接费的高低对工程成本起主要影响，间接费及利润则根据企业自身情况发生弹性变化，规费和税金为非竞争性费用，其费率标准不发生自由浮动。

从上述分析可以得到，在行业建设标准一定的情况下，现浇式建筑施工方法的人工、材料、机械消耗量可降低潜力较小，要降低造价，只有对间接费及利润进行调整，而质量、成本、工期三大因素之间又相互制约、相互影响，因此降低成本必将影响到质量与工期目标的实现。

2. 装配整体式结构施工方式的造价构成

装配整体式结构的工程造价主要由直接费（含预制构件生产费、运输费、安装费、措施费）、间接费、利润、规费和税金构成，与现浇式建筑一样，间接费及利润由施工企业掌握，规费和税金的费率为固定费率，预制构件的生产费用、运输费用和安装费用的高低对工程造价起决定性影响。其中，预制构件的生产费用由材料费、生产费（人工及水电）、模具损耗费、工厂摊销费、构件工厂利润和税金组成；运输费指预制构件从工厂运输到施工现场的运费及施工现场的二次搬运费；安装费主要指预制构件垂直运输费、安装人工费、专用施工机械摊销等费用（含施工现场现浇部分的人工、材料、机械费用）；措施费主要指模板及脚手架费用。

从上述分析可以得到，由于生产方式的不同，两种方式的直接费构成内容虽然存在较大的差异，但其高低都对造价成本起决定性影响。若想使装配整体式结构的土建工程成本低于现浇式结构，就必须想方设法降低预制构件的生产、运输及安装成本，使其低于现浇式施工方式的直接费。为了实现这一目标必须针对装配整体式结构的形式、构件生产工艺、运输方式及安装方法进行研究，从优化施工工艺、发展集成技术、节省材料、降低消耗、提高效率角度着手，综合降低装配整体式结构的建设成本。

1.3.3 装配式建筑与现浇式建筑施工方式的差异性分析

装配式建筑与传统现浇式建筑的施工方式存在较大差异，主要表现在设计技术和图纸内容对施工生产的指导情况、构件生产情况、主要分部工程施工顺序、材料消耗和建筑自重、施工速度、施工措施、材料采购和运输等方面，具体差异见表1-2。

现浇式与装配式建筑施工方式的差异性分析 表1-2

对比内容	现浇式	装配整体式
设计技术和图纸内容对施工生产的指导情况	设计技术成熟，图纸量小，各专业图纸分别表达本专业的设计内容，用平法体现结构的特征信息，采用大多数设计院普遍掌握的绘图表现手法。施工过程中按照工种配备专业技术人员，各专业相互配合施工，容易出现"错缺碰"现象	设计技术还不成熟，图纸量大，除了各专业图纸分别表达本专业的设计内容外，还需要设计出预制构件的拆分图，拆分图上要综合多专业内容。图纸内容完善、表达充分，构件生产一般不需要各专业配合，只需按图检点即可避免"错缺碰"现象的发生
构件生产情况	现浇式构件的价格主要取决于原材料、周转材料及施工措施，楼面与剪力墙的措施费最高，工艺条件差、影响工程质量、经常造成返工，生产质量、工期、成本受季节与天气变化影响较大	生产主要依赖机械及模具，占用时间过长，导致成本增加，工人可以在一个工位上同时完成多个专业及工序的施工，生产质量、工期、成本受季节与天气变化影响较小
主要分部工程施工顺序	现浇式建筑的施工，可分为基础工程、主体结构工程、屋面及装修工程三个阶段	装配整体式建筑的施工依然可分为基础工程、主体结构工程、屋面及装修工程三个施工部分
材料消耗和建筑自重	材料消耗及损耗较高，"跑冒滴漏"现象严重，构件表面抹灰往往高于设计标准，增加了建筑自重	由于构件尺寸精准，节省材料，建筑自重也随之降低，可进一步优化基础及主体结构，节省工程成本，避免"跑冒滴漏"现象，降低材料消耗及损耗
施工速度	现浇式主体结构施工可做到3~5天一层，各专业与主体不能交叉施工，导致实际工期为7天左右一层，各层构件由下到上的顺序串联式施工，主体封顶仅完成工程总量的50%左右	构件提前运到施工现场，可做到各层构件同时并联式施工生产，同一构件生产过程可集合各专业技术同时完成，现场装配式安装施工可做到1天一层，实际为3~4天一层，主体封顶，即完成工程总量的80%
施工措施	满堂模板、脚手架，外加到顶，不断重复搭拆	取消满堂模板和脚手架，外脚手架只需要两层
材料采购和运输	原材料分散采购和运输，采购单价较高	原材料集中采购，材料运输有价格优势，但增加了二次运输

1.4 装配式建筑技术体系

我国装配式建筑技术体系主要包括以下三种：剪力墙结构体系、框架结构体系和框架 - 剪力墙结构体系。其中，剪力墙结构体系凭借其在建筑中结构墙和分隔墙兼用，以及无梁、柱外露等特点得到市场的广泛认可，在我国建筑市场中占重要地位。框架结构是结合我国特点并参考日本相关技术而形成的结构技术体系，其按照材料类型可分为混凝土结构、钢结构和木结构，多适用于低层、多层和高度适中的高层建筑。框架 - 剪力墙结构是由框架和剪力墙共同承受竖向和水平作用的结构，兼有框架结构和剪力墙结构的特点，该结构体系中剪力墙和框架布置灵活，便于实现大空间和适用于较高的建筑，以满足不同的建筑功能要求。

1.4.1 整体式剪力墙结构体系

1. 技术类型和特点

装配式剪力墙结构体系按照主要受力构件的预制及连接方式可分为以下三种：装配整体式剪力墙结构体系、叠合剪力墙结构体系和多层剪力墙结构体系。该结构体系大多应用于我国南方部分省市，其主体结构主要为现浇剪力墙结构，外墙、楼梯、楼板、隔墙等多采用预制构件，但预制装配化程度较低。其中，装配整体式剪力墙结构体系应用较多，叠合剪力墙结构目前主要应用于多层建筑或低烈度区高度适中的高层建筑，多层剪力墙结构则应用较少，但基于其高效、简便的特点，在新型城镇化推进过程中应用前景广阔。以下将以应用最为广泛的整体式剪力墙结构为主要介绍对象。

装配整体式剪力墙结构的主要受力构件，如内外墙板、楼板等在工厂生产，并在现场组装，如图 1-1 所示。预制构件之间通过现浇节点连接在一起，能有效地保证建筑物的整体性和抗震性能，大大提高结构尺寸的精度和住宅的整体质量，减少模板和脚手架作业，提高施工安全性。外墙保温材料和结构材料复合一体工厂化生产，具有节能保温的特点。通过构件的工厂标准化生产，能够实现土建装修一体化设计，减少材料浪费。此外，采用装配式建造，能够减少现场湿作业，降低施工噪声和粉尘污染，减少建筑废弃物产生和污水排放。

2. 结构体系

装配整体式剪力墙结构以预制混凝土剪力墙墙板和现浇混凝土剪力墙作为结构的竖向承重和水平抗侧力构件，通过整体式连接而成。其中，包括同层预制墙板之间以及预制墙板与现浇剪力墙之间的整体连接——采用竖向现浇段将预制墙板与现浇剪力墙连接成为整体，如图 1-2 所示。楼层间预制墙板的整体连接——通过预制墙板底部结合面灌

图1-1 装配整体式剪力墙结构

浆，以及顶部的水平现浇带和圈梁将相邻楼层的预制墙板连接成为整体，预制墙板与水平楼盖之间的整体连接——通过水平现浇带和圈梁连接。

国内装配整体式剪力墙结构体系的主要技术特征在于剪力墙构件之间的接缝连接形式。各个体系中，预制墙体竖向接缝的构造形式基本类似，均采用后浇混凝土区段来连接预制构件，墙板水平钢筋在后浇段内锚固或者连接，但具体的锚固方式有所区别。按照预制墙体水平接缝钢筋连接形式的不同，可分为以下几种：

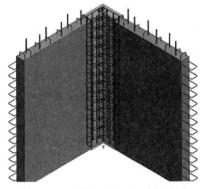

图1-2 预制墙板与现浇剪力墙连接

（1）竖向钢筋采用套筒灌浆连接，接缝采用灌浆料填实；

（2）竖向钢筋采用螺旋箍筋约束浆锚搭接连接，接缝采用灌浆料填实；

（3）竖向钢筋采用金属波纹管浆锚搭接连接，接缝采用灌浆料填实；

（4）套筒灌浆连接和浆锚搭接连接混合使用的技术体系。

3. 技术条件

装配整体式剪力墙结构适用于平面及竖向布置规则的住宅等建筑，其最大使用高度和最大宽度应符合《装配式混凝土结构技术规程》JGJ 1—2014的有关规定。在规定的水平作用下，当预制剪力墙构件底部承担的总剪力大于该层总剪力的50%时，最大适用高度应适当降低；当预制剪力墙构件底部承担的总剪力大于该层总剪力的80%时，最大适用高度应按以下规定取值：①当装配整体式剪力墙结构为非抗震设计时，建筑最大适用高度为140（130）m，最大高宽比为6。②当抗震设防烈度为6度时，建筑最大适用高度为130（120）m，最大高宽比为6。③当抗震设防烈度为7度时，建筑最大适用高度为110（100）m，最大高宽比为6。④当抗震设防烈度为8度（0.2g）时，建筑最大适用高度为90（80）m，最大高宽比为5。⑤当抗震设防烈度为8度（0.3g）时，建筑最大适用高度为70（60）m，最大高宽比为5。

4. 设计方法

装配整体式剪力墙结构设计应主要遵循现行行业标准《装配式混凝土结构技术规程》JGJ 1—2014的有关规定。对于未规定的部分，可以按照其他相关标准及地方标准中的规定进行设计，如叠合板式剪力墙结构的设计，可按照安徽、上海、浙江等地的地方标准进行。作为混凝土结构的一种类型，装配整体式剪力墙结构的设计还应符合现行国家标准《混凝土结构设计规范》GB 50010—2010、《建筑抗震设计规范》GB 50011—2010和《高层建筑混凝土结构技术规程》JGJ 3—2010中的相关规定。针对装配式混凝土剪力墙结构的特点，结构设计中应该注意以下要点：

（1）抗震设计时，对同一层内既有现浇墙肢也有预制墙肢的装配整体式剪力墙结构，现浇墙肢水平地震作用弯矩、剪力宜乘以不小于1.1的增大系数。此外，高层装配整体式剪力墙结构不应全部采用短肢剪力墙。当抗震防烈度为8度时，不宜采用具有较多短肢剪力墙的剪力墙结构，并且电梯井筒应采用现浇混凝土结构。

（2）楼层内相邻预制剪力墙之间应采用整体式接缝连接，且应符合下列规定：①当接缝位于纵横墙交接处的约束边缘构件区域时，约束边缘构件区域宜全部采用后浇混凝土，并应在后浇段内设置封闭箍筋。②当接缝位于纵横墙交接处的构造边缘构件区域时，构造边缘构件宜全部采用后浇混凝土；当仅在一面墙上设置后浇段时，后浇段的长度不宜小于300mm。

（3）上下层预制剪力墙的竖向钢筋，当采用套筒灌浆连接和浆锚搭接连接时，应符合下列规定：①边缘构件竖向钢筋应逐根连接。②预制剪力墙的竖向分布钢筋，当仅部分连接时，被连接的同侧钢筋间距不应大于600mm，且在剪力墙构件承载力设计和分布钢筋配筋率计算中不得计入不连接的分布钢筋；不连接的竖向分布钢筋直径不应小于6mm。③一级抗震等级剪力墙以及二、三级抗震等级底部加强部位，剪力墙的边缘构件竖向钢筋宜采用套筒灌浆连接。

（4）装配整体式剪力墙结构的连接较多，生产预制构件时应选择适宜的公差。一般来说，基本公差主要包括制作公差、安装公差、位形公差和连接公差。公差提供了对预制构件推荐的尺寸和形状边界，施工单位根据这些实际的尺寸和形状来制作和安装预制构件，保证各种预制构件在施工现场能合理地装配在一起，并保证在安装接缝、加工制作、放线定位过程中的误差在允许的范围内，使接口的功能、质量和美观达到设计的预期要求。

5. 建造方式

装配式剪力墙结构的建造方式主要包括以下四种：①装配整体式剪力墙，剪力墙墙身整体预制，边缘构件采用现浇形式。②双面叠合剪力墙，剪力墙内侧面和外侧面预制，中间现浇。③单面叠合剪力墙，建筑外围剪力墙外侧面预制，内侧现浇。④内浇外挂，即主体结构受力构件采用现浇，非受力构件采用外挂形式。前三种建造方式适用于一般高层建筑，而第四种内浇外挂体系由于内部主体结构受力构件采用现浇，周边围护的非主体结构构件采用工厂预制运至现场外挂的方式，安装就位后在节点区与主体结构构件整体现浇，这种方式没有突破结构设计规范限制，可适用于超高层建筑。以下将结合超高层建筑对地震荷载和风荷载极为敏感的特点，从超高层建筑设计、生产、施工等整个建造过程介绍"内浇外挂"体系的一些关键技术。

（1）柔性连接节点技术

超高层建筑由于层数多、高度大，除竖向荷载外，预制外挂墙板还将承受相当大的水平地震荷载、风荷载。因此，连接节点的设计主要采取了以下技术措施：

在主体结构受力构件与非主体结构受力构件之间选择合理传力路径，对于一般外挂构件，其承受的竖向荷载主要通过预制构件顶部的外伸钢筋锚入主体结构受力构件来传递给主体结构，而水平荷载诸如地震荷载、风荷载则通过预制构件两端的钢筋与主体竖向构件现浇形成整体，故可采用"先装法"，即先施工预制外墙板，后现浇梁、板等受力构件，两端的钢筋连接采取只传递剪力不传递弯矩的构造做法，实现"柔性连接"，从而弱化对主体结构的影响。对于部分预制外墙构件，由于空间形状比较复杂，可采用有限元分析软件进行局部补充计算。如沿海地区某超高层项目的抗震烈度为七度，其预制凸窗采用Abaqus软件进行分析（图1-3），计算结果表明，凸窗顶部的两端受力较大，该处外伸钢筋配筋须相应加强。

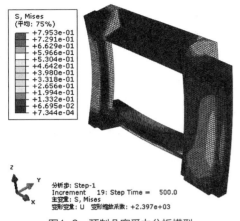

图1-3 预制凸窗受力分析模型

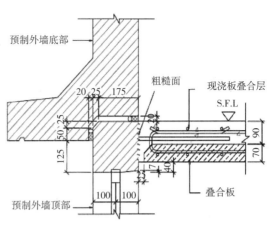

图1-4 外挂墙板水平拼缝节点及防水构造

（2）防水设计技术

外挂墙板水平拼缝处采用靴脚合结构企口构造（图1-4），在竖直拼缝接触面处进行洗水或扫花处理，增加构件连接的紧密性，同时设置止水槽，构成防水第二道防线。这样形成的多道防水路线可以彻底解决外墙渗水的问题。

为解决后装门窗处容易渗水的问题，在工厂生产时，将门窗与外墙整体预制，门窗连接件预埋入构件中，通过混凝土构造达到止水目的。在阳台位置，由于其设计标高低于室内楼层标高，故预制外墙门底部的结构尺寸不应小于125mm，以满足预制外墙结构的刚度要求，保证预制外墙不发生变形，同时也满足阳台防水要求。在建筑顶层，由现浇结构包住预制外墙顶部，实现预制构件与现浇构件完美结合，同时保证防水性能与外立面效果。

（3）抗风技术

当预制外挂墙板左右侧有非结构墙（即存在构造柱）或预制外墙板跨度过大时，为避免风荷载作用于外墙板上将其掀离梁位，采用风码装置固定外墙板，同时不将外墙板的荷载传递给下层受力构件。预制外墙板外伸钢筋上端锚入梁或楼板，右侧锚入剪力墙，左侧锚入结构柱非结构墙中。左侧和下侧为自由端，右侧和上侧为简支端柔性连接，此时左侧将需增加风码装置，如图1-5所示。

风码将预制外墙板与下层梁固定。一方面，由于风码上端钢筋外围套PVC管，防止预制外墙板作用力传至下层梁。当在超高层中应用预制外墙板时，在非结构墙一端需增加风码装置。另一方面，由于风效应过大，在较大跨度的预制外墙板跨中位置也需增加风码装置。通过计算，当预制外墙板厚150mm，层高约为3.5m，楼层相对于地面高度约为100m，预制外墙板跨长超过5m时，预制外墙板的刚度将不足以抵抗风载作用，变形超过规范允许要求，需增加风码装置。

风码装置的位置和数量与预制外墙的跨度和锚固方式密切相关，其作用类似于栓钉，主要承担风荷载产生的剪力作用，风码装置的

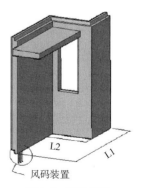

图1-5 风码位置

钢筋型号由计算确定。为方便施工，风码装置在施工时可采取后注浆形式，也可采用后支模浇筑混凝土形式。为更好地提高装配式建筑施工效率，风码装置在施工便利性方面也在不断优化。

（4）安装精度控制技术

预制外挂墙板安装前，应按设计要求在构件墙面和相对应的支承结构面上标记中心线、标高线等控制尺寸线，按标准图或设计文件校核预埋件及连接钢筋。安装时先将斜撑杆一端固定于地面或楼面板，七字码底部固定于地面或楼面板上。再将构件吊运至指定位置，分别固定到七字码上。最后根据水准点和轴线位置，调节支撑杆的旋转装置来校对构件的直度，调节七字码的螺母微调构件的水平位移和竖向位移。当上下层预制外墙厚度不一致，上下内侧无参考线时，安装过程仅仅利用七字码难以实现上下层对齐，此时需要在下层外墙增加带斜角的槽钢辅助装置，吊运上层外墙插入槽钢辅助装置内侧，如图1-6所示。

（5）钢筋防碰撞技术

在施工现场，构件之间以及构件与现浇结构之间均可能发生钢筋碰撞，钢筋碰撞会影响构件的安装。钢筋碰撞在设计时即需考虑，现浇结构的钢筋在预制构件就位后应错开构件外伸钢筋放置。通过在工厂内预演安装样板测试，调整设计时的钢筋碰撞问题。当两预制外墙板在剪力墙侧向相连时，其外伸钢筋在剪力墙内交汇，节点处钢筋较为密集，容易发生碰撞。设计时将相邻预制外墙板的外伸钢筋向外弯曲，另一预制外墙板的外伸钢筋向内弯曲，剪力墙竖向钢筋和横向钢筋错开预制外墙板的外伸钢筋，避免施工时钢筋碰撞。当叠合楼板与全预制楼板连接时，两预制构件的外伸钢筋容易发生碰撞，这会导致两构件不能连接，进而影响后浇混凝土施工。设计时，需将两预制构件外伸钢筋在构件内部向上弯曲，再通过一段钢筋分别进行搭接，从而实现叠合楼板与全预制楼板的紧密连接，避免构件间的碰撞，如图1-7所示。

（6）施工组织管理技术

由于非结构预制构件提前在工厂生产，有利于施工现场的流水施工组织管理，其主要施工工序包括：①吊运安装预制构件；②绑扎现浇部分钢筋；③组合大钢模/铝模进行支模；④现浇混凝土。由于第一道工序施工速度快、占用时间短且不会拖延其他工序，所以可以穿插进行。因此，关键工序的确定取决于现浇部分的施工组织管理，如组织劳动班组、划分流

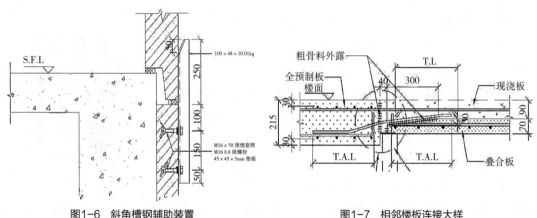

图1-6 斜角槽钢辅助装置　　　　　　　图1-7 相邻楼板连接大样

水施工段等。同时，也可以结合楼层平面分区，考虑空间跳层来划分流水段，如第一天吊运安装预制构件的同时穿插绑扎剪力墙钢筋，第二天安装剪力墙模板和叠合板的同时绑扎楼板钢筋，第三天在已完成模板安装的施工段浇筑混凝土。

"内浇外挂"体系不影响受力结构的整体性，且便于外墙施工，相比装配式剪力墙结构的其他体系，其经济性更好。在目前装配式建筑发展初级阶段，建造成本普遍偏高的情况下，该体系具有较高的推广应用价值。通过介绍超高层建筑"内浇外挂"体系的建造过程及相关关键技术，现对"内浇外挂"体系进行以下总结：

1）"内浇外挂"体系接缝处的受力和防水性能是影响装配式建筑品质的重要因素，通过某地震区域超高层建筑有限元分析，论证了在地震荷载下，预制外挂墙板端部受力较大的特点。根据不同部位处的外挂墙板的水平、竖直接缝设计节点和防水构造，使外墙接缝处满足受力和防水要求。

2）当风荷载较大时，风码技术可有效防止预制外挂墙板掀离梁位，使"内浇外挂"技术应用于超高层建筑。

3）安装精度会影响装配式建筑的施工质量，采用临时安装系统可有效控制外挂墙板的安装精度。

4）通过外挂墙板和叠合板钢筋错位防碰撞措施，可避免安装碰撞问题影响施工效率。

5）通过有效的施工组织管理，可实现"内浇外挂"体系四天一循环的施工周期。

1.4.2 框架结构体系

1. 技术类型和特点

装配式框架结构按照材料的不同可分为混凝土结构、钢结构和木结构。混凝土结构主要参照日本的相关技术并结合我国的实际情况发展而成，但由于技术和习惯等原因，我国装配式框架结构的适用高度较低，一般适用于低层、多层和高度适中的高层建筑，其最大适用高度低于剪力墙结构或框架－剪力墙结构。装配式框架结构在我国大陆地区主要应用于厂房、仓库、商场、停车场、办公楼、住宅等建筑，这些建筑要求具有开敞的大空间和相对灵活的室内布局，同时对于建筑总高度要求相对适中。但总体而言，目前装配式框架结构较少应用于居住建筑，而在日本以及我国台湾等地区，框架结构则大量应用于包括居住建筑在内的高层、超高层民用建筑。下文将以较为常见的装配式混凝土框架结构为主要介绍对象展开叙述。

2. 结构体系

相对于其他装配式混凝土结构体系，装配式混凝土框架结构的主要特点是连接节点单一（图1-8），结构构件连接可靠且质量容易得到保证，方便采用等同现浇的设计概念。框架结构布置灵活，容易满足不同的建筑功能需求，结合外墙板、内墙板及预制楼板或预制叠合板应用，预制率可以达到较高水平。

图1-8 装配式混凝土框架结构

装配式框架结构的外围护结构通常采用预制混凝土外挂墙板体系，楼面体系主要采用预制叠合楼板，楼梯为预制楼梯。根据构件形式及连接形式的不同，国内将装配式混凝土框架结构分为以下几种：

（1）框架柱现浇，梁、楼板、楼梯等采用预制，这是装配式混凝土框架结构的初级技术体系。

（2）框架柱、梁、楼板、楼梯等全部预制，节点刚性连接，性能接近于现浇框架结构，即装配整体式框架结构体系。

（3）框架柱、梁均为预制，采用后张预应力筋自复位连接或者采用预埋件和螺栓连接的形式，节点性能介于刚性连接与铰接之间。

（4）装配式混凝土框架结构结合钢支撑或者消能减震装置，该体系可提高结构的抗震性能，增大结构使用高度，扩大其适用范围。

装配整体式框架结构体系是装配式框架结构中应用最为广泛的一种。大量的理论、试验研究和实际震害经验表明，装配整体式框架结构整体性能良好，具有足够的承载力、刚度和延性。预制构件之间的连接是最核心的技术，我国常见的连接方式为钢筋套筒灌浆连接（图1-9）和自主研发的螺旋箍筋约束浆锚搭接（图1-10）。经研究和实践表明，当结构层数较多时，柱的纵向钢筋采用套筒灌浆连接可保证结构的安全。低层和多层框架结构，柱的纵向钢筋连接也可以采用一些相对简单及造价较低的方法，如钢筋约束浆锚连接。

3. 技术条件

装配式混凝土框架结构的最大适用高度和最大宽度应符合《装配式混凝土结构技术规程》

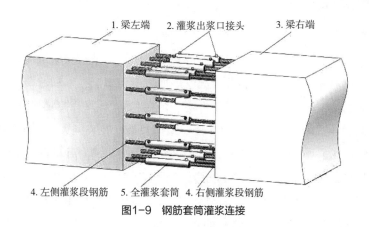

图1-9　钢筋套筒灌浆连接

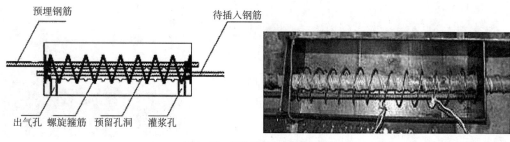

图1-10　螺旋箍筋约束浆锚搭接

JGJ 1—2014 的有关规定。具体取值如下所示：①当装配式混凝土框架结构为非抗震设计时，建筑最大适用高度为 70m，最大高宽比为 5。②当抗震设防烈度为 6 度时，建筑最大适用高度为 60m，最大高宽比为 4。③当抗震设防烈度为 7 度时，建筑最大适用高度为 50m，最大高宽比为 4。④当抗震设防烈度为 8 度（0.2g）时，建筑最大适用高度为 40m，最大高宽比为 3。⑤当抗震设防烈度为 8 度（0.3g）时，建筑最大适用高度为 30m，最大高宽比为 3。

4. 设计方法

装配式混凝土框架结构设计应主要遵循现行行业标准《装配式混凝土结构技术规程》JGJ 1—2014 的有关规定。行业标准中没有提到的可以按照其他相关标准及地方标准中的规定进行设计。作为混凝土结构的一种类型，装配式混凝土框架结构的设计还应符合现行国家标准《混凝土结构设计规范》GB 50010—2010、《建筑抗震设计规范》GB 50011—2010、《高层建筑混凝土结构技术规程》JGJ 3—2010 中的相关规定。

在装配式混凝土框架结构设计中还应注意以下要点：

（1）应采取有效措施加强结构的整体性。装配式混凝土框架结构是在选用可靠的预制构件受力钢筋连接技术的基础上，采用预制构件与后浇混凝土相结合的方法，通过连接节点合理的构造措施，将预制构件连接成一个整体，保证其具有与现浇混凝土结构等同的延性、承载力和耐久性能，达到与现浇混凝土结构性能基本等同的效果。其整体性主要体现在预制构件之间、预制构件与后浇混凝土之间的连接节点上，包括接缝混凝土粗糙面及键槽的处理、钢筋连接锚固技术、设置的各类附加钢筋、构造钢筋等。

（2）装配式混凝土框架结构的材料宜采用高强混凝土、高强钢筋。采用高强混凝土，可以提早脱模，提高生产效率，还可减小构件尺寸，便于运输吊装。采用高强钢筋，可以减少钢筋数量，简化连接节点，便于施工，降低成本。

（3）装配式混凝土框架结构的节点和接缝应受力明确、构造可靠，一般采用经过充分的力学性能试验研究、施工工艺试验和实际工程检验的节点做法。节点和接缝的承载力、延性和耐久性等一般通过对构造、施工工艺等的严格要求来满足，必要时需单独对节点和接缝的承载力进行验算。如果采用相关标准、图集中均未涉及的新式节点连接构造，则应进行必要的研究及论证。

（4）装配式混凝土框架结构中，为避免节点钢筋过分拥挤，应适当增大梁柱截面，控制配筋率，并适当集中布置纵筋。

1.4.3 框架－剪力墙结构体系

1. 技术类型和特点

框架－剪力墙结构是由框架和剪力墙共同承受竖向和水平作用的结构，兼有框架结构和剪力墙结构的特点，该结构体系中剪力墙和框架布置灵活，有利于用户对室内空间进行个性化改造。同时，还可以满足不同建筑功能的要求，可广泛应用于居住建筑、商业建筑、办公建筑、工业厂房等。

图1-11 装配整体式框架 – 现浇核心筒结构

框架 – 剪力墙结构可分为装配整体式框架 – 现浇剪力墙结构、装配整体式框架 – 现浇核心筒结构和装配整体式框架 – 剪力墙结构三种形式，前两者的剪力墙部分均为现浇。其中，装配整体式框架 – 现浇核心筒结构（图1-11）的主要特点是剪力墙布置在建筑平面核心区域，形成结构刚度和承载力较大的筒体，同时可作为竖向交通核（楼梯、电梯间）及设备管井使用，而框架结构则布置在建筑周边区域，形成第二道抗侧力体系。外围框架和核心筒之间可以形成较大的自由空间，便于实现各种建筑功能要求，特别适用于办公楼、酒店、公寓、综合楼等高层和超高层民用建筑。

2. 结构体系

装配整体式框架 – 现浇剪力墙结构中，框架部分的技术要求与装配式混凝土框架部分相同，剪力墙部分与普通现浇剪力墙结构要求相同，均为现浇结构。《装配式混凝土结构技术规程》JGJ 1—2014规定，在保证框架部分连接可靠的情况下，装配整体式框架 – 现浇剪力墙结构与现浇的框架 – 剪力墙结构的最大适用高度相同。该结构体系的优点是适用高度大、抗震性能好和框架部分的装配化程度高，主要缺点是现场同时存在预制装配和现浇两种作业方式，施工组织和管理复杂，效率不高。

装配整体式框架 – 现浇核心筒结构中，核心筒是该结构的主要受力构件，其具有很大的水平抗侧刚度和承载力，可以分担绝大部分的水平剪力（一般大于80%）和大部分的倾覆弯矩（一般大于50%）。由于核心筒具有空间结构特点，若将核心筒设计为预制装配式结构，其在预制剪力墙构件生产、运输、安装施工等方面会造成较大的困难，导致生产效率及经济效益不高。因此，从保证结构安全以及施工效率的角度出发，国内外一般均不采用预制核心筒的结构形式。核心筒部位的混凝土浇筑量大且集中，可采用滑模施工等较为先进的施工工艺，以提高施工效率。外框架部分由柱、梁、板等构件组成，主要承担竖向荷载和部分水平荷载，承受的水平剪力很小，适合装配式工法施工，现有的钢框架 – 现浇混凝土核心筒结构体系就是应用比较成熟的范例。

对于装配整体式框架 – 剪力墙结构，国外（例如日本）进行过类似研究并拥有大量的工程实践经验，但体系稍有不同。目前，国内的框架 – 剪力墙结构完全依靠传统现浇工法施工，而已有的装配式框架体系和装配式剪力墙体系却并不适用于框架 – 剪力墙结构。

3. 技术条件

框架 – 剪力墙结构的最大使用高度和最大宽度应符合《装配式混凝土结构技术规程》JGJ 1—2014 的有关规定。具体取值如下规定所示：①当框架 – 剪力墙结构为非抗震设计时，建筑最大适用高度为 150m，最大高宽比为 6。②当抗震设防烈度为 6 度时，建筑最大适用高度为 130m，最大高宽比为 6。③当抗震设防烈度为 7 度时，建筑最大适用高度为 120m，最大高宽比为 6。④当抗震设防烈度为 8 度（0.2g）时，建筑最大适用高度为 100m，最大高宽比为 5。⑤当抗震设防烈度为 8 度（0.3g）时，建筑最大适用高度为 80m，最大高宽比为 5。

4. 设计方法

框架 – 剪力墙结构设计应主要遵循现行行业标准《装配式混凝土结构技术规程》JGJ 1—2014 的有关规定。行业标准中没有提到的可以按照其他相关标准及地方标准中的规定进行设计。其中，在平面布置中，框架 – 剪力墙结构宜符合下列规定：①平面形状宜简单、规则、对称，质量、刚度分布宜均匀，不应采用严重不规则的平面布置；②平面长度不宜过长，长宽比需根据抗震设防烈度进行选择；③平面不宜采用角部重叠或细腰形平面布置。此外，带转换层的框架 – 剪力墙结构应符合下列规定：①当采用部分框支剪力墙结构时，底部框支层不宜超过 2 层，且框支层及相邻上一层应采用现浇结构；②部分框支剪力墙以外的结构中，转换梁、转换柱宜现浇。

2 我国内地装配式建筑案例分析

2.1 全国部分省市装配式建筑政策、标准及规范

2.1.1 全国部分省市地区的装配式建筑政策解读

国务院办公厅印发的《关于大力发展装配式建筑的指导意见》(国办发〔2016〕71号)中指出,力争用10年左右的时间,使装配式建筑占新建建筑面积的比例达到30%。在这一政策的指引下,目前全国已有31个省市出台了有关装配式建筑的指导意见和相关配套措施,不少地方更是对装配式建筑的发展提出了明确要求。在各方共同推动下,2015年全国装配式建筑面积达到7260万 m^2,2016年全国装配式建筑面积为1.14亿 m^2,2017年全国装配式建筑面积为1.27亿 m^2。据不完全统计,近3年全国新建预制构件厂数量约200个。

1. 北京市

2015年10月,北京市发布了《关于在本市保障性住房中实施全装修成品交房有关意见的通知》,并同步出台了《关于实施保障性住房全装修成品交房若干规定的通知》。从2015年10月31日起,凡新纳入北京市保障房年度建设计划的项目(含自住型商品住房)应全面推行全装修成品交房。两个通知明确要求,经适房、限价房按照公租房装修标准统一实施装配式装修,自住型商品房装修参照公租房,但装修标准不得低于公租房装修标准。

2017年3月,北京市人民政府办公厅印发的《关于加快发展装配式建筑的实施意见》(京政办发〔2017〕8号)指出,到2018年,实现装配式建筑占新建建筑面积的比例达到20%以上,到2020年,该比例要达到30%以上,推动形成一批设计、施工、部品部件生产规模化企业。自2017年3月15日起,通过招拍挂文件设定相关要求,对以招拍挂方式取得城六区和通州区地上建筑规模5万 m^2(含)以上国有土地使用权的商品房开发项目应采用装配式建筑;在其他区取得地上建筑规模10万 m^2(含)以上国有土地使用权的商品房开发项目应采用装配式建筑。采用装配式混凝土建筑、钢结构建筑的项目应符合国家及本市的相关标准。鼓励学校、医院、体育馆、商场、写字楼等新建公共建筑优先采用钢结构建筑,其中政府投资的单体地上建筑面积1万 m^2(含)以上的新建公共建筑应采用钢结构建筑。

对于实施范围内的装配式建筑项目,在计算建筑面积时,建筑外墙厚度参照同类型建筑的外墙厚度。建筑外墙采用夹心保温复合墙体的,其夹心保温墙体外叶板水平投影面积不计入建筑面积。对于未在实施范围内的非政府投资项目,凡自愿采用装配式建筑并符合实施标准的,给予实施项目不超过3%的面积奖励。对于实施范围内的预制率达到50%以上、装配率达到70%以上的非政府投资项目予以财政奖励;对于未在实施范围的非政府投资项目,凡

自愿采用装配式建筑并符合实施标准的，按增量成本给予一定比例的财政奖励。鼓励金融机构加大对装配式建筑项目的信贷支持力度。

2. 重庆市

2018年1月，重庆市发布的《重庆市人民政府办公厅关于大力发展装配式建筑的实施意见》（渝府办发〔2017〕185号）指出，大力发展装配式混凝土结构、钢结构及现代木结构建筑，力争到2020年全市装配式建筑占新建建筑面积的比例达到15%以上，到2025年达到30%以上。重点发展区域从2018年3月1日起，积极发展区域从2019年1月1日起，鼓励发展区域从2020年1月1日起，以下项目应为装配式建筑或采用装配式建造方式：①保障性住房和政府投资、主导建设的建筑工程项目；②装配式建筑发展专业规划中的建筑工程项目；③噪声敏感区域的建筑工程项目；④桥梁、综合管廊、人行天桥等市政设施工程项目。此外，对于采用装配式建筑建造的项目，可享受优惠政策。国土房管部门在办理商品房预售许可时，允许将装配式预制构件投资计入工程建设总投资，允许将预制构件生产纳入工程进度衡量。

2018年7月，再次发布的《重庆市人民政府办公厅关于进一步促进建筑业改革与持续健康发展的实施意见》（渝府办发〔2018〕95号）指出，以装配式建筑推动建筑生产工业化发展，加快建设速度、提高生产效率、改善作业环境、节约资源能源、保障质量安全。明确装配式建筑重点发展区域、积极发展区域和鼓励发展区域，培育装配式建筑特色产业园，以保障性住房和政府投资、主导建设的建筑工程及市政设施项目为重点，推广使用装配式建筑。编制装配式建筑发展专业规划，明确装配式建筑实施比例、实施范围等控制性指标，统筹发展装配式建筑设计、生产、施工、装修、运输、设备制造及运行维护等全产业集群，确保2020年全市装配式建筑占新建建筑面积的比例达到15%以上，2025年达到30%以上。

3. 天津市

2017年7月，天津市发布的《天津市人民政府办公厅印发关于大力发展装配式建筑实施方案的通知》（津政办函〔2017〕66号）指出，2017年底前，政府投资项目、保障性住房和5万 m²（含）以上公共建筑应采用装配式建筑，建筑面积10万 m²（含）以上新建商品房采用装配式建筑的比例不低于总面积的30%；2018—2020年，新建的公共建筑具备条件的应全部采用装配式建筑，中心城区、滨海新区核心区和中新生态城商品住宅应全部采用装配式建筑；采用装配式建筑的保障性住房和商品住房全装修比例达到100%；2021—2025年，全市范围内国有建设用地新建项目具备条件的全部采用装配式建筑。对采用建筑工业化方式建造的新建项目，达到一定装配率比例，给予全额返还新型墙改基金、散水基金或专项资金奖励。此外，经认定为高新技术企业的装配式建筑企业，减按15%的税率征收企业所得税，装配式建筑企业开发新技术、新产品、新工艺发生的研究开发费用，可以在计算应纳税所得额时加计扣除。

4. 上海市

2016年9月，上海市发布的《上海市装配式建筑2016—2020年发展规划》中提出，各区县政府和相关管委会在本区域供地面积总量中落实的装配式建筑的建筑面积比例，2015年不少于50%；2016年起外环线以内新建民用建筑应全部采用装配式建筑、外环线以外超过

50%；2017年起外环线以外在50%基础上逐年增加。"十三五"期间，全市装配式建筑的单体预制率达到40%以上或装配率达到60%以上。外环线以内采用装配式建筑的新建商品住宅、公租房和廉租房项目100%采用全装修。同时，建成国家住宅产业现代化综合示范城市，培育形成2~3个国家级建筑工业化示范基地，形成一批达到国际先进水平的关键核心技术和成套技术，培育一批龙头企业，打造具有全国影响力的建筑工业化产业联盟。符合装配整体式建筑示范的项目（居住建筑装配式建筑面积3万 m^2 以上，公共建筑装配式建筑面积2万 m^2 以上。建筑要求：装配式建筑单体预制率应不低于45%或装配率不低于65%），每平方米补贴100元。

5. 浙江省

2017年12月，杭州市发布《杭州市人民政府办公厅关于推进绿色建筑和建筑工业化发展的实施意见》（杭政办函〔2017〕119号）（以下简称《意见》），《意见》指出，以上城区、下城区、江干区、拱墅区、西湖区、滨江区、杭州经济开发区为重点推进地区，萧山区、余杭区、富阳区、临安区、大江东产业集聚区为积极推进地区，桐庐县、淳安县、建德市为鼓励推进地区，不断提高装配式建筑占比，到2020年，我市装配式建筑占新建建筑的比例达到30%及以上。全面贯彻落实《浙江省绿色建筑条例》，出台和实施《杭州市绿色建筑专项规划》，全面推进绿色建筑发展并促进绿色建筑提标。到2020年，杭州市域范围内新建一星级以上绿色建筑占比达到100%，二星级以上绿色建筑占比达到55%，三星级绿色建筑占比达到10%。获得绿色运行二星、三星标识和国家绿色建筑创新奖的装配式建筑项目，按照有关规定由市区两级财政给予扶持。装配式建筑项目符合杭州市工业和科技统筹资金使用管理有关规定的，企业可向项目所在地的区、县（市）政府相关部门申请本市工业和科技统筹资金。企业开发绿色建筑新技术、新工艺、新材料和新设备发生的研究开发费用，可以按照国家有关规定享受税前加计扣除等优惠政策。对于装配式建筑项目，施工企业缴纳的质量保证金以合同总价扣除预制构件总价作为基数乘以2%费率计取，建设单位缴纳的住宅物业保修金以物业建筑安装总造价扣除预制构件总价作为基数乘以2%费率计取。

6. 安徽省

2017年1月，安徽省发布的《安徽省人民政府办公厅关于大力发展装配式建筑的通知》（皖政办秘〔2016〕240号）中指出，到2020年，装配式施工能力大幅提升，力争装配式建筑占新建建筑面积的比例达到15%。到2025年，力争装配式建筑占新建建筑面积的比例达到30%。支持高等院校、科研院所以及设计、生产、施工企业围绕装配式建筑的先进适用技术、工法工艺和产品开展科研攻关，集中力量攻克节点连接、防火、防腐、防水、抗震等核心技术。加快编制装配式建筑地方标准，支持企业编制标准，鼓励社会组织编制团体标准，强化建筑材料标准、部品部件标准、工程标准之间的衔接，逐步建立完善覆盖设计、生产、施工和使用维护全过程的装配式建筑标准规范体系。

7. 湖北省

2017年3月，湖北省发布的《湖北省人民政府办公厅关于大力发展装配式建筑的实施意见》（鄂政办发〔2017〕17号）中指出，到2020年，武汉市装配式建筑面积占新建建筑面积比例达到 35% 以上，襄阳市、宜昌市和荆门市达到 20% 以上，其他设区城市、恩施州、直管市和神农架林区达到 15% 以上。到 2025 年，全省装配式建筑占新建建筑面积的比例达到 30% 以上。充分发挥设计先导作用，引导设计单位按照装配式建筑的设计规则进行建筑方案和施工图设计。加快推行装配式建筑一体化集成设计，制定施工图设计审查要点。推进 BIM 技术应用，提高建筑、结构、设备、装修等专业协同设计能力，设计深度应符合工厂化生产、装配化施工、一体化装修的要求。完善设计单位施工图交底制度，设计单位应对部品部件生产、施工安装、装修全过程进行指导和服务。政府投资新建的公共建筑工程以及保障性住房项目、"三旧"改造项目等，符合装配式建造技术条件和要求的，应采用装配式建筑，积极开展市政基础设施（包括综合管廊）工程装配式建造试点示范，形成有利于装配式建筑发展的体制机制和市场环境。

8. 江苏省

省级层面，江苏省政府先后印发了《江苏省政府关于加快推进建筑产业现代化促进建筑产业转型升级的意见》（苏政发〔2014〕111 号）、《关于促进建筑业改革发展的意见》（苏政发〔2017〕151 号），明确建筑产业现代化发展总体要求、重点任务、支持政策和保障措施。部门层面，省住房和城乡建设厅编制了《江苏省"十三五"建筑产业现代化发展规划》，并在城乡规划、预制装配率计算、"三板"（预制内外墙板、预制楼板、预制楼梯板）推广应用、工程招标投标、施工图审查、工程定额、质量安全监管、监测评价等方面出台了一系列配套政策。特别是全面推广应用"三板"政策、预制装配率计算细则，在全国属于创新性的做法，也在实践中取得了良好效果。市县层面，各设区市和县级示范城市结合各地实际情况，出台了推进建筑产业现代化的实施意见，明确发展目标和重点推进领域，细化规划条件制定、土地出让、容积率奖励、城市基础设施配套费奖补、房地产开发项目提前预售、财政支持、费用减免等方面的支持政策，有效落实相关税收优惠政策。南京、徐州、苏州、南通、海门等地将建筑产业现代化要求纳入规划条件和土地出让合同，对鼓励建筑企业技术创新、设备升级改造进行财政补贴，并在装配式建筑项目中实行费用减免和容积率奖励等方面提出创新性的扶持政策，对推动建筑产业现代化发展起到了积极引导作用。

9. 广东省

2017 年 4 月，广东省发布的《广东省人民政府办公厅关于大力发展装配式建筑的实施意见》（粤府办〔2017〕28 号）中提出，珠三角城市群，到 2020 年年底前，装配式建筑占新建建筑面积比例达到 15% 以上，其中政府投资工程装配式建筑面积占比达到 50% 以上；到 2025 年年底前，装配式建筑占新建建筑面积比例达到 35% 以上，其中政府投资工程装配式建筑面积占比达到 70% 以上。常住人口超过 300 万的粤东西北地区地级市中心城区，要求到 2020 年年底前，装配式建筑占新建建筑面积比例达到 15% 以上，其中政府投资工程装配式建筑面积占比达到 30% 以上；到 2025 年年底前，装配式建筑占新建建筑面积比例达到 30% 以上，其中政府投资工程装配式建筑面积占比达到 50% 以上。全省其他地区，到 2020 年年底前，装配式建筑占新建建筑面积比例达到 10% 以上，其中政府投资工程装配式建筑面积占比达到 30% 以上；到 2025 年年底前，装配式建筑占新建建筑面积比例达到 20% 以上，其中政府投资工程装配式建筑面积占比达到 50% 以上。

为贯彻落实中共中央、国务院《关于进一步加强城市规划建设管理工作的若干意见》（中发〔2016〕6 号）、国务院办公厅《关于大力发展装配式建筑的指导意见》（国办发〔2016〕71 号）、《广东省人民政府办公厅关于大力发展装配式建筑的实施意见》（粤府办〔2017〕28 号）中关于"发展新型建造方式，大力推广装配式建筑"的要求，深圳市住房和建设局于 2017 年连续发布《深圳市住房和建设局关于加快推进装配式建筑的通知》（深建规〔2017〕1 号）、《深圳市装配式建筑住宅项目建筑面积奖励实施细则》（深建规〔2017〕2 号）和《深圳市住房和建设局关于装配式建筑项目设计阶段技术认定工作的通知》（深建规〔2017〕3 号），积极推动装配式建筑的发展。其中"2 号文"中提出，对采用装配式建造的住宅，给予一定优惠政策。奖励建筑面积不超过符合我市装配式建筑相关技术要求的住宅规定建筑面积总和的 3%，最多不超过 5000m^2。奖励后的容积率不得超过《深圳市城市规划标准与准则》中规定的容积率上限。

10. 湖南省

2017 年 5 月，湖南省发布的《湖南省人民政府办公厅关于加快推进装配式建筑发展的实施意见》（湘政办发〔2017〕28 号）中指出，加快推进装配式混凝土结构、钢结构、现代木结构建筑的应用，到 2020 年，全省市州中心城市装配式建筑占新建建筑的面积比例达到 30% 以上，其中，长沙市、株洲市、湘潭市三市中心城区达到 50% 以上。各市州中心城市的下列项目应当采用装配式建筑：①政府投资建设的新建保障性住房、学校、医院、科研、办公、酒店、综合楼、工业厂房等建筑；②适合于工厂预制的城市地铁管片、地下综合管廊、城市道路和园林绿化的辅助设施等市政公用设施工程；③长沙市区二环线以内、长沙高新区、长沙经开区以及其他市州中心、城市中心城区社会资本投资的适合采用装配式建筑的工程项目。大力推进装配式建筑"设计 – 生产 – 施工 – 管理 – 服务"全产业链建设，打造一批以"互联网 +"和"云计算"为基础，以 BIM 为核心的装配式建设工程设计集团和规模以上生产、施工龙头企业，促进传统建筑产业转型升级，到 2020 年，建成全省千亿级装配式建筑产业集群。鼓励和支持企业、高等学校、研发机构研究开发装配式建筑新技术、新工艺、新材料和新设备，符合条件的研究开发费用可以按照国家有关规定享受税前加计扣除等优惠政策。对装配式建筑产业基地（住宅产业化基地）企业，经相关职能部门认定为高新技术企业的，享受高新技术企业相应税收优惠政策。

11. 四川省

（1）目标

2017 年 6 月，四川省发布的《四川省人民政府办公厅关于大力发展装配式建筑的实施意见》（川办发〔2017〕56 号）中指出，到 2020 年，全省装配式建筑占新建建筑面积的 30%，装配率达到 30% 以上，其中五个试点市装配式建筑占新建建筑面积 35% 以上；新建住宅全装修达到 50%。到 2025 年，装配率达到 50% 以上的建筑，占新建建筑面积的 40%；桥梁、铁路、道路、综合管廊、隧道、市政工程等建设中，除须现浇外全部采用预制装配式；新建住宅全装修达到 70%。

（2）补助政策

1）土地支持。优先支持建筑产业现代化基地和示范项目用地，对列入年度重大项目投资计划的优先安排用地指标，加强建筑产业现代化项目建设用地保障；

2）税收优惠。利用现代化方式生产的企业，经申请被认定为高新技术企业的，减按15%的税率缴纳企业所得税；

3）容积率奖励。在办理规划审批时，其外墙预制部分建筑面积（不超过规划总建筑面积的3%）可不计入成交地块的容积率核算；

4）评优评奖优惠政策。装配率达到30%以上的项目，享受绿色建筑政策补助，并在项目评优评奖中优先考虑；

5）科技创新扶持政策、金融支持、预售资金监管、投标政策、基金支持。

12. 福建省

2017年6月，福建省发布的《福建省人民政府办公厅关于大力发展装配式建筑的实施意见》（闽政办〔2017〕59号）中提出，到2020年，全省实现装配式建筑占新建建筑面积比例达到20%以上。其中，福州、厦门市为全国装配式建筑积极推进地区，比例要达到25%以上，争创国家装配式建筑示范城市；泉州市、漳州市、三明市为省内装配式建筑积极推进地区，比例要达到20%以上，争创国家装配式建筑试点城市；其他地区为装配式建筑鼓励推进地区，比例要达到15%以上。到2025年，全省实现装配式建筑占新建建筑面积比例达到35%以上。为确保目标的实现和任务落到实处，福建省在四个方面加大政策扶持。一是加强用地保障，明确各地可将发展装配式建筑的相关要求纳入规划设计条件和供地方案，并落实到土地使用合同中。对自主采用装配式建造的商品房项目，明确了不计入容积率的政策，以及优先办理商品房预售许可等政策。二是加强金融服务，鼓励金融机构加大对装配式建筑商品房的开发贷款、消费贷款的支持力度，并明确使用住房公积金贷款购买装配式建造的商品房的相关优惠政策。三是落实税费政策，明确部品部件生产企业享受已出台的具体税费优惠政策。四是加大行业扶持，明确在资质申请、评先评优、工程质量保证金、物流运输、交通畅通等方面的扶持政策。

13. 河北省

2017年1月，河北省发布的《河北省人民政府办公厅关于大力发展装配式建筑的实施意见》（冀政办字〔2017〕3号）中指出，力争用10年左右的时间，使全省装配式建筑占新建建筑面积的比例达到30%以上，形成适应装配式建筑发展的市场机制和环境，建立完善的法规、标准和监管体系，培育一大批设计、施工、部品部件规模化生产企业、具备现代装配建造技术水平的工程总承包企业以及与之相适应的专业化技能队伍。张家口、石家庄、唐山、保定、邯郸、沧州市和环京津县（市、区）率先发展，其他市、县加快发展。

目前，河北装配式建筑发展处于起步阶段，总体水平与全国水平大体相当，其中钢结构建筑发展走在全国前列。发展现状主要表现在以下几个方面：

（1）注重顶层设计。2015年3月，省政府印发《关于推进住宅产业现代化的指导意见》，提出了住宅产业现代化的发展目标、工作重点、支持政策和保障措施。2016年6月，省政府审时度势，准确把握河北省作为钢铁大省的特点，印发了《加快推进钢结构建筑发展方案》，明确把钢结构建筑作为河北省发展装配式建筑的主攻方向。

（2）注重产业培育。河北现有5个国家住宅产业化基地和16个省住宅产业化基地，涵盖预制构件、建筑部品、新型墙材、装备制造等多个领域；预制混凝土构件生产企业11家，年设计产能54万 m^3；钢构件生产企业49家，年设计产能178万 t；木构件生产企业1家，年设计产能1万 m^3，具备了加快推进装配式建筑发展的产业基础。

（3）注重标准引领。先后颁布实施了《装配式混凝土构件制作与验收标准》等5部地方标准，后续将相继出台其他13部地方标准。

截至2017年，河北省在建钢结构建筑项目380万 m^2、装配式混凝土结构建筑项目70万 m^2，落实农村装配式低层住宅400多套。在城市，具有代表性的项目有沧州福康家园、唐山浭阳新城、保定香邑溪谷、秦皇岛青年周转公寓等；在农村，则有邯郸绿建方洲、唐山燕东新民居等。总体而言，这些项目在绿色施工、缩短工期、提升建筑性能等方面，起到了很好的示范带动作用。

14. 辽宁省

2017年8月，辽宁省发布的《辽宁省人民政府办公厅关于大力发展装配式建筑的实施意见》（辽政办发〔2017〕93号）中提出，大力推广适合工业化生产的装配式混凝土建筑、钢结构建筑和现代木结构建筑，装配式建筑占新建建筑面积比例逐年提高，每年力争提高3%以上。大力推行新建住宅全装修，城市中心区域原则上全部推行新建住宅全装修，逐年提高成品住宅比例。到2020年底，全省装配式建筑占新建建筑面积的比例力争达到20%以上，其中沈阳市力争达到35%以上，大连市力争达到25%以上，其他城市力争达到10%以上。到2025年底，全省装配式建筑占新建建筑面积比例力争达到35%以上，其中沈阳市力争达到50%以上，大连市力争达到40%以上，其他城市力争达到30%以上。各地区根据自身财力状况，给予装配式建筑基地或项目一定的财政补贴政策。符合新型墙体材料目录的部品部件的生产企业，可按规定享受增值税即征即退优惠政策。房地产开发企业开发成品住房发生的实际装修成本，可按规定在税前扣除。科技部门要支持符合高新技术企业条件的装配式建筑企业享受相关优惠政策。各地区要优先保障装配式建筑部品部件生产基地（园区）、项目建设用地。规划部门应根据装配式建筑发展规划，在出具土地出让规划条件时，明确装配式建筑项目应达到比例。对装配式建筑比例达到30%以上的开发建设项目，在办理规划审批时，可根据项目规模不同，允许不超过规划总面积的5%不计入成交地块的容积率核算，具体办法由各市政府另行制定。国土资源部门在土地出让合同中要明确相关计算要求。住房公积金管理机构、金融机构对购买装配式商品住房的，按照差别化住房信贷政策积极给予支持。公安和交通运输部门对运输超大、超宽的预制混凝土构件、钢结构构件、钢筋加工制品等运输车辆在物流运输、交通便利方面给予支持。

15. 海南省

2018年4月，海南省发布的《海南省人民政府办公厅关于促进建筑业持续健康发展的实施意见》（琼府办〔2018〕32号）中指出，以市场为导向、以质量提升为核心，大力发展绿色建筑、装配式建筑，推进建筑业转型升级和持续健康发展，助力海南全面深化改革开放、建设自由贸易试验区和中国特色自由贸易港。到2020年，力争实现全省建筑业总产值年均增速8%左右。全省80%以上的房屋建筑工程项目实现信息化手段监管，建筑品质进一步提升。实现建筑市场信用主体诚信评价全覆盖，以诚信评价为主的监管模式初步形成，建筑市场诚信体系更加健全，秩序更加规范。工程建造方式和施工组织模式变革取得重大进展，实现海南省装配式建筑发展目标。积极开展土地、规划、财政、科技、产业等方面的支持政策创新。建立装配式建筑审批绿色通道，对符合要求的装配式建筑予以预售登记和分段验收的政策支持。指导市县制定装配式建筑项目建筑面积奖励的把关环节及落实机制。鼓励各类装配式建筑企业申报高新技术企业优惠扶持政策。对装配式建筑业绩突出的建筑企业，在资质晋升、评奖评优等方面予以支持。鼓励和支持企业、高等学校、研发机构研究开发装配式建筑新技术、新工艺、新材料和新设备，符合条件的研究开发费用可以按照国家有关规定享受税前加计扣除等优惠政策。

16. 陕西省

2017年3月，陕西省发布的《陕西省人民政府办公厅关于大力发展装配式建筑的实施意见》（陕政办发〔2017〕15号）中提出，陕西省的发展目标是形成一批设计、施工、部品部件规模化生产企业，专业技术人员能力素质大幅提高，工程管理制度健全规范，建筑方式有效转变。装配式建筑占新建建筑面积的比例，2020年重点推进地区达到20%以上，2025年全省达到30%以上。以中高层建筑和农村居住建筑为重点，推广先进的装配式建筑结构设计、节点连接设计、构造设计等技术，推动装配式建筑的设计、生产、施工的一体化、产业化发展。到2020年，装配式公共建筑、商品住宅试点示范规模达到200万m²，装配式农房示范规模达到20万m²。加快推进新型建材产业与装配式建筑协同发展，着眼于培育区域技术优势和产业竞争力，提高产业聚集度，发展技术先进、专业配套、管理规范的装配式建筑产业基地。到2020年，形成3~5个以骨干企业为核心、产业链完善的产业集群，发展建设省级装配式建筑产业基地5~10个、国家级装配式建筑产业基地2~3个。

17. 山东省

2017年1月，山东省发布的《山东省人民政府办公厅关于贯彻国办发〔2016〕71号文件大力发展装配式建筑的实施意见》（鲁政办发〔2017〕28号）中指出，到2020年，建立健全适应装配式建筑发展的技术、标准和监管体系，济南市、青岛市装配式建筑占新建建筑面积的比例达到30%以上，其他设区城市和县（市）分别达到25%、15%以上。到2025年，全省装配式建筑占新建建筑面积的比例达到40%以上，形成一批以优势企业为核心、涵盖全产业链的装配式建筑产业集群。各级财政要研究推动装配式建筑发展的政策，对具有示范意义的工程项目给予支持，符合条件的，可参照重点技改工程项目，享受贷款贴息等税费优惠政策。符合新型墙体材料目录的部品部件生产企业，可按规定享受增值税即征即退优惠政策。对使用预制墙体的项目，新型墙体材料专项基金按规定执行全额返还政策。

18. 甘肃省

2017 年 8 月,甘肃省发布的《甘肃省人民政府办公厅关于大力发展装配式建筑的实施意见》(甘政办发〔2017〕132 号)中指出,到 2020 年,建成一批装配式建筑试点项目,以试点项目带动产业发展,初步建成全省产业布局合理的装配式建筑产业基地,逐步形成全产业链协作的产业集群,积极争创国家装配式建筑示范城市和产业基地。到 2025 年,基本形成较为完善的技术标准体系、科技支撑体系、产业配套体系、监督管理体系和市场推广体系。在逐年提高新建建筑中装配式建筑面积比例的基础上,力争装配式建筑占新建建筑面积的比例达到 30% 以上。到 2020 年,全省累计完成 100 万 m² 以上装配式建筑试点项目建设。兰州市、天水市和嘉峪关市作为装配式建筑试点城市,要培育、支持和发展 3 个以上省级装配式建筑产业基地,积极争创国家级装配式建筑产业基地和示范城市。建设、发展改革、国土资源、工信、财政、科技、人社、质监、地税等部门要结合实际,出台推动试点项目建设的支持政策和措施。通过试点,总结适宜甘肃省的装配式建筑工艺、技术,探索形成甘肃省发展装配式建筑的政策、标准和监管体系,加快形成产业体系,激发市场主体的内在动力,提高人民群众的认可度,引导甘肃省装配式建筑有序发展。

19. 山西省

2017 年 6 月,山西省发布的《山西省人民政府办公厅关于大力发展装配式建筑的实施意见》(晋政办发〔2017〕62 号)中指出,结合山西省现有装配式建筑产业发展现状,以太原市、大同市为重点推进地区,鼓励其他地区结合自身实际统筹推进。2017 年,太原市、大同市装配式建筑占新建建筑面积的比例达到 5% 以上,2018 年达到 15% 以上。各地政府投资项目,特别是保障性住房、公共建筑及桥梁、综合管廊等市政基础设施建设,要率先采用装配式建造方式。农村、景区要因地制宜发展木结构和轻钢结构装配式建筑。形成一批以设计、施工、部品部件规模化生产企业为核心、贯通上下游产业链条的产业集群,保证装配式建筑产业基地数量和产能基本满足全省发展需求。到 2020 年底,全省 11 个设区城市装配式建筑占新建建筑面积的比例达到 15% 以上,其中太原市、大同市力争达到 25% 以上。自 2021 年起,装配式建筑占新建建筑面积的比例每年提高 3% 以上。到 2025 年底,装配式建筑成为山西省主要建造方式之一,装配式建筑占新建建筑面积的比例达到 30% 以上。

通过政府购买服务的形式对编制装配式建筑系列地方标准、定额给予经费支持。符合条件并认定为高新技术企业的装配式建筑生产企业,按规定享受相应税收优惠政策。企业销售自产的符合《享受增值税即征即退政策的新型墙体材料目录》条件的新型墙体材料,按规定享受增值税即征即退 50% 的政策。住房公积金管理机构、金融机构对购买装配式商品住房的,按照差别化住房信贷政策积极给予支持,住房公积金贷款首付比例按照政策允许范围内最低首付比例执行。各类金融机构对符合条件的企业要积极开辟绿色通道、加大信贷支持力度、提升金融服务水平。

20. 黑龙江省

2017 年 11 月,黑龙江省发布的《黑龙江省人民政府办公厅关于推进装配式建筑发展的实施意见》(黑政办规〔2017〕66 号)中指出,到 2020 年末,全省装配式建筑占新建建筑面积的比例不低于10%，试点城市装配式建筑占新建建筑面积的比例不低于30%。到2025年末，全省装配式建筑占新建建筑面积的比例力争达到30%。确定哈尔滨市为我省装配式建筑发展试点城市，鼓励试点城市先行先试，结合当地区位、产业和资源实际，探索形成推进装配式建筑发展的政策体系和技术体系，加快建立装配式建筑产业基地和示范项目，加快形成装配式建筑产业体系，并在全省范围推广。政府投资或主导的文化、教育、卫生、体育等公益性建筑，以及保障性住房、旧城改造、棚户区改造和市政基础设施等项目应率先采用装配式建筑。鼓励引导社会投资项目因地制宜发展装配式建筑并创建装配式建筑示范项目。大型公共建筑和工业厂房优先采用装配式钢结构；在具备条件的特色地区、风景名胜区以及园林景观、仿古建筑等领域，倡导发展现代木结构建筑；在农房建设中积极推进轻钢结构；临时建筑、工地临建、管道管廊等积极采用可装配、可重复使用的部品部件。积极推广使用预制内外墙板、楼梯、叠合楼板、阳台板、梁和集成化橱柜、浴室等构配件、部件部品。

21. 吉林省

2017年7月，吉林省发布的《吉林省人民政府办公厅关于大力发展装配式建筑的实施意见》（吉政办发〔2017〕55号）（简称《实施意见》）中设定了发展目标，以长春、吉林两市为积极推进地区，其余城市为鼓励推进地区，因地制宜发展装配式混凝土结构、钢结构和现代木结构等装配式建筑。同时，逐步完善法律法规、技术标准和监管体系，推动形成一批集设计、部品部件规模化生产、施工于一体的，具有现代装配建造水平的工程总承包企业以及与之相适应的专业化技能队伍。发展目标主要分为三个阶段：

（1）试点示范期（2017—2018年）。在长春、吉林等地先行试点示范；到2018年，全省建成5个以上装配式建筑产业基地，培育一批装配式建筑优势企业；全省装配式建筑面积不少于200万 m²，初步建立装配式建筑技术、标准、质量、计价体系。

（2）推广发展期（2019—2020年）。到2020年，创建2~3家国家级装配式建筑产业基地；全省装配式建筑面积不少于500万 m²；长春、吉林两市装配式建筑占新建建筑面积比例达到20%以上，其他设区城市达到10%以上。

（3）普及应用期（2021—2025年）。形成一批具有较强综合实力的装配式建筑龙头骨干企业、技术力量雄厚的研发中心、特色鲜明的产业基地，使新型建造方式成为主要建造方式之一，并由建筑工程、市政公用工程逐渐向桥梁、水利、铁路等领域拓展；全省装配式建筑占新建建筑面积的比例达到30%以上。

《实施意见》从资金、金融、税费、用地、服务机制及运输等方面提出了支持性政策。一是加大资金支持，鼓励有条件的地区出台促进装配式建筑发展的支持政策，将装配式建筑部品部件纳入吉林省新型墙体材料目录，利用省级现有专项资金，支持推广装配式建筑、装配式建筑产业基地（园区）、技术研发中心建设。二是加大金融支持，鼓励各类金融机构对符合条件的企业积极开辟绿色通道、加大信贷支持力度，提升金融服务水平，鼓励住房公积金管理机构、金融机构对购买装配式商品住房和成品住宅的购房人，按照差别化住房信贷政策积极给予支持。三是实施税费优惠,支持符合高新技术企业条件的装配式建筑部品部件生产企业享受相关优惠政策,符合新型墙体材料目录的部品部件生产企业,可按规定享受增值税即征即退政策,企业为开发装配式建筑配套的新技术、新产品、新工艺发生的研究开发费用,符合条件的除可以在税前列支外,还可享受加计扣除政策。四是强化用地保障,各地要优先保障装配式建筑产业基地(园区)、装配式建筑项目建设用地,对列入年度重大项目投资计划的优先安排用地指标,对以出让方式供应的建设项目用地,要明确项目的装配率、全装修成品住房比例,对符合装配率要求的建设项目,给予不超过装配式建筑单体规划面积之和3%的面积奖励。

22. 内蒙古自治区

2017年9月,内蒙古自治区发布的《内蒙古自治区人民政府办公厅关于大力发展装配式建筑的实施意见》(内政办发〔2017〕156号)中指出,到2020年,全区新开工装配式建筑占当年新建建筑面积的比例达到10%以上,其中政府投资工程项目装配式建筑占当年新建建筑面积的比例达到50%以上,呼和浩特市、包头市、赤峰市装配式建筑占当年新建建筑面积的比例达到15%以上,呼伦贝尔市、兴安盟、通辽市、鄂尔多斯市、巴彦淖尔市、乌海市装配式建筑占当年新建建筑面积的比例达到10%以上,锡林郭勒盟、乌兰察布市、阿拉善盟装配式建筑占当年新建建筑面积的比例达到5%以上。到2025年,全区装配式建筑占当年新建建筑面积的比例力争达到30%以上,其中政府投资工程项目装配式建筑占当年新建建筑面积的比例达到70%,呼和浩特市、包头市装配式建筑占当年新建建筑面积的比例达到40%以上,其余盟市均力争达到30%以上。

23. 河南省

2017年12月,河南省发布的《河南省人民政府办公厅关于大力发展装配式建筑的实施意见》(豫政办〔2017〕153号)中指出,到2020年年底,全省装配式建筑(装配率不低于50%,下同)占新建建筑面积的比例达到20%,政府投资或主导的项目达到50%,其中郑州市装配式建筑面积占新建建筑面积的比例达到30%以上,政府投资或主导的项目达到60%以上,支持郑州市郑东新区象湖片区建设装配式建筑示范区。到2025年年底,全省装配式建筑占新建建筑面积的比例力争达到40%,符合条件的政府投资项目全部采用装配式施工,其中郑州市装配式建筑占新建建筑面积的比例达到50%以上,政府投资或主导的项目原则上达到100%。河南省将发展目标划分为以下三步:

(1)试点推进期(2017—2018年)。在重点推进地区,以政府投资或主导的工程项目为示范引导,其他投资类型的项目积极跟进,建成一批技术先进、质量优良、经济适用的装配式建筑示范项目;培育创建国家及省级装配式混凝土结构、钢结构及整体厨卫等10个特色产业基地,形成一批优势企业;开展装配式建筑试点示范,培育10个左右装配式建筑示范省辖市、县(市、区)及片区,建设装配式示范工程面积超过200万 m²;初步建立装配式建筑相关技术、标准、质量、计价体系,基本形成政府引导、市场主导、技术支撑、政策激励、社会监督、产业联动的工作机制。

（2）量质提升期（2019—2020年）。到2020年年底，基本形成适应装配式建筑发展的市场机制和环境，建筑品质全面提升，节能减排、绿色发展成效明显，创新能力不断提高，产业结构不断优化；装配式建筑发展区域性政策法规和技术标准支撑体系较为完备；"333"人才工程计划（培养300名高层次专业人才、3000名一线专业技术管理人员、30000名生产施工技能型产业工人）实施初见成效，培育一批具有现代装配建造水平的工程总承包企业和设计、施工、部品部件规模化生产企业。

（3）全面推广期（2021—2025年）。自主创新能力进一步提高，建筑能效大幅提升，支撑体系更加完善，形成一批以骨干企业为核心、产业链完善的产业集群，装配式建筑开发、设计、生产、施工、监理、运维能力及设备、技术、资金、人才等要素保障能力进一步增强。符合条件的政府投资项目及大型公共建筑全面推广应用装配式建筑技术。

24. 广西壮族自治区

2017年12月，广西壮族自治区发布的《广西壮族自治区装配式建筑发展"十三五"专项规划》（桂建管〔2017〕102号）中提出以下工作目标：一是"十三五"期间广西壮族自治区装配式建筑发展目标，即到2020年，全区装配式建筑占新建建筑面积的比例达到20%以上；二是分步骤分地区逐步推进装配式建筑发展，分2016—2018年试点示范期和2019—2020年推广发展期两个阶段推进，并将各设区市发展目标细化为重点发展、积极发展、鼓励发展三类地区，对示范基地、城市、项目等提出具体任务要求。引导形成服务北部湾经济区和西江经济带的设区市发展定位产业布局，构建综合性、区域性、自给性三级全区装配式建筑生产基地，强化实现区域协调和互补带动的整体效应，打造产业聚集区，推进试点示范创建，推动创新发展。明确要求装配式建筑在政府投资公共建筑项目、市政等基础设施建设项目和社会投资工程项目的具体推广应用。在保障措施方面，除加强领导、强化机制、完善管理等的组织保障外，还借鉴相关省、市做法，在用地政策、财政政策、金融支持、税费优惠及其他支持方面，对装配式建筑设计、生产、建设、施工、开发、管理、销售及购买业主等各方给予全面的政策支持。

25. 宁夏回族自治区

2017年4月，宁夏回族自治区发布的《宁夏回族自治区人民政府办公厅关于大力发展装配式建筑的实施意见》（宁政办发〔2017〕71号）中提出，从2017年起，各级人民政府投资的总建筑面积3000m²以上的学校、医院、养老等公益性建筑项目，单体建筑面积超过10000m²的机场、车站、机关办公楼等公共建筑和保障性安居工程，优先采用装配式方式建造。社会投资的总建筑面积超过50000m²的住宅小区、总建筑面积（或单体）超过10000m²的新建商业、办公等建设项目，应因地制宜推行装配式建造方式。

到2020年，全区基本形成适应装配式建筑发展的政策和技术保障体系，装配式建筑占同期新建建筑的比例达到10%。在现有基础上建成5个以上自治区级建筑产业化生产基地，创建2个国家建筑产业化生产基地，培育3家以上集设计、生产、施工为一体的工程总承包企业，或形成一批以优势企业为核心、涵盖全产业链的装配式建筑产业集群。

到 2025 年,基本建立装配式建筑产业制造、物流配送、设计施工、信息管理和技术培训产业链,满足全区装配式建筑的市场需求,形成一批具有较强综合实力的企业,保证全区装配式建筑占同期新建建筑面积的比例达到 25%。建成 8 个以上自治区级建筑产业化生产基地,创建 3 个以上国家建筑产业化生产基地,培育 5 个以上具有现代装配建造水平的工程总承包企业或产业联盟,形成 6 个以上与之相适应的设计、施工、部品部件规模化专业生产企业。

26. 青海省

2017 年 8 月,青海省发布的《青海省人民政府办公厅关于推进装配式建筑发展的实施意见》(青政办〔2017〕141 号)中指出,以西宁市、海东市为装配式建筑重点推进区域,重点发展预制混凝土结构、钢结构装配式建筑,其他地区结合实际,因地制宜发展以钢结构为主的装配式建筑。到 2020 年,基本建立适应青海省装配式建筑的技术体系、标准体系、政策体系和监管体系;全省装配式建筑占同期新建建筑面积的比例达到 10% 以上,西宁市、海东市装配式建筑占同期新建建筑面积的比例达到 15% 以上,其他地区装配式建筑占同期新建建筑面积的比例达到 5% 以上;创建 1~2 个国家级装配式建筑示范城市和 1~2 个国家级装配式产业基地。

27. 云南省

2017 年 6 月,云南省发布的《云南省人民政府办公厅关于大力发展装配式建筑的实施意见》(云政办发〔2017〕65 号)中指出,政府和国企投资、主导建设的建筑工程应使用装配式技术,鼓励社会投资的建筑工程使用装配式技术,大力发展装配式商品房及装配式医院、学校等公共建筑。各地要确定商品房住宅使用装配式技术的比例,并逐年提高。到 2020 年,初步建立装配式建筑的技术、标准和监管体系;昆明市、曲靖市、红河州装配式建筑占新建建筑面积比例达到 20%,其他每个州、市至少有 3 个以上示范项目。到 2025 年,力争全省装配式建筑占新建建筑面积比例达到 30%,其中昆明市、曲靖市、红河州达到 40%;装配式建筑的技术、标准和监管体系进一步健全;形成一批涵盖全产业链的装配式建筑产业集群,将装配式建筑产业打造成为西南先进、辐射南亚东南亚的新兴产业。加强装配式建筑关键技术、通用技术体系和住宅标准化研究,建立全省统一的通用部品部件数据库。加快制定装配式建筑标准规范、导则、图集、评价标准和计价定额。制定新技术推广目录和落后技术、产品禁限用目录。强化科技成果转化,鼓励行业协会和企业编制标准,经技术审查论证后,可作为工程设计、施工和验收的依据。

28. 新疆维吾尔自治区

2017 年 9 月,新疆维吾尔自治区发布的《新疆关于大力发展自治区装配式建筑的实施意见》中指出,以乌鲁木齐市、克拉玛依市、吐鲁番市、库尔勒市、昌吉市为积极推进地区,其余城市为鼓励推进地区,因地制宜发展混凝土结构、钢结构等装配式建筑。到 2020 年,装配式建筑占新建建筑面积的比例,积极推进地区达到 15% 以上,鼓励推进地区达到 10% 以上。到 2025 年,全区装配式建筑占新建建筑面积的比例达到 30%。同时,逐步完善法律法规、技术标准和监管体系,推动形成一批设计、施工、部品部件规模化生产企业、具有现代装配建造水平的工程总承包企业以及与之相适应的专业化技能队伍。对于符合《资源综合利用产品和劳务增值税优惠目录》的部品部件生产企业，可按规定享受增值税即征即退优惠政策。装配式建筑部品部件生产企业，经认定为高新技术企业的，可依法享受企业所得税优惠政策。对于装配式建筑项目减免城市市政基础设施配套费，减收扬尘排污费。

29. 贵州省

2017年9月，贵州省发布的《贵州省人民政府办公厅关于大力发展装配式建筑的实施意见》（黔府办发[2017]54号）中指出，力争到2025年底，全省装配式建筑占新建建筑面积比例达到30%。发展目标划分为以下三步：

（1）试点示范期（2017—2020年）。全省以贵阳市、遵义市、安顺市中心城区和贵安新区直管区为装配式建筑发展积极推进地区，其他区域为鼓励推进地区，其中，黔东南州重点推进现代木结构装配式建筑发展。前期，全省大力推进政府投资项目采用装配式建造，积极培育发展装配式建筑产业基地、示范项目。从2018年10月1日起，积极推进地区建筑规模2万m²以上的棚户区改造（货币化安置的除外）、公共建筑和政府投资的办公建筑、学校、医院等建设项目，广泛采用装配式建造；对以招标拍卖方式取得地上建筑规模10万m²以上的新建项目，不少于建筑规模30%的建筑积极采用装配式建造。积极支持鼓励推进地区政府投资的办公建筑、学校、医院等建设项目采用装配式建造，并在全省合理布局建设装配式建筑生产基地。到2020年底，全省培育10个以上国家级装配式建筑示范项目、20个以上省级装配式建筑示范项目，建成5个以上国家级装配式建筑生产基地、10个以上省级装配式建筑生产基地、3个以上装配式建筑科研创新基地，培育一批龙头骨干企业形成产业联盟，培育1个以上国家级装配式建筑示范城市；全省采用装配式建造的项目建筑面积不少于500万m²，装配式建筑占新建建筑面积的比例达到10%以上，积极推进地区达到15%以上，鼓励推进地区达到10%以上。

（2）推广应用期（2021—2023年）。在全省范围内统筹规划建设装配式建筑生产基地，对以招标拍卖方式取得地上建筑规模10万m²以上的新建项目，全部可采用装配式建造。到2023年底，全省培育一批以优势企业为核心、全产业链协作的产业集群；全省装配式建筑占新建建筑面积的比例达到20%以上，积极推进地区达到25%以上，鼓励推进地区达到15%以上，基本形成覆盖装配式建筑设计、生产、施工、监管和验收等全过程的标准体系。

（3）积极发展期（2024—2025年）。力争到2025年底，全省装配式建筑占新建建筑面积的比例达到30%，形成一批以骨干龙头企业、技术研发中心、产业基地为依托，特色鲜明的产业聚集区，装配式建筑技术水平得到长足进步，自主创新能力明显增强。

30. 江西省

2016年8月，江西省公布的《江西省人民政府关于推进装配式建筑发展的指导意见》（赣府发[2016]34号）中指出，到2020年，全省采用装配式施工的建筑占同期新建建筑面积的比例达到30%，其中，政府投资项目达到50%。到2025年底，全省采用装配式施工的建筑占同期新建建筑面积的比例力争达到50%，符合条件的政府投资项目全部采用装配式施工；符合条件的装配式建筑项目免征新型墙体材料专项基金等相关建设类行政事业性收费和政府性基金；符合条件的装配式建筑示范项目可参照重点技改工程项目，享受税费优惠政策。销售建筑配件适用17%的增值税率，提供建筑安装服务适用11%的增值税率。企业开发装配式建筑的新技术、新产品、新工艺所发生的研究开发费用，可以在计算应纳税所得额时加计扣除。

31. 西藏自治区

2017年11月，西藏自治区发布的《西藏自治区人民政府办公厅关于推进高原装配式建筑发展的实施意见》（藏政办发[2017]143号）中指出，到2020年，全区培育2家以上有一定竞争力的本土装配式建筑企业，引进3家以上国内装配式建筑龙头企业；建成4个以上装配式建筑产业基地，其中拉萨市要完成2个以上装配式建筑产业基地建设，日喀则市要完成1个以上装配式建筑产业基地建设。2020年前，在以国家投资为主导的文化、教育、卫生、体育等公共建筑，边境地区小康村建设、保障性住房、灾后恢复重建、易地扶贫搬迁、市政基础设施、特色小城镇、工业建筑建设项目中，相关项目审批部门要选择一定数量可借鉴、可复制的典型工程作为政府推行示范项目。"十四五"期间，相关项目审批部门要确保国家投资项目中装配式建筑占同期新建建筑面积的比例不低于30%。

2.1.2 全国部分省市地区的装配式建筑标准及规范

我国现行的工程建设标准主要包括国家标准、行业标准、地方标准和协会标准。装配式建筑（包括装配式混凝土结构、钢结构和木结构）的技术标准主要涵盖设计、施工、验收等阶段。

20世纪70至80年代，特别在改革开放初期，装配式建筑的发展曾经历了一个快速发展的时期，大量的住宅建筑和工业建筑采用了装配式混凝土结构技术，国家标准《预制混凝土构件质量检验评定标准》、行业标准《装配式大板居住建筑设计和施工规程》以及协会标准《钢筋混凝土装配整体式框架节点与连接设计规程》等先后出台。在此之后，由于种种原因，装配式建筑的应用，尤其是在民用建筑中的应用逐渐减少，迎来了一个相对低潮的阶段。

近几年来，随着国民经济的快速发展、工业化与城镇化进程的加快、劳动力成本的不断增长，我国在装配式建筑方面的研究与应用逐渐升温，部分地方政府积极推进，一些企业积极响应，开展相关技术的研究与应用，形成了良好的发展态势。为了满足我国装配式建筑应用的需求，相关部门编制和修订了国家标准《工业化建筑评价标准》（现已废止）、《混凝土结构工程施工质量验收规范》，行业标准《装配式混凝土结构技术规程》、《钢筋套筒灌浆连接应用技术规程》，产品标准《钢筋连接用套筒灌浆料》等。上海市、北京市、深圳市、辽宁省、安徽省、江苏省等许多省市也相继出台了相关的地方标准，见表2-1。

2017年1月10日，住房和城乡建设部发布第1417号、第1418号、第1419号公告，分别发布国家标准《装配式木结构建筑技术标准》GB/T 51233—2016、《装配式钢结构建筑技术标准》GB/T 51232—2016和《装配式混凝土建筑技术标准》GB/T 51231—2016，这些国家标准均于2017年6月1日开始实施。

装配式建筑设计的规范、标准、规程和图集 表 2-1

序号	地区	类型	名称	编号	适用阶段	发布时间
1	国家	图集	装配式混凝土结构住宅建筑设计示例（剪力墙结构）	15J939—1	设计、生产	2015 年 2 月
2	国家	图集	装配式混凝土结构表示方法及示例（剪力墙结构）	15G107—1	设计、生产	2015 年 2 月
3	国家	图集	预制混凝土剪力墙外墙板	15G365—1	设计、生产	2015 年 2 月
4	国家	图集	预制混凝土剪力墙内墙板	15G365—2	设计、生产	2015 年 2 月
5	国家	图集	桁架钢筋混凝土叠合板（60mm厚底板）	15G366—1	设计、生产	2015 年 2 月
6	国家	图集	预制钢筋混凝土板式楼梯	15G367—1	设计、生产	2015 年 2 月
7	国家	图集	装配式混凝土结构连接节点构造（楼盖结构和楼梯）	15G310—1	设计、施工、验收	2015 年 2 月
8	国家	图集	装配式混凝土结构连接节点构造（剪力墙结构）	15G310—2	设计、施工、验收	2015 年 2 月
9	国家	图集	预制钢筋混凝土阳台板、空调板及女儿墙	15G368—1	设计、生产	2015 年 2 月
10	国家	验收规范	混凝土结构工程施工质量验收规范	GB 50204—2015	施工、验收	2014 年 12 月
11	国家	验收规范	混凝土结构工程施工规范	GB 50666—2011	生产、施工、验收	2011 年 11 月
12	国家	评价标准	装配式建筑评价标准	GB/T 51129—2017	设计、生产、施工	2017 年 12 月
13	国家	技术标准	装配式混凝土建筑技术标准	GB/T 51231—2016	设计、生产、施工	2017 年 1 月
14	国家	技术标准	装配式钢结构建筑技术标准	GB/T 51232—2016	设计、生产、施工	2017 年 1 月
15	国家	技术标准	装配式木结构建筑技术标准	GB/T 51233—2016	设计、生产、施工	2017 年 1 月
16	国家	产品标准	厨卫装配式墙板技术要求	JG/T 533—2018	设计、施工、验收	2018 年 3 月
17	国家	行业标准	装配式环筋扣合锚接混凝土剪力墙结构技术标准	JGJ/T 430—2018	设计、构件制作、施工、验收	2018 年 2 月
18	国家	技术规程	装配式劲性柱混合梁框结构技术规程	JGJ/T 400—2017	设计、施工、验收	2017 年 4 月
19	行业	技术规程	钢筋机械连接技术规程	JGJ 107—2016	生产、施工、验收	2016 年 2 月
20	行业	技术规程	钢筋套筒灌浆连接应用技术规程	JGJ 355—2015	生产、施工、验收	2015 年 1 月
21	行业	设计规程	装配式混凝土结构技术规程	JGJ 1—2014	设计、施工、工程验收	2014 年 2 月
22	北京市	设计规程	装配式剪力墙住宅建筑设计规程	DB11/T 970—2013	设计	2013 年
23	北京市	设计规程	装配式剪力墙结构设计规程	DB11/ 1003—2013	设计	2013 年
24	北京市	标准	预制混凝土构件质量检验标准	DB11/T 968—2013	生产、施工、验收	2013 年
25	北京市	验收规程	装配式混凝土结构工程施工与质量验收规程	DB11/T 1030—2013	生产、施工、验收	2013 年
26	山东省	设计规程	装配整体式混凝土结构设计规程	DB37/T 5018—2014	设计	2014 年 9 月
27	山东省	验收规程	装配整体式混凝土结构工程施工与质量验收规程	DB37/T 5019—2014	施工、验收	2014 年 9 月

续表

序号	地区	类型	名称	编号	适用阶段	发布时间
28	山东省	验收规程	装配整体式混凝土结构工程预制构件制作与验收规程	DB37/T 5020—2014	生产、验收	2014 年 9 月
29	上海市	设计规程	装配整体式混凝土公共建筑设计规程	DGJ 08—2154—2014	设计	2014 年
30	上海市	图集	装配整体式混凝土构件图集	DBJT 08—121—2016	设计、生产	2016 年 5 月
31	上海市	图集	装配整体式混凝土住宅构造节点图集	DBJT 08—116—2013	设计、生产、施工	2013 年 5 月
32	上海市	评价标准	工业化住宅建筑评价标准	DG/TJ 08—2198—2016	设计、生产、施工	2016 年 2 月
33	天津市	生产规程	装配式建筑混凝土构件质量与检验标准	DB/T 29—245—2017	生产、验收	2017 年 2 月
34	广东省	技术规程	装配式混凝土建筑结构技术规程	DBJ 15—107—2016	设计、生产、施工	2016 年 5 月
35	深圳市	技术规程	预制装配钢筋混凝土外墙技术规程	SJG 24—2012	设计、生产、施工	2012 年 6 月
36	深圳市	技术规范	预制装配整体式钢筋混凝土结构技术规范	SJG 18—2009	设计、生产、施工	2009 年 9 月
37	江苏省	技术规程	装配整体式混凝土剪力墙结构技术规程	DGJ32/TJ 125—2016	设计、生产、施工、验收	2016 年 6 月
38	江苏省	技术规程	施工现场装配式轻钢结构活动板房技术规程	DGJ32/J 54—2016	设计、生产、施工、验收	2016 年 4 月
39	江苏省	技术规程	预制预应力混凝土装配整体式结构技术规程	DGJ32/TJ 199—2016	设计、生产、施工、验收	2016 年 3 月
40	江苏省	技术导则	江苏省工业化建筑技术导则（装配整体式混凝土建筑）	无	设计、生产、施工、验收	2015 年 12 月
41	江苏省	图集	预制装配式住宅楼梯设计图集	G 26—2015	设计、生产	2015 年 10 月
42	江苏省	技术规程	预制混凝土装配整体式框架（润泰体系）技术规程	JG/T 034—2009	设计、生产、施工、验收	2009 年 11 月
43	江苏省	技术规程	预制预应力混凝土装配整体式框架（世构体系）技术规程	JG/T 006—2005	设计、生产、施工、验收	2009 年 9 月
44	四川省	验收规程	装配式混凝土结构工程施工与质量验收规程	DBJ51/T 054—2015	施工、验收	2016 年 1 月
45	四川省	设计规程	四川省装配整体式住宅建筑设计规程	DBJ51/T 038—2015	设计	2015 年 1 月
46	福建省	技术规程	预制装配式混凝土结构技术规程	DBJ 13—216—2015	生产、施工、验收	2015 年 2 月
47	福建省	设计导则	装配整体式结构设计导则	无	设计	2015 年 3 月
48	福建省	审图要点	装配整体式结构施工图审查要点	无	设计	2015 年 3 月
49	浙江省	技术规程	叠合板式混凝土剪力墙结构技术规程	DB33/T 1120—2016	生产、施工、验收	2016 年 3 月

序号	地区	类型	名称	编号	适用阶段	发布时间
50	湖南省	规范	装配式钢结构集成部品 撑柱	DB43/T 1009—2015	生产、验收	2015 年 2 月
51	湖南省	技术规程	装配式斜支撑节点钢框架结构技术规程	DBJ43/T 311—2015	生产、施工、验收	2015 年 6 月
52	湖南省	规范	装配式钢结构集成部品 主板	DB43/T 995—2015	生产、验收	2015 年 6 月
53	湖南省	技术规程	混凝土装配 – 现浇式剪力墙结构技术规程	DBJ43/T 301—2015	设计、生产、施工、验收	2015 年 1 月
54	湖南省	技术规程	混凝土叠合楼盖装配整体式建筑技术规程	DBJ43/T 301—2013	设计、生产、施工、验收	2013 年 11 月
55	河北省	技术规程	装配整体式混合框架结构技术规程	DB13(J)/T 184—2015	设计、生产、施工、验收	2015 年 4 月
56	河北省	技术规程	装配整体式混凝土剪力墙结构设计规程	DB13(J)/T 179—2015	设计	2015 年 4 月
57	河北省	技术规程	装配式混凝土剪力墙结构建筑与设备设计规程	DB13(J)/T 180—2015	设计	2015 年 4 月
58	河北省	验收标准	装配式混凝土构件制作与验收标准	DB13(J)/T 181—2015	生产、验收	2015 年 4 月
59	河北省	验收规程	装配式混凝土剪力墙结构施工及质量验收规程	DB13(J)/T 182—2015	施工、验收	2015 年 4 月
60	河南省	技术规程	装配式住宅建筑设备技术规程	DBJ41/T 159—2016	设计、生产、施工、验收	2016 年 6 月
61	河南省	技术规程	装配整体式混凝土结构技术规程	DBJ41/T 154—2016	设计、生产、施工、验收	2016 年 7 月
62	河南省	技术规程	装配式混凝土构件制作与验收技术规程	DBJ41/T 155—2016	生产、验收	2016 年 7 月
63	河南省	技术规程	装配式住宅整体卫浴间应用技术规程	DBJ41/T 158—2016	施工、验收	2016 年 6 月
64	湖北省	技术规程	装配整体式混凝土剪力墙结构技术规程	DB42/T 1044—2015	设计、生产、施工、验收	2015 年 4 月
65	湖北省	验收规程	装配式混凝土结构工程施工与质量验收规程	DB42/T 1225—2016	施工、验收	2016 布 11 月
66	甘肃省	图集	预制带肋底板混凝土叠合楼板图集	DBJT 25—125—2011	设计、生产	2011 年 11 月
67	甘肃省	图集	横孔连锁混凝土空心砌块填充墙图集	DBJT 25—126—2011	设计、生产	2011 年 11 月
68	辽宁省	技术规程	装配整体式建筑技术规程（暂行）	DB21/T 1924—2011	设计、生产、施工、验收	2011 年
69	辽宁省	技术规程	装配式建筑全装修技术规程（暂行）	DB21/T 1893—2011	设计、生产、施工、验收	2011 年
70	辽宁省	设计规程	装配整体式剪力墙结构设计规程（暂行）	DB21/T 2000—2012	设计、生产	2012 年

序号	地区	类型	名称	编号	适用阶段	发布时间
71	辽宁省	技术规程	装配整体式混凝土结构技术规程（暂行）	DB21/T 1868—2010	设计、生产、施工、验收	2010 年
72	辽宁省	技术规程	装配整体式建筑设备与电气技术规程（暂行）	DB21/T 1925—2011	设计、生产、施工、验收	2011 年
73	辽宁省	图集	装配式钢筋混凝土板式住宅楼梯	DBJT 05—272	设计	2015 年
74	辽宁省	图集	装配式钢筋混凝土叠合板	DBJT 05—273	设计	2015 年
75	辽宁省	图集	装配式预应力混凝土叠合板	DBJT 05—275	设计	2015 年
76	安徽省	技术规程	建筑用光伏构件系统工程技术规程	DB34/T 2461—2015	设计、生产、施工、验收	2015 年 8 月
77	安徽省	验收规程	装配整体式混凝土结构工程施工及验收规程	DB34/T 5043—2016	施工、验收	2016 年 3 月
78	安徽省	验收规程	装配整体式建筑预制混凝土构件制作与验收规程	DB34/T 5033—2015	生产、验收	2015 年 10 月
79	安徽省	技术规程	装配式混凝土结构检测技术规程	DB34/T 5072—2017	生产、验收	2017 年 10 月
80	云南省	技术规程	云南省装配式混凝土构件制作与安装技术规程	征稿	生产、验收	2018 年 12 月
81	云南省	评价标准	云南省装配式建筑评价标准	征稿	设计、生产、施工	2018 年 6 月

2.2 案例分析

2.2.1 深圳裕璟幸福家园

1. 基本信息

项目名称：深圳裕璟幸福家园项目

项目地点：深圳市坪山新区坪山街道田头社区上围路南侧，深圳监狱北侧

开发单位：深圳住宅工程管理站

EPC 总承包单位：中国建筑股份有限公司、中建科技集团有限公司

设计单位：中国建筑股份有限公司

深化设计单位：中建建筑工业化设计研究院

施工单位：中国建筑股份有限公司

监理单位：深圳市邦迪工程顾问有限公司

预制构件生产单位：广东中建科技有限公司

2. 项目概况

深圳裕璟幸福家园项目（图 2-1）位于深圳市坪山新区坪山街道，建设用地面积 11164m²，总建筑面积 64050m²（其中地上 50050m²），共三栋高层住宅，分别为 1 号楼、2 号楼和 3 号楼，

共有保障性住房 944 套，总层数 31~33 层，层高 2.9m，总建筑高度 98m，设防烈度七度，采用装配整体式剪力墙结构体系，标准层预制率达 50%，装配率达 70%。该项目由中建科技集团有限公司承包，采用国际通行的工程总承包（EPC）方式实施，并对工程项目的设计、采购、施工等实行全过程的承包，对工程的质量、安全、工期、造价等全面负责。

图2-1　项目效果图

3. 装配式建筑技术应用情况

（1）建筑专业

1）标准化设计

建筑设计：本项目三栋高层住宅共计 944 户，由 35m²、50m² 和 65m² 的三种标准化户型模块组成，实现了平面的标准化，为预制构件设计的少规格、多组合提供可能。通过对户型的标准化、模数化设计，并结合室内精装修一体化设计，各栋组合建筑平面方正实用、结构简洁，能够更好地满足工业化住宅设计体系的原则。

预制构件拆分原则：本项目建筑户型的标准化设计为结构构件的拆分组合设计奠定了良好的基础。结构设计按照《装配式混凝土结构技术规程》JGJ 1—2014 的相关规定，核心筒区域、底部加强区域以及边缘约束构件区域均采用现浇。预制楼梯采用一端滑动、一端固定。构件拆分尽量满足少规格、多组合原则。1、2 号楼标准层预制外墙包含 9 种、33 块；预制内墙为 3 种、4 块；预制楼梯为 2 种、2 块；预制叠合楼板为 9 种、33 块。3 号楼标准层预制外墙为 7 种、53 块；预制内墙为 5 种、18 块；预制楼梯为 1 种、4 块；预制叠合楼板为 9 种、86 块。

预制外墙防水节点做法：施工图设计与构件深化设计时，充分尊重初步设计立面效果，结合当前成熟的"三明治"夹心剪力墙三道防水的节点做法，在预制混凝土外墙周边外加 60mm 厚的外皮墙体，实现了格构式立面和防水企口的有效结合，为材料防水、构造防水、结构自防水创造了条件（图 2-2）。本项目处于夏热冬暖地区，节能要求不高，通过节能验算，南北外墙不用做保温处理，仅对东西外墙进行 10mm 厚保温砂浆的内保温处理。

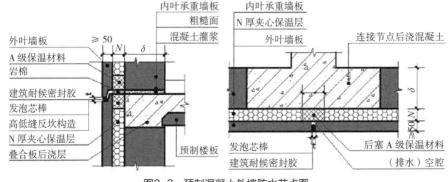

图2-2　预制混凝土外墙防水节点图

预制外墙窗节点防水做法：本项目招标文件明确要求采用预装窗框法施工，这与深圳当地雨水充裕、临海有压强水有较大关系。借鉴我国香港地区预装窗框节点的成熟做法，本项目预装窗框节点采用内高外低的企口做法，上部设置滴水槽，下部设置斜坡泄水平台，在工厂预先装设窗框，并打密封胶处理。成品运输至工地后，统一安装窗扇和玻璃，这样可有效避免现场安装，实现密封作业，以防止渗漏，保证质量。

2）主要部品部件设计

根据标准化模块，进一步进行标准化部品部件设计，由此形成标准化的楼梯构件、空调板构件、阳台构件等。标准化设计可大大减少结构构件数量，并显著提高其生产效率，同时能够节约资源、节能降耗，为建筑规模化生产奠定基础。

（2）结构专业

1）抗震设计

三栋高层住宅均采用装配整体式剪力墙结构体系，剪力墙抗震等级为二级。结构设计按等同现浇的原则进行设计，现浇部分地震内力放大1.1倍。预制构件通过墙梁节点区后浇混凝土、梁板后浇叠合层混凝土实现整体式连接。为实现等同现浇的目标，设计中除采取预制构件与后浇混凝土交界面为粗糙面、梁端采用抗剪键槽等构造措施外，还进行了叠合梁斜截面抗剪计算、梁板水平缝抗剪计算、叠合梁挠度及裂缝验算等。

2）节点设计

本项目采用成熟的装配式剪力墙结构体系设计，预制混凝土墙之间的水平连接、预制混凝土墙与现浇节点的竖向连接、预制混凝土墙与叠合板的连接、预制叠合梁与现浇墙节点的连接、预制叠合梁与叠合板的连接、预制楼梯节点连接等，均参考《桁架钢筋混凝土叠合板（60mm厚底板）》15G 366—1、《预制钢筋混凝土板式楼梯》15G 367—1、《装配式混凝土结构连接节点构造（楼盖结构和楼梯）》15G 310—1和《装配式混凝土结构连接节点构造（剪力墙结构）》15G 310—2等图集。由于本项目采用内保温，外墙节点做法与国标图集的"三明治"夹心剪力墙的节点做法稍有区别。

（3）水暖电专业

装配式建筑除了主体结构外，水暖电专业的协同与集成也是装配式建筑的重要部分。装配式建筑的水暖电设计应做到设备布置、设备安装、管线敷设和连接的标准化、模数化和系统化。施工图设计阶段，水暖电专业设计应对敷设管道精确定位，且必须与预制构件设计相协同。深化设计阶段，水暖电专业应配合预制构件深化设计人员编制预制构件加工图纸，准确定位和反映构件中的水暖电设备，以满足预制构件工厂化生产及机械化安装需要。

装配式建筑采用集成式卫生间或集成式厨房时，应根据不同水暖电设备要求，确定管道、电源、电话、网络、通风、防排烟等需求，并结合机电设备的位置和高度，做好机电管线和接口的预留。此外装配式建筑还应进行管线综合设计，避免管线冲突、减少平面交叉。同时设计应采用BIM技术开展三维管线综合设计，对结构预制构件内的机电设备、管线和预留洞槽等做到精确定位，以减少现场返工。

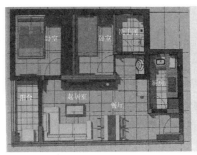

图2-3 装修一体化设计

（4）全装修技术应用

装配式项目和传统建筑项目不同，室内设计在建筑设计的初期就要考虑室内空间布置、家具摆放、装修做法，然后通过装修效果定位各机电末端点位，精确反推机电管线路径、建筑结构孔洞预留及管线预埋，确保建筑、机电、装修一次性完成，实现土建、机电、装修一体化（图2-3）。

（5）信息化技术应用

建筑工业化具有以下五大特点：标准化设计、工厂化生产、装配化施工、一体化装修和信息化管理，装配式建筑必须要围绕这五个方面实现创新发展和升级换代。创新主要包括标准化设计理念和方法的创新、工厂化生产技术和材料的创新、装配式施工工艺和工法的创新、一体化装修产品和集成的创新、信息化管理架构和手段的创新。其创新的核心是"集成创新"，而 BIM 信息化创新是"集成创新"的主线，该主线串联起设计、生产、施工、装修和管理全过程，服务于设计、施工、运维、拆除的全生命周期。同时，该主线可以对各种系统要素进行数字化虚拟和信息化描述，实现信息化协同设计、可视化装配、工程信息的交互、节点连接模拟和检验等全新应用，并对建筑全产业链进行整合，实现全过程、全方位的信息化集成。

EPC 总承包管理模式具有专业化程度高、可实现各方有效协同、提高工程效率及效益等优势，能够与建筑工业化有效结合。本项目采用 EPC 模式与信息化技术结合的方式，旨在使 EPC 全产业链、全过程中各个环节、各参与部门的信息交换集成在一个平台上，通过信息集成实现"信息化红利"。该平台在固定端实现设计、生产、施工、管理的信息收集和交换，并通过云平台实现协同信息的实时移动，其主要载体为轻量化信息模型及自动关联性的信息数据表单，各功能可根据项目的特点不断修正和深化。

在 BIM 软件应用阶段，可实现高效的协同设计、碰撞检查、材料用量统计、预制率/装配率计算和预制构件详图设计等功能。在 BIM 借力数控加工阶段，可实现 BIM 基础上的钢筋数字化自动加工、混凝土自动化浇筑以及钢筋与预制构件生产的自动化融合。在智能建造体系阶段，可模拟构件运输、存放、吊装各环节，实现基于 BIM 的施工组织设计和构件身份编码的智能识别。在贯穿于项目建设全过程的信息化管理中，进行全流程节点确认及可追溯信息记录，可实现基于互联网和移动终端的动态实时管理。此外，建筑工业化智能建造体系的全过程集成数据为项目建成后的智能化运营管理提供了极大的便利。

1）设计阶段的 BIM 应用

在装配式建筑设计前期，需要考虑预制构件的加工生产和现场装配施工，做好预制构件的拆分设计。各专业需提前介入前期策划阶段，确定好装配式建筑的技术路线和产业化目标。在方案设计阶段，依据既定目标和构件拆分原则进行方案设计及创作，从而避免由于方案不合理造成的后期技术经济性的不合理，以及避免因前后脱节而导致的设计失误。

BIM 信息化有助于建立上述工作机制。通过对单个外墙构件的几何属性进行可视化分析，可对预制外墙板的类型数量进行优化。在设计阶段建立各专业的 BIM 模型，将建筑构件及参数信息等真实属性反映出来，事前确定好工业化的技术体系和构件拆分方式，从而确定制作方案，提高设计效率。同时，在设计过程中可及时发现问题，便于甲方及时决策，以避免后期反复修改。

在 BIM 技术相关软件中，如 Revit 通过"族"的概念，对构件进行划分，结合构件生产厂家的生产工艺，建立模块化预制构件库。在不同建筑项目设计过程中，只需从构件库中提取各类构件，再进行组装，即可建立最终建筑整体模型。本项目通过建立模块化的预制构件库，从构件库中提取各类构件，将不同类型的构件进行组装，完成建筑整体模型的建立（图 2-4）。项目级构件库中的构件种类也会在不同项目的设计过程中不断扩充和完善。

2）生产阶段的 BIM 应用

构件加工图可在 BIM 信息平台上直接完成并生成模型，通过 BIM 模型对建筑构件进行信息化表达，不仅能清楚地表达出传统图纸所能展示的二维关系，也可清楚地表达复杂的空间剖面关系，同时还能够将离散的二维图纸信息集中到一个模型中，从而更加紧密地实现与预制工厂的协同和对接。

BIM 模型是对建筑的真实反映，在生产加工过程中，BIM 信息化技术可直观表达出配筋的空间关系和各种参数情况，能自动生成构件下料单、派工单、模具规格参数等生产表单，并能通过可视化的直观表达，如形成 BIM 生产模拟动画、流程图、说明图等辅助培训材料，以帮助工人更好地理解设计意图，提高生产效率。

构件生产厂家可直接提取 BIM 信息平台中各个构件的相关参数，根据相关参数确定构件的尺寸、材质、做法、数量等，并根据这些信息合理确定生产流程和做法。同时，生产厂家也可对发来的构件信息进行复核，并可根据实际生产情况，向设计单位进行信息反馈，这样就使得设计和生产环节实现了信息的双向流动，提高了构件生产的信息化程度。

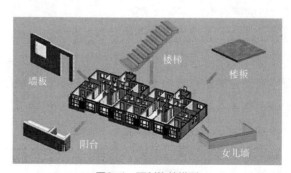

图2-4　预制构件模型

3）施工阶段的 BIM 应用

采用工厂化生产的预制构件，运输至项目现场采用装配式施工方式。高层住宅中现浇结构部分采用铝模装配式施工方式，能实现较高的装配率。在制定施工组织方案时，将本项目计划的施工进度、人员安排等信息输入 BIM 信息平台中，软件可以根据这些录入的信息进行施工模拟，同时也可以实现不同施工组织方案的仿真模拟，施工单位可以依据模拟结果选取最佳施工组织方案。

利用 BIM 提供的各类专业管线与主体结构部件、不同专业管线之间的设计检查（图 2-5），检查出管线和主体结构的碰撞及不同专业管线之间是否存在碰撞，同时根据现场实际情况，对设计成果进行检查，避免后期返工。预制构件在吊装前通过 BIM 模型模拟吊装，根据构件尺寸进行吊具选择，确定构件的吊装方式，同时根据施工组织计划综合确定构件吊装方案，并将计划吊装方案与现场实际吊装方案进行对比，调整施工计划。构件安装定位通过自主开发的定位工具精确匹配安装位置，提高了安装精确度和安装工人的安全生产水平。

将空间信息与时间信息整合在一个可视化的 BIM 4D 模型中，可直观、精确地反映整个建筑施工过程。提前预知本项目的施工安排是否均衡、总体计划是否合理、场地布置是否合理、工序是否正确，并可实时优化。通过虚拟建造，安装和施工管理人员均可清晰地理解装配式建筑的组装构成，避免二维图纸造成的理解偏差，保证项目如期进行。

4）管理使用阶段的 BIM 应用

本项目建立了全过程可追溯管理系统，项目验收投入使用后，可实时查看所有建筑构件的相关信息，便于用户和物业管理者清晰直观地获取建筑信息，进行维护管理。

4. 结语

深圳裕璟幸福家园项目采用装配整体式剪力墙结构体系，预制率和装配率较高，标准层户型单一，标准化程度高，外墙节点做法充分结合深圳夏热冬暖的气候特点，具有一定的创新性。工程采用 EPC 总承包管理模式和工业化建造方式，从建筑、结构、水暖电及室内装修各个阶段，实行标准化、模数化和系统化管理与实施，并将 BIM 等信息化技术贯穿整个项目建设始终，进一步保障了工程质量和进度。

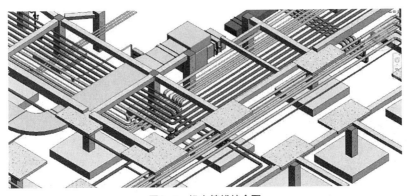

图2-5 机电管线综合图

2.2.2 华润城润府三期

1. 基本信息

项目名称：华润城润府三期项目

项目地点：南山区沙河西路大冲村内

建设单位：华润置地（深圳）有限公司

设计单位：深圳市华阳国际工程设计股份有限公司

勘察单位：深圳市勘察测绘院有限公司

监理单位：北京远达国际工程管理咨询有限公司

总包单位：华润建筑有限公司

总包顾问单位：藤田（中国）建设工程有限公司

质量监督单位：深圳市南山区建设工程质量监督检验站

安全监督单位：深圳市南山区施工安全监督站

2. 项目概况

华润城润府三期项目（图2-6）位于深圳市南山区沙河西路大冲村内，项目用地范围为玉泉路、大涌二路、大涌六路、铜鼓路围合的地块。本项目共七栋超高层建筑，1栋A座、1栋B座和2栋均为35层超高层住宅，3栋为54层超高层住宅，4栋、5栋、6栋分别为52、53、53层超高层住宅。工程项目总占地面积34954.61m²，总建筑面积302879.52m²。结构形式为地下室框架结构，塔楼为剪力墙结构。

本工程七栋超高层住宅均为装配式建筑，层高3.15m，建筑高度最高182.35m。各栋标准层的预制率均超过15%，装配率超过56%。采用"内浇外挂"体系，装配式构件主要有预制外墙板、预制阳台、预制楼梯、预制叠合板和预制内隔墙条板。

3. 项目亮点分析

（1）设计阶段

1）设计目标

项目以提高质量、提高效率、减少人工、节能减排为目标。设计选择预制外挂墙板、预

图2-6　项目效果图

制楼梯、预制阳台、叠合楼板、轻质内隔墙条板等五种预制构件，在满足国家规范、政策规定的基础上实现项目的最优化目标。

2）设计标准化

采用标准化楼栋、标准化户型、标准化构件等标准化设计，从而提高塔楼标准化程度，如七栋塔楼就仅采用两种楼型、六种户型。构件设计标准化，能有效减少模具种类，有利于预制加工及成本控制。

本项目在建筑设计时，为发挥工业化优势，通过减少楼栋类型和户型种类来增加标准单元楼层数量。整个项目基本户型仅为 89m²、150m² 和 188m² 三种。根据楼栋高度不同及户型组合方式差异，户型虽有轻微差异，但尽量保证预制构件共用。从预制构件共用的角度，衍生出 89A、89B、150A、150B、188A 和 188B 六种户型。户型平面规整，采用统一模数协调尺寸，基本单元均采用 3M 模数设计，符合现行国家标准《建筑模数协调标准》GB/T 50002—2013 的要求，保证结构主要墙体规整对齐，使结构更加合理。

本项目装配式超高层楼栋采用预制外墙板、叠合楼板、预制楼梯和预制阳台，内墙采用预制轻质隔墙板，内外墙均免抹灰。在户型标准化的基础上，项目的预制构件遵循标准化、系统化的原则。本项目共包括以下五大类构件：预制外墙板、预制阳台、预制叠合板、预制楼梯和预制内隔墙条板，如图 2-7 所示。

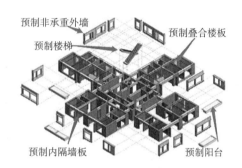

图2-7 预制构件三维示意图

本项目通过采用混凝土现浇外墙连接各个外墙凸窗的方式解决复杂墙体的施工问题。凸窗顶部与梁结合浇筑，侧面与剪力墙构造连接，底部与反梁或反坎构造连接，预制外墙接缝采用 MS 密封胶防水密封。预制外墙板洞口内预埋钢副框，有效避免门窗渗漏问题，如图 2-8 所示。

预制楼梯采用梁板式预制楼梯，预制楼梯上端采用两根插筋固定，下端设计为铰支端，便于现场吊装施工，如图 2-9 所示。

预制阳台采用全预制阳台，水、电专业相关预留孔洞及预埋管线均在深化设计阶段精细化设计，预埋电管布线，预留阳台栏杆安装埋件，提高施工质量，如图 2-10 所示。

标准层楼板采用叠合楼板以提高楼板的承载能力及抗裂性能，还能节约模板用量，缩短工期，如图 2-11 所示。

图2-8 预制外墙板

图2-9　预制楼梯

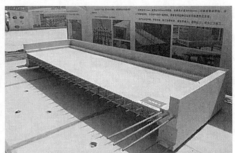

图2-10　预制阳台

图2-11　叠合楼板

　　轻质隔墙采用免抹灰工艺，不仅可以减轻构件重量，提高建筑质量，还可以减少用工、材料运输和砂浆搅拌，节省基础费用，加快施工进度并提高社会效益。本项目室内隔墙所采用的轻质隔墙板由工厂预制生产，现场快速安装，为后续的装修工程省去现场砌筑和抹灰湿作业等工序，能有效控制扬尘，避免施工现场环境杂乱、泥水遍地的状况。同时，施工精度高，室内空间更加方正规整，扩大了使用空间，如图 2-12 所示。

　　3）协同设计

　　本项目采用"技术前置、管理前移"的方法，即建筑、结构、机电、装修、幕墙一体化设计，装修提前介入，内外装修方案同步进行。提前组建装配式建筑管理团队，总体协调设计、构件生产、现场施工等全面工作，确保协同设计顺利实施。

　　各户型采用相同的装修方式、材料和部品部件，能够协调好建筑、结构、强弱电、给水排水、燃气及室内装饰装修设计，实现各专业之间的有序、合理同步进行，减少后期返工，从而达到节约成本、节省工期和保护环境的目的。全面解决家居方案设计，最大化地利用室内面积，

图2-12 轻质隔墙板

提高空间效率，实现造型与户型的完美统一，提升家居舒适度。门窗采用性能更高的成品系统，采用工厂生产、现场干法安装的施工方式。门窗设计均符合模数化要求，尺寸尽可能统一，实现外墙与门窗的有机结合。

根据装修方案预留室内点位、预埋门窗附框和幕墙埋件，采用现场干法安装的施工方式，机电设备管线系统集中布置，管线及点位预留、预埋到位，如图 2-13 所示。

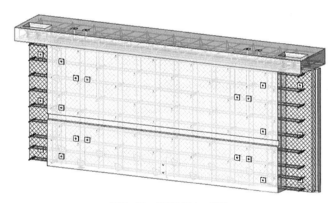

图2-13 预留点位、埋件

4）技术细化

本项目在设计阶段提前考虑施工因素，进行施工节点优化，从而提高现场安装效率。施工节点优化应注意以下几点：①节点设计时，应考虑预制构件伸出的钢筋与现浇构件的钢筋发生碰撞。②优化构件形式，降低施工操作难度。③构件支撑设计时，应考虑施工操作的可行性及效率。④充分考虑幕墙、阳台、外墙的现浇关系，降低施工操作难度。⑤充分考虑现浇段与预制构件以及各预制构件之间的交接，以便预留施工安装误差。

5）BIM信息化技术

采用 BIM 进行辅助一体化协同设计，对各专业进行综合分析，确保建筑、结构、机电、装修等各专业的合理设计，如图 2-14 所示。

根据预制构件施工图纸建立三维预制构件模型库，为后续建立模型、方案分析等应用做准备，本项目共有 123 种预制构件模型，部分如图 2-15 所示。

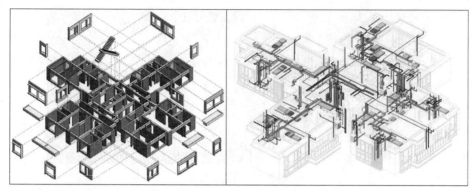

图2-14　BIM一体化协同设计

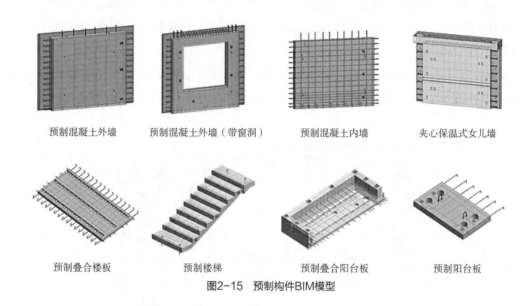

预制混凝土外墙　　预制混凝土外墙（带窗洞）　　预制混凝土内墙　　夹心保温式女儿墙

预制叠合楼板　　　　预制楼梯　　　　预制叠合阳台板　　　预制阳台板

图2-15　预制构件BIM模型

　　检查预制构件钢筋与现浇结构钢筋及型钢柱之间的碰撞问题，提前优化调整，准确定位，保证构件安装一次到位，如图2-16所示。

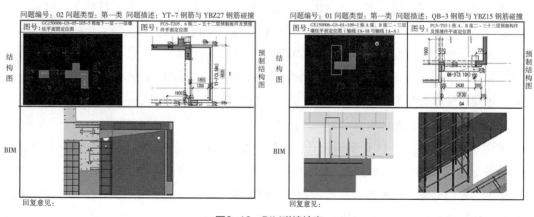

图2-16　BIM碰撞检查

（2）生产阶段

1）预制构件模具质量控制

本项目提前五天进行预制构件模具的联合验收，确保模具尺寸符合要求，预埋定位准确，如图2-17所示。

图2-17　预制构件模具质量控制

2）预制构件生产质量控制

本项目的预制构件与现场现浇混凝土接触面采取毛面处理，使得接触面结合更加牢固。同时，采用木模板进行成品保护，以保证预制构件质量，如图2-18所示。

图2-18　预制构件生产质量控制

3）预制构件出厂、进场质量控制

预制构件出厂前、进场时，均应进行检查、验收，保证预制构件100%合格，如图2-19所示。

图2-19　预制构件出厂、进场质量控制

4）墙板生产质量控制

严格控制墙板质量，采用配套机械设备流水线生产，产品严格按照构造节点及施工工艺专业化生产，并控制裂缝的产生，如图 2-20 所示。

图2-20　预制墙板

（3）施工阶段

1）装配式工程质量全过程控制

从预制构件生产到装配式建筑分项工程验收，共有六大质量控制环节，每一环节验收合格后，方可进入下一环节，各环节如图 2-21 所示。

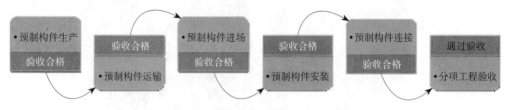

图2-21　装配式工程质量全过程控制

2）进场验收标准化

对每一进入施工现场的预制构件均要进行检查、验收，在确定构件 100% 合格后方可用于现场安装，不合格的预制构件则要进行退厂处理，并做好构件登记台账，如图 2-22 所示。

图2-22　叠合板进场验收和预制外墙进场验收

3）支撑体系创新化

本项目的叠合板和阳台的底模均采用铝模独立支撑，如图 2-23 所示。铝模独立支撑相对于传统脚手架木方支撑有以下优点：①构件数量少，便于安拆，可周转使用。②铝模独立支撑与周边铝模连成整体，整体性好、刚度大，便于控制叠合板的平整度。③能够有效控制墙面垂直度和平整度，成型的混凝土精度可控制在 3mm 以内，墙面可直接进行装饰面层施工，为内外墙面免抹灰提供条件，同时减少了建筑废弃物的排放，有利于贯彻绿色施工政策。

图2-23　预制构件支撑体系

4）节点体系创新化

为了优化预制构件和现浇构件的连接节点，塔楼标准层全部采用铝合金模板系统和拉片式加固体系，在特殊异形部位采用对拉螺杆加固，如图 2-24 所示。对拉片体系相对于穿墙螺杆体系有以下优点：①外墙无螺杆洞，可增强外墙防水能力。②对拉片按墙厚定做，可保证截面尺寸的精度。

图2-24　预制构件连接节点

5）安装计划精细化

施工过程中，合理安排预制构件的进场时间，通过塔吊直接将预制构件从拖车上吊装至安装点进行安装，以此减少在工地临时存放的环节，从而提高塔吊的工作效率，如图 2-25 所示。

图2-25　预制构件吊装

6）自升式爬架

本项目采用自升式外爬架技术，自升式外爬架直接与建筑主体连接，架体随着主体结构的施工而机械化上升，爬架采用全封闭金属网维护结构，进一步保证了施工的安全性。主体施工期间，下部室内外装饰装修、室外管网和园建工程可同步进行，可缩短建设工期3~6个月。

（4）管理阶段

1）质量管理可视化

可视化的质量验收，质量责任可追溯，从而提高安装及验收人员的质量意识，如图2-26所示。

图2-26　预制构件质量验收

2）施工管理信息化

本项目主要运用BIM技术，实现施工管理信息化、施工方案可视化和施工工序动态可视化，便于项目管理人员与施工班组工人沟通交底，如图2-27所示。

BIM技术主要应用于样板展示区、机电综合管线、所有户型、地下室、塔楼、架空层和产业化构件中。将现场收集的实际数据不断更新至BIM模型中，用以提高构件安装的精准度，完善公司产业化住宅数据库。同时，BIM 5D信息化管理也运用于本项目中，现场管理人员通过手机端进行有关质量问题的收集，并通过拍照，以照片的形式直接推送至相关责任人。现场管理人员还可以通过手机端，查看所发生的问题，即时梳理，方便后期统计。采用手机端进行质量管理，质量问题整改及时，效率较高，如图2-28所示。

预制阳台吊装

预制楼梯吊装

预制外墙吊装

施工工序交底

图2-27 施工方案可视化

图2-28 BIM 5D信息化管理

通过对预制构件的实时跟踪，可以在网页端以及电脑端查看预制构件的施工进度、施工质量的实时数据，以此进行施工过程的进度、质量管理，如图 2-29 所示。预制构件实时跟踪的主要步骤如下：①通过工艺库管理工具对预制构件进行施工工序管理后台设定。②在工艺库管理工具中，将预制构件的施工工艺进行内置。③将电脑端与计划施工模型关联。④在手机端进行施工现场数据的录入。

	名称	数据类型	单位	参数值	是否预警	预警通知
1	构件进场验收时间	时间		年月日时分秒		
2	构件外形尺寸检查	选项		[合格],[不合格]	☑	
3	钢筋检查（外露长度…	选项		[合格],[不合格]	☑	
4	预留点位及孔洞检查…	选项		[合格],[不合格]	☑	
5	预埋套筒、螺栓和螺…	选项		[合格],[不合格]	☑	
6	外观质量及成品保护	选项		[合格],[不合格]	☑	

图2-29 预制构件的实时跟踪管理

3）中日管理模式相结合

华润置地与日本企业合作，在本项目中推行日式管理模式，在计划管理、现场管理、质量管理、安全管理、深化设计管理等各方面进行实践。华润置地的高品质理念同日本工匠精神相结合，隐蔽工程的资料影像及时归档。为扩大深化设计范围，导入现场管理软件（FINALCAD），引进日本较好的质量控制工具和措施，其目的在于更好、更全面地控制项目质量，实现高品质目标。

4. 结语

华润城润府三期项目作为全国目前在建的最高的装配式住宅项目，且作为华润置地日式管理合作试点项目，将强有力地促进装配式建筑行业的发展。该项目采用预制外墙板、预制楼梯、预制阳台、叠合楼板、预制内隔墙板等预制构件，运用BIM技术，有效改进了传统的建筑工艺和生产方式。预制构件、铝模施工、轻质内隔墙板结合使用，取消内外墙砌筑、抹灰等湿作业，有利于控制建筑质量，大大改善施工现场作业环境，减少建筑废弃物的产生，打造绿色施工、文明工地，同时通过全流水穿插施工，使施工效率显著提升。

2.2.3　哈工大深圳校区扩建工程项目

1. 基本信息

项目名称：哈尔滨工业大学深圳校区扩建工程项目施工总承包Ⅱ标段工程

项目地点：南山区学苑大道南侧，平山一路东侧

建设单位：深圳市住宅工程管理站

设计单位：哈尔滨工业大学建筑设计研究院

深化设计单位：中建科技集团有限公司

勘察单位：深圳市勘察研究院有限公司

监理单位：深圳市邦迪工程顾问有限公司

施工单位：中国建筑第四工程局有限公司

2. 项目概况

哈尔滨工业大学深圳校区扩建工程项目施工总承包Ⅱ标段工程位于深圳市南山区学苑大道南侧，平山一路东侧，项目效果如图 2-30 所示。本项目总占地面积约为 2.443 万 m²，总建

图2-30 项目效果图

筑面积约为 10.1 万 m²，由五栋 28 层 /29 层的学生宿舍楼和一栋三层的食堂组成，地下 1 层，层高 3.3m，建筑高度最高为 103.4m，采用装配式镶嵌体系。预制构件的种类包括预制外墙、预制内墙、预制楼梯、预制栏杆、预制隔板、轻质混凝土条板，预制率为 28.6%，装配率为 61.7%。

3. 项目施工重难点分析

（1）工期管理

本项目工期为 548 天，五栋约百米高的学生宿舍楼，一座独立食堂、三层裙房及一层地下室，时间较为紧迫且工程体量大，工业化新型施工工艺对施工组织、施工效率要求高。

（2）深化设计

预制构件的标准化程度直接影响到预制构件生产工厂的生产效率及成本控制，而预制构件的标准化程度又与深化设计密切相关，深化设计的精细化程度直接影响到预制构件现场拼装、对接等工作的可行性与施工效率。节点深化能否满足现场施工工艺要求，将直接影响工厂加工、现场装配的质量、进度、成本等。

（3）预制构件生产及运输

预制构件的质量对工程质量、进度、成本等均有较大的影响，合理有效地组织生产，保证构件生产进度满足现场装配需要，保证施工工期。预制构件成品保护细节较多，如预制成品构件的外露钢筋、构件边角、预留吊点等，同时需经过堆放、装车、运输、卸货、装配等多个环节。此外，预制构件的运输也受到诸多限制，如车辆宽约 3m，长约 15m，受停驻点及场内、场外道路运输限制，包括限宽、限高、限荷等。

（4）装配式施工

装配式施工在我国仍属新型工艺，正面临着技术上的挑战。装配式施工对施工组织、资源利用、工序穿插的要求较高，因此对项目的管理水平也提出了更高的要求。同时，装配式施工对设计标准化、预制构件生产精度、现场施工精度也有较高的要求。

（5）铝模施工

现浇部分与预制构件连接处的节点处理至关重要，铝模施工有利于控制混凝土结构的垂直度、平整度、尺寸精度等，满足工业化免抹灰工艺对混凝土结构质量的高要求。

（6）现场平面布置

现场可用施工道路及材料堆场场地狭小，如何有效利用有限场地，满足工业化施工需求（道路、堆场）就变得极其重要。由于工期较紧，精装修等专业工程需考虑提前穿插，各专业工程交叉作业期间，现场堆场、道路、垂直运输的合理布置至关重要。

4.施工部署

（1）组织架构图

本项目的组织架构如图2-31所示。

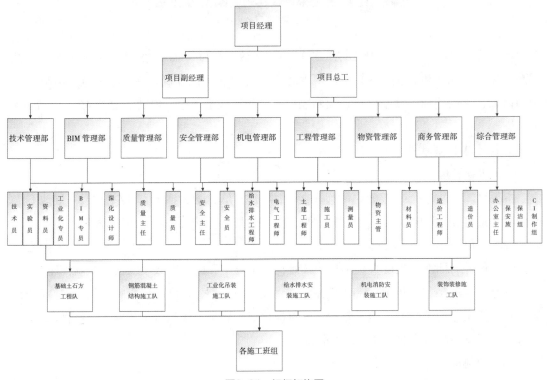

图2-31 组织架构图

（2）分阶段部署

本项目的分阶段部署情况如图2-32所示。

1）平面部署

本项目的总平面部署情况如图2-33所示，不同阶段的具体部署如下：

地下室施工阶段：本阶段共布置四台塔吊，型号均为TC7030，1#、2#和3#塔吊臂长均为45m，4#塔吊臂长60m。场地设置两个钢筋车间和四个木工车间，场地中间设置东西向4m宽施工道路（采用钢板铺设），场地东北角及西侧各设置一扇工地大门。

主体结构施工阶段：在土方回填施工完成后，需对场地进行二次平面布置，在场地南侧新增东西向4m宽施工道路（采用钢板铺设），此阶段需调整钢筋加工车间（半成品堆场由原尺寸6m×12m调整为6m×15m）及预制构件堆放场地。每栋宿舍楼各设置一台施工电梯，同时为保证预制构件的运输及有序堆放，在道路旁设置相应的预制构件运输车辆停车位。

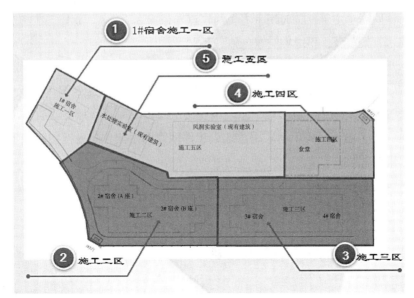

图2-32 分阶段部署图

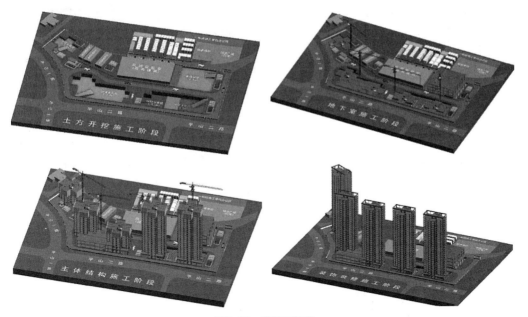

图2-33 总平面部署

装饰装修施工阶段:塔吊、施工电梯、临时道路不变,共布置若干个精装堆场、分包堆场、轻质隔墙板堆场及砌体堆场。各装修堆场设置在场地低跨区域内,以保证高跨区域室外工程提前插入。

临时用电阶段:临时用电电缆采用环网和放射式相结合的方式布置,现场设置五个二级分配箱,同时沿塔吊、施工电梯、加工车间、塔楼布置三级配电箱。

临时用水阶段:消防水管及临时用水管线采用环网的方式布置,即沿临时道路两侧、地下室外围及建筑物周边进行布设,且消防水管与临时用水管线分开布置,以确保安全及施工顺畅。其中，消防用水主管及临时用水主管的管道半径均为80mm。此外，在场地西北角地势最低处设置雨水收集装置，积极响应绿色施工要求。

排水排污阶段：沿场地周边布设400mm宽、300mm深的排水沟，并在场地四周设置集水井，在场地西北侧设置一个三级沉淀池，污水从集水井抽入三级沉淀池后，排入污水井。

地下室及三层以下施工阶段：地下室及宿舍楼三层以下采用优质普通胶合木模板及扣件式钢管满堂支撑体系施工，脚手架采用落地式扣件钢管脚手架，从地下室延伸搭设上来，局部位置搭设悬挑脚手架。

装配式施工阶段：宿舍楼从三层开始使用预制构件吊装施工，梁板为现浇混凝土结构，采用铝合金模板施工，外架采用爬架，如图2-34所示。

图2-34　铝模和爬架

2）节点部署

本工程先进行食堂、3#和4#楼的施工，再由东向西依次进行2#和1#楼的施工，各专业插入时间及各专业完成时间分别如图2-35和图2-36所示，节点部署情况如图2-37所示。

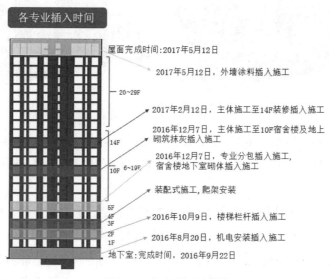

图2-35　各专业插入时间

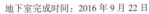

各专业完成时间

2017年11月2日，精装修施工完成

20~29F 2017年5月20日，宿舍楼及地上砌筑抹灰施工完成

2016年12月7日主体施工至10F，宿舍楼地下室砌体抹灰施工完成

10F

6~19F

5F
4F
3F 2017年10月31日，机电安装施工完成，专业分包施工完成
2F
1F

2017年7月27日，外墙涂料施工完成

图2-36 各专业完成时间

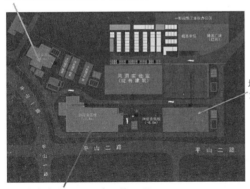

地下室完成时间：2016年9月22日

地下室完成时间：2016年9月17日

地下室完成时间：2016年9月22日

学生食堂结构完成时间：2016年10月3日

1号楼2017年5月9日封顶

2号楼2017年5月12日封顶

3号、4号楼2017年4月29日封顶

图2-37 节点部署情况图

（3）进度计划及资源投入

1）节点控制计划

本项目计划总工期518天，各节点计划完成工期见表2-2。

节点控制进度计划表 表2-2

节点名称		开工日期	节点要求完成时间	节点计划完成时间	计划完成总工期（天）
I区（1#楼）	施工至正负零	2016.08.01	/	2016.10.05	217
	主体结构封顶		/	2017.05.09	
II区 （2#楼A、B座）	施工至正负零		/	2016.10.10	215
	主体结构封顶		/	2017.05.12	
III区（3#和4#楼）	施工至正负零		/	2016.10.10	202
	主体结构封顶		/	2017.04.29	
IV区（食堂）	主体结构封顶		/	2016.10.03	/
V区（实验室）	建筑外立面美化完成		/	2017.02.16	/
竣工			2017.12.31	2017.12.31	518

2）关键线路

本项目的关键线路为：主体结构施工→砌筑工程→室内粗装修→室内精装修→公共区域精装→综合联动调试→竣工验收。

3）保证措施

本项目为保证施工进度，采用最新的外立面穿插施工工艺，对预制构件厂进行进度管控，实现构件厂与施工现场一体化管理，保证装配式施工有序进行。同时，定期进行进度分析，以确定各分项指标的完成情况是否影响总进度目标的实现。通过分析，找出问题和原因，并制定措施，以确保进度计划的顺利进行。

4）预制构件厂

综合考虑厂家产品质量、生产效率、工厂所在地距离本工程现场的距离等因素，最终选择广东中建科技有限公司作为本项目预制构件的生产厂家，如图2-38所示。

图2-38 预制构件生产厂

5）劳务班组

本项目组建有工业化施工与管理经验的项目团队，并选择有两个以上工业化安装经验的劳务班组。根据项目进度编排劳动力需求计划，最高峰用工人数出现在主体结构施工阶段，总人数为770人。

6）材料投入

综合考虑成品质量、生产效率、工厂所在地距本项目现场的距离等因素，拟从表2-3中选择混凝土供应商。钢筋、模板及其他材料，由采购平台统一采购，实行四维动态（生产、加工、运输、使用）追踪监控，保证质量。

混凝土供应商 表2-3

序号	单位名称
1	深圳华润混凝土有限公司
2	深圳安托山建混凝土有限公司
3	深圳市天地（集团）股份有限公司
4	深圳市中天元实业有限公司

7）大型机械设备投入

大型机械设备的投入见表2-4。

大型机械设备投入 表2-4

机械名称	规格型号	额定功率	厂牌及出厂时间	数量
塔吊	TC7030（R=45m）	75kW	中联重科 / 2015	3
塔吊	TC7030（R=60m）	75kW	中联重科 / 2015	1
施工电梯	SC200/200	66kW	广州京龙 / 2015	5
混凝土输送泵	HBT60C-1816D	75kW	中联重科 / 2016	8
布料机	HG19	/	中联重科 / 2016	8

（4）工业化实施

1）铝模

为了充分体现建筑工业化的优势，本项目从宿舍楼三层开始使用铝合金模板施工，在提高质量和效率的前提下，最大化地减少人工与能源的消耗，如图2-39所示。

2）爬架

外架选用爬架不仅可以提高工业化程度，还能利用自主研发的外立面穿插工法，达到提高效率、保证工期的目的，如图2-40所示。

3）机电装修一体化施工

建筑、结构、机电、装修一体化施工，可为电气、给水排水、暖通各点位提供精准定位，不用现场剔槽、开洞，可避免错漏碰缺，从而保证工程质量，减少二次施工。

图2-39　铝合金模板

图2-40　爬架

4）预制构件运输管理

运输车辆：根据预制构件重量以及车辆载重的不同，本项目准备五种型号的车辆以满足预制构件的运输需要。

运输计划：本项目标准层施工工期为六天一层，预制构件运输至施工现场后，直接吊装施工，只有少部分预制构件存放至堆放区。

运输路线：通过网络地图和对实际运输线路的查勘，对预制构件从生产厂家运送至施工现场的运输路线准备了两种运输方案，以防特殊情况的发生。

5）预制构件进场验收

预制构件运输至现场后，项目部对预制构件进行检查验收，预制构件厂需要提供相应的质量合格证书、检测报告等质量证明文件，并现场检查其平整度、垂直度、外观质量、尺寸偏差等，验收合格后，方可吊装施工，如图2-41所示。

6）预制构件吊装

本项目以预制外墙和预制内墙为例，展示其吊装顺序。

预制外墙吊装顺序：各主楼标准层结构的预制外墙吊装顺序相同，即从主楼西侧开始，沿顺时针方向进行吊装，相应的灌浆封堵、现浇墙柱的钢筋工程及模板工程等按此顺序展开，如图2-42所示。

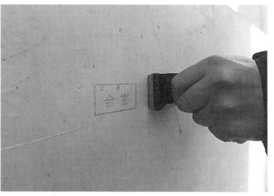

图2-41 预制构件进场验收

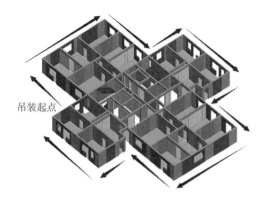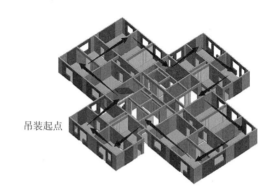

吊装起点

图2-42 预制外墙吊装顺序

吊装起点

图2-43 预制内墙吊装顺序

预制内墙吊装顺序：各主楼标准层结构的预制内墙吊装顺序相同，即从主楼西侧开始，沿顺时针依次吊装，如图2-43所示。

7）预制构件的固定

预制墙板吊装完毕后，应采用七字码配合预制墙体临时支撑体系将其固定，如图2-44所示。

图2-44 预制构件的固定

8）灌浆料的检测

灌浆料制作完成后的初始流动性需 ≥ 300mm，30min 后的流动性需 ≥ 260mm，灌浆料的使用温度不宜低于5℃，在满足上述要求时，方可采用压力法灌浆施工，如图 2-45 所示。

图2-45　灌浆料的检测

（5）质量保证措施

1）质量保证流程

本项目的质量保证流程如图 2-46 所示。

2）过程质量执行流程

本项目的过程质量执行流程如图 2-47 所示。

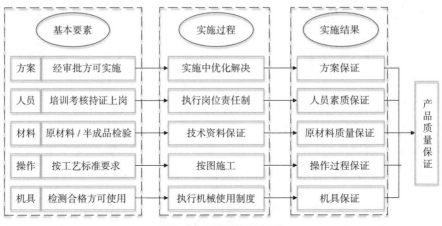

图2-46　质量保证流程图

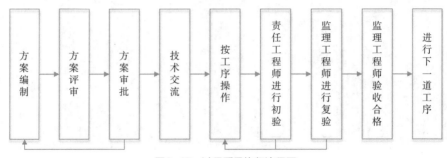

图2-47　过程质量执行流程图

3）预制构件运输质量保证

为保证预制构件运输过程中的质量，在预制构件运输前，应确定施工现场的吊装计划，制定预制构件运输方案，具体包括：预制构件的结构特点及重量、预制构件装卸索引图、预制构件装运机械及运输车辆、预制构件存储位置等，如图2-48所示。

图2-48　预制构件运输

4）预制构件成品保护

预制构件的成品保护主要包括厂内成品保护、运输成品保护和卸车成品保护。厂内运输采用专用的运输机械，如行吊等，并应确保预制构件的完整性。预制构件成品运输过程中，应设计专用的放置基座，确保构件安放平稳，减小边角及外漏钢筋的受损。预制构件卸车起吊时，必须严格按照设计吊点进行多点起吊。预制构件的成品保护如图2-49所示。

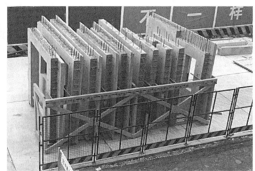

图2-49　预制构件成品保护

5）预制构件吊装

为防止预制构件单点起吊时引起的构件变形，可通过吊运钢梁来均衡起吊预制构件，如图2-50所示。当竖向预制构件起吊至预留插筋上部100mm时，将预留插筋与竖向预制构件内注浆管一一对应，再下放就位，如图2-51所示。

6）预制构件注浆

灌浆料拌制完成后，应在40min内用完预制构件的注浆。注浆完成后，应及时将沿孔壁流出的灌浆料清理干净，并在灌浆料终凝前将注浆孔压实抹平。本项目采用压力注浆，以确保注浆管内浆料密实，如图2-52所示。

图2-50 预制构件的起吊

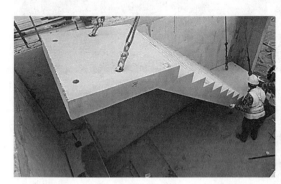

图2-51 预制构件的下放

图2-52 预制构件的注浆

7）实测实量

在预制构件吊装完成后，本项目采用实测实量的标准化管理手段，实时监控，保证工程质量，如图2-53所示。

8）信息管理

本项目在每一块预制构件上粘贴二维码，项目管理人员、施工人员等相关方通过扫描二维码，可实时了解各预制构件的相关信息。各利益相关者可以通过二维码实时、可视化地跟进项目。此外，工人在施工前，还可以通过VR技术模拟施工，进一步保证施工的精确性和安全性，如图2-54所示。

图2-53　实测实量

图2-54　VR模拟施工

图2-55　项目效果图

2.2.4　顾村安置房F-4地块项目

1. 基本信息

项目名称：顾村原选址基地市属征收安置房F-4地块项目

项目地点：上海市宝山区顾村镇菊泉街

建设单位：上海住保北程置业有限公司

设计单位：华东建筑设计研究院有限公司

监理单位：上海建科工程咨询有限公司

施工单位：上海建工七建集团有限公司

2. 项目概况

顾村原选址基地市属征收安置房F-4地块项目（图2-55）位于上海市宝山区顾村镇菊泉街东侧，规划总用地面积74278m²，总建筑面积221889m²，其中地上建筑面积177339m²，地下建筑面积44550m²。项目主体为17栋高层住宅，并配套有地下车库及相应设施。该项目17栋住宅楼全部采用装配整体式混凝土剪力墙结构，装配式建筑比例达到100%，单体预制率为40%。预制混凝土构件仅用于标准层，主要包括预制剪力墙、预制非承重墙、预制空调板、预制阳台板、预制楼梯、预制叠合板等。

3. 项目亮点分析

（1）设计阶段

目前国内装配式建筑建造成本普遍高于现浇建筑，很大一部分原因在于预制构件通用性差，构件模具周转率低，未能形成规模经济，造成了预制构件每立方米单价远高于现浇施工单价的现状。顾村F-4地块项目部在前期预制构件深化阶段，与甲方和设计单位进行沟通，制定预制构件标准化构件库，并确定了以下几大原则：

1）保障房设计层高为2800mm，所有预制剪力墙的高度统一为2780mm；

2）预制剪力墙跨长从1200mm至3000mm，每隔300mm设置一个规格，跨长小于1200mm的采取现浇方式处理；

3）其他预制构件也均遵循此类标准化设计原理。

在预制构件标准化设计原理的作用下，构件模具的通用性及周转率将得到大大提升，模具不仅能应用在顾村F-4地块项目，还可在上海地产开发的所有保障房项目中重复利用，大大提高了预制构件钢模周转率，降低了工程总造价，具体构件设计如图2-56所示。

（2）施工阶段

1）工法楼样板引路

"工法样板"是稳定设计和确认施工的重要过程，为消除工程质量缺陷隐患提供了一个施工样本。在施工现场"工法样板引路"则是建筑施工前和过程中采用的一种施工管理方法。在工程施工全面推进前，根据合同、图纸、规范对各分项工程按标准建立工法质量样板。本工程所有预制构件类型、构件连接节点、构件防水构造均在工法楼中进行实体展示（图2-57），由甲方、监理、施工单位三方共同检查验收评定，达到图纸、规范要求后，确认为工法样板，并要求施工单位把工法样板作为实体对班组进行技术交底。"工法楼样板引路"主要起到两大作用：第一，样板引路，方案论证；第二，样板展示，直观可视化交底。

2）工具式外挂架的应用

由于本工程外墙为装配式混凝土结构，外墙体系连贯设置成整体，施工过程中不宜穿墙打洞，且装配式混凝土结构没有大量的外墙粉刷、保温等作业工序，施工荷载较小，外脚手架仅仅起作业围护作用。传统悬挑式扣件钢管脚手架以及悬挑型钢、连墙件等构件在设置时需要大量的穿墙孔洞，这不仅破坏了外墙的整体性，而且既不经济也不安全，在搭设拆除过程中存在严重的质量和安全隐患。

因此，本工程外脚手架采用工具式外挂架（图2-58），该脚手架体系采用对拉螺栓将工具式外挂架固定在预制剪力墙上，作为施工期间的工人操作平台。现场配备两套外挂架，随着楼层作业面同步提升，向上翻转使用。

3）铝合金模板的应用

本工程两栋保障房采用铝合金模板（图2-59）作为预制构件湿接缝的模板。铝合金模板相对于传统木模板而言，其刚度大、周转率高，混凝土浇筑外观质量好。铝合金模板在本工程中的试点取得了较好的实施效果，结构外立面平整度控制在3mm以内，达到了免粉刷的质量标准。

序号	构件	类型	尺寸（mm）	数量	数量重量（t）	3D 图纸
一	A 类预制剪力墙	1	1200×2780	32	1.67	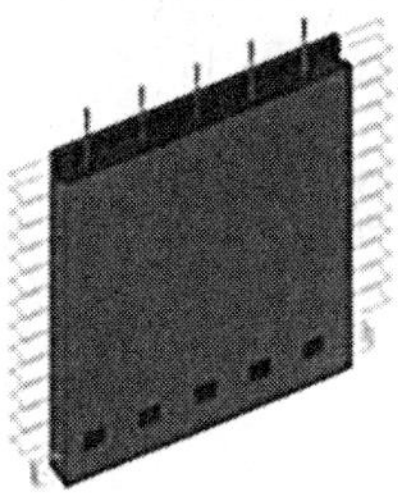
		2	1500×2780	32	2.08	
		3	1800×2780	128	2.5	
		4	2100×2780	48	2.92	
		5	2400×2780	96	3.33	
		6	2700×2780	32	3.75	
		7	3000×2780	64	4.17	
二	B 类预制填充墙	1	12000×2780	64	1.67	
		2	1500×2780（有窗）	64	1.38	
		3	2100×2780（有窗）	32	1.75	
		4	2400×2780（有窗）	64	2.4	
		5	2700×2780（有窗）	32	2.34	
		6	3300×2780（有窗）	32	3.88	
		7	1600×2780（有窗）	32	1.05	
		8	2200×2780（有窗）	32	1.7	
		9	2800×2780（有窗）	32	2.31	
三	C 类预制阳台	1	3500×1700	64	4.71	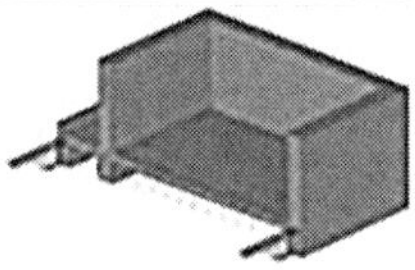
		2	3300×1700	34	4.53	
		3	3300×1500	34	4.16	
四	D 类预制楼板	1	2800×2100	34	1.99	
		2	2700×2200	102	0.93	
		3	2800×3100	32	1.35	
		4	3100×1700	68	0.82	
		5	3100×2000	68	0.97	
		6	3100×2500	102	1.21	
		7	3100×2800	34	1.35	
		8	3400×2600	68	1.26	
五	E 类预制空调板	1	1200×600	102	0.71	
		2	2400×600	102	0.90	
六	F 类预制楼梯	1	2920×1180	64	1.95	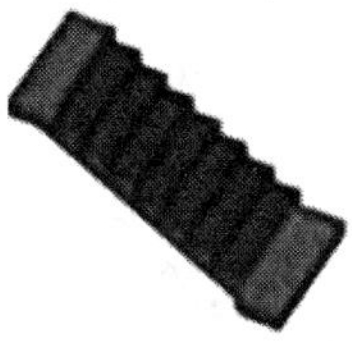

图2-56 预制构件类型图

图2-57　工法楼样板图

图2-58　工具式外挂架

图2-59　铝合金模板

图2-60　独立支撑

4）独立支撑的应用

本工程预制叠合板区域采用独立支撑体系（图 2-60）。独立支撑相对于传统钢管排架而言具有以下两点优势：①独立支撑立杆为 $\phi60$，其承载力远大于钢管，立杆间距可放大至 1.5m。②独立支撑依靠三角架维持整体稳定性，无需搭设水平牵杆，在混凝土浇筑后方可拆除，有利于压浆施工的提前穿插。

（3）信息化管理

本工程实施云平台同步管理，通过上传各专业 BIM 模型至云平台，可以让各施工合作方在信息平台和移动设备端随时查看模型和绑定的图纸、视频等。

1）BIM 应用

基于 BIM 技术的预制构件节点深化：本工程试点保障房外墙均为预制剪力墙，所有人货梯的通道均需提前预留，因此考虑在预制阳台位置预留洞口。阳台侧板通过 BIM 技术建模，生成预留洞口预制构件三维图纸（图 2-61），以辅助构件加工。

基于 BIM 技术的现场施工模拟：本工程利用 BIM 技术的可视化性和可模拟性，以 3D 模型为载体，通过相关软件进行动态模拟，实现项目"先试后建"的核心理念，以提高效率、降低风险，减少返工和变更。

基于 BIM 技术的关键工序施工交底：目前装配式建筑饱受外界质疑的施工技术就是竖向构件的连接。因此，项目部对本工程所采用的螺栓连接和套筒连接这两种连接方式进行了BIM 动画交底，如图 2-62 所示。

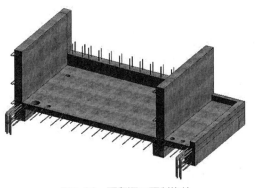

图2-61 预留洞口预制构件

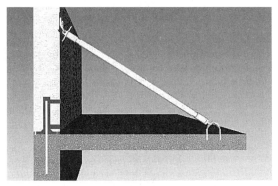

图2-62 竖向构件连接的BIM交底

基于 BIM 技术的 VR 浸入式体验：为了更好地体现项目成果，本工程引进了 VR 技术。体验者可配戴 VR 眼镜，切实感受建筑户型及装修的效果（图 2-63），并且还可以深入查看关键节点的构造类型等相关信息，以达到让体验者放心入住、舒适居住的效果。

图2-63 VR体验效果

2）二维码信息技术应用

二维码信息技术交底：本工程施工现场大门口设置了二维码可视化交底专栏（图 2-64）。所有重大危险源、关键施工技术、安全质量交底均可在二维码信息栏中得以体现，每一位进入施工现场的人员皆可扫码了解施工过程的主要信息。

信息化模型与二维码验收：本工程还可通过扫描二维码来对预制构件进行检查验收，同时同步联动 BIM 模型，以进度颜色条实时反映工程进度，协助施工现场进行信息化跟踪管理。

3）手机 APP 辅助现场管理

除二维码信息技术外，本工程信息化管理还体现在利用手机 APP 进行信息化模型上的进度更新、发布现场质量和安全方面等专题内容（图 2-65），并联动至相关部门，实现协同无纸化项目管理。

4）远程视频监控辅助现场施工管理

本工程在塔吊上安装了视频监控摄像机，可进行 360° 旋转摄像，无死角覆盖施工现场（图 2-66）。同时，该摄像机还可与手机 APP 进行绑定联动，以便管理人员在视频监控室或手机终端上利用摄像机程序进行施工现场的远程监控。

图2-64　二维码交底专栏

图2-65　手机APP内容界面图

图2-66　远程视频监控现场施工

2.3 装配式建筑面临的主要问题

2.3.1 技术方面

装配式建筑是技术升级的结果，其技术的核心是实现装配式建筑设计、生产、建造全过程的工业化与信息化。相对于传统建筑技术，装配式建筑技术难度更大、内容更广、分类更细、研究更深。它不是对传统建筑技术的单点突破，而是从多个维度对行业的整体提升。装配式建筑技术又包括设计技术、制造技术和信息技术。

1. 设计技术

设计技术是龙头，总揽装配式建筑全局。装配式建筑必须进行深入的工艺设计，它在装配式建筑的起点上决定了项目的整体施工进度、质量、成本等。后面的各个环节都是在设计的规则下按步骤操作，相当于企业的战略。如果设计技术不满足要求，后续的施工过程将会出现出错率偏高、成本不受控等问题。

2. 制造技术

制造技术是指预制构件的工业化生产。预制构件的制造不同于其他制造业，由于预制构件的性能是逐渐生长的，如何平衡好时间与生产节奏具有一定的难度，即使引进制造业的人员来管理工厂，也需要进行混凝土性能、钢筋加工等建筑方面的学习和实践。否则，生产出来的预制构件无论在强度还是观感方面均会出现各种问题。另外，在预制构件的生产过程中，由于建设项目的差异性，需要对每个项目的预制构件重新设计模具。设计不够优化所带来的后果是加工难度大、生产效率低、模具通用性不好。制造技术融合了制造业和建筑业两个行业的技术特点，如何把两个行业的技术进行高度整合，形成统一协调的新技术，至今仍然存在很多困难。

3. 信息技术

信息技术难度最大，因为没有信息技术支持的建筑工业化是初级工业化，目前全世界没有一套成熟的信息技术体系能支持当前我国的建筑工业化发展，可见，这将是一个重要而广阔的市场。目前，我国有几家企业正在大力开发一套信息技术体系来促进我国装配式建筑行业的发展。例如，中民筑友目前已经在 BIM 领域实现了"快"、"小"、"集成"和 IFC 文件输出小型化的重大突破，也是首家实现移动终端应用的企业，信息技术从微观作业交互到宏观展示，自主开发能力得到了具体项目及市场的检验，形成了装配式建筑工业化平台独有的解决方案，这是在我国复杂结构体系下一种比较先进的解决方法。

2.3.2 管理方面

装配式建筑的管理是高水平的管理，需要对企业经营活动的计划、组织、指挥、协调和控制等一系列环节进行系统筹划，其中每一环节的失控都可能造成对全局的影响，其超越了传统意义上的企业管理要求。装配式建筑需着眼全局，要从设计开始，综合考虑工厂生产、物流运输和现场组装的难度，最终找出最优设计方案。设计须精细，若出现差错，则会影响到构件的组装，造成重大的经济损失。为了解决好全局问题，要立足于每一个具体环节，做到工业化生产精益管理。不同于传统建筑业的承包思路，工厂生产以计时、计件的方式进行管理，须对每一条生产线、每一个工位的用时、用材仔细分析。由于管理的升级没有引起行业的高度关注，使得目前装配式建筑的管理效率比较低，预制构件单方生产与建造成本较高，因此，发展装配式建筑的当务之急是要快速提升管理水平。

2.3.3 标准方面

虽然现行的工程建设标准体系中，各专业技术标准都不同程度地包含了一些装配式建筑相关的标准，但这些标准编制内容的角度、深度以及适用性与新时期装配式建筑的要求差别较大，其中有些内容是重复的，甚至有些规定与装配式建筑不协调。存在的主要问题有：

1. 重结构设计标准，轻建筑设计标准

对于任何建筑而言，建筑师的平立面设计，即建筑的功能设计，都在设计工作中占据主导地位。我国现行的住宅建筑设计规范与采用装配式建造的住宅建筑的设计规范存在诸多不同。装配式建筑不是简单地将预制构件拆分，而是需要在建筑设计中更加严格地执行模数和模数协调标准，使建筑物在进入设计阶段时，就能纳入标准化的轨道，并为其后的结构构件和部品的标准化设计打下基础，实现产业链上所有产品均能在工厂中采用大工业的生产方式进行生产，真正实现建筑工业化。目前，指导建筑师进行装配式建筑设计的设计原则、设计标准及其他技术文件相对较少，多数建筑师缺乏相关的知识和指导。因此，政府部门应尽快出台相关行业标准，加强建筑师对装配式建筑相关知识的认识，同时应编制相关手册等技术文件。

2. 重建筑主体结构的装配化设计标准，轻部品的工业化设计标准

建筑工业化，包括在产业链上所有产品的工业化，而非仅仅主体结构的装配化。实现模数和模数协调是部品工业化的前提，我国是国际标准化组织 ISO 模数协调的技术委员会 TC59 的管理单位，与 TC59 标准有关的模数协调标准进行比较，将其中的主要标准编入我国的标准中。但从调查来看，建筑师对于相关模数协调标准的知晓程度很低。因此，随着我国经济和技术的快速发展，需要补充部分部品的模数协调标准，如楼梯间出入口、厨房设施、内隔墙等。在补充模数协调标准的同时，应建立相关的公差标准，这是目前标准体系中缺乏的内容。

3. 重建造技术变革，轻试验研究工作

我国市场上现有的装配式混凝土结构体系，呈现百花齐放、百家争鸣的势态。由于建筑物的建成涉及诸多问题，如隔声、防水等关系到居民的生活质量和居住舒适度，且建筑物的结构及防火设计更是涉及人民的生命财产安全。因此，必须从历史上许多地震灾害、连续性坍塌事故中吸取教训，以严谨、科学的态度来编制相关标准。装配式混凝土结构需要理论研究和试验研究相结合，因此，要丰富现行行业标准的内容，完善结构体系，须加大试验研究的力度。

4. 重工程标准，轻产品标准

装配式建筑中，许多结构构件已经成为一种工业产品，如梁、板、柱、墙等。预制构件在工厂进行生产，经出厂检验合格后方能出厂，并运输至施工现场。这些产品的检验涉及许多原材料以及检测方法的要求，很难在工程标准中全部表达，因此需要编制相关的产品标准。

5. 标准化、模数化有待进一步推进

模数协调与标准化设计是推进装配式建筑的重要前提。由于我国模数标准体系尚待健全，模数协调尚未强制推行，导致结构体系与部品之间、部品与部品之间、部品与设施设备之间的模数难以协调。在装配式建筑工程施工中，部分部品匹配度较低，导致施工效率无法大幅提升，装配式建筑优势未能得到充分发挥。因此，建筑设计、部品生产的标准化、模数化有待进一步提高。

2.3.4 主要措施

1. 注重技术集成创新

技术集成创新贯穿于设计、生产、施工全过程。设计单位研究标准化、一体化、信息化的建筑设计方法，进一步加强设计创新能力和引领作用。预制构件部品企业要掌握与技术体系相适应的预制构件生产工艺，要向专业化、集成化生产方向发展。施工建设单位要建立一整套成熟适用的技术体系，掌握装配式建筑施工工法。相关企业应提高管理水平，掌握切实可行的检验、检测质量保障措施，确保装配式建筑部品生产、运输、安装各环节关键节点的质量。

2. 注重管理创新

装配式建筑带来了生产方式的变革，要求项目开发、勘察设计、施工建设、部件生产、项目监理等单位创新管理方式，根据装配式建筑的特点，建立与装配式建筑相匹配的现代化企业管理制度，提升基于不同施工主体、不同施工环节的项目组织管理能力，加强质量监管方面的机制创新。

3. 加强 BIM 技术应用

要注重信息化与装配式建筑的深度融合，推进 BIM 技术贯穿装配式建筑设计、生产、运输、装配、运维等全生命周期，实现设计、加工、建造、运维的信息交互和共享，通过 BIM、RFID、物联网等信息技术完善工程管理系统，提高工程质量和管理水平。

4. 建立健全标准规范体系

建立健全的设计标准、技术标准、施工标准以及验收标准，主要表现在以下几个方面：

（1）完善工程建设标准，提高精度和成品品质，延长建筑寿命；

（2）建立与装配式建筑发展相适应的技术标准体系，打破基于行业、专业划分制定的标准限制和等同现浇的观念束缚施工、检测、验收、运营及部件质量；

（3）制定和完善装配式建筑设计、生产、施工管理、产品验收等一系列标准规范；

（4）提高标准化设计水平，完善模数协调标准，明确装配式建筑层高、开间和进深等主要空间尺寸要求。结构、装修等相关构件、配件应标准化，这对降低成本、推广装配式混凝土结构应用非常重要。同时，建议在相关标准中根据装配式结构的实际特点，建立相应的公差及其协调标准；

（5）完善装配式建筑部品部件标准，加快制定夹心墙板、预埋件、连接件等关键构件产品和配件的统一标准规范。补充部分部品，如楼梯间出入口、厨房设施、内隔墙等模数协调标准，同时应建立相关的公差标准；

（6）制定建筑设计、工程建设与信息技术相融合的技术标准，研究相关工程软件等延伸品的技术标准；

（7）重点研究现有高层建筑的结构设计和抗震，完善装配式建筑的结构分析理论和标准规范。

3 我国香港地区装配式建筑案例分析

我国香港作为世界著名的移民城市，总面积约 $1100km^2$，人口约 748 万，主要房屋类型分为商品房和公共住房。其中，公共住房为政府兴建或资助，又分为用于出售的居屋和用于出租的公屋。当前，约一半的香港居民居住在公共房屋，较大程度地解决了住房问题。香港房屋采用工业化建造的时间较早，相关建造技术不断进步，稳居世界前列。因此，本章通过对香港建筑工业化的分析，探索值得我国内地学习借鉴的地方。

3.1 发展概况

3.1.1 公屋发展历程

第二次世界大战以后，大量内地移民涌入香港，人口由 1945 年的 60 多万激增至 1950 年的约 230 万。香港本地住宅数量有限，且遭战争破坏，房屋资源奇缺，因而房租高昂，约四分之一的居民在山坡或空地上用铁皮和木板搭建木屋居住。由于木屋抵御天灾的能力极差，1951—1953 年，九龙仔大坑西、九龙石硖尾村、九龙塘万香园、深水大坑东等多处发生火灾，造成数万灾民无家可归，因此香港特区政府开始关注住房问题。

20 世纪 50 年代，政府为了安置灾民，开始启动公共房屋（以下简称"公屋"）计划，并成立了半独立的屋宇建设委员会，着手兴建廉租房，为低收入家庭提供基础设备齐全的房屋居住。1973 年，成立香港房屋委员会，重组负责公屋建设的相关机构，以推动香港的公屋计划，达到政府的政策目标。香港屋宇署分别于 2001 年和 2002 年发布《联合作业备考》第 1 号和第 2 号，用以鼓励应用预制构件和绿色技术，例如采用非结构预制外墙可豁免面积，采用预制外墙的建筑给予容积率奖励等。香港建造业检讨委员会发表了《为卓越而建造》，该报告提出推广使用预制构件以减少建筑废弃物并提高质量。2005 年，香港环保署开始征收建筑废弃物处置费并鼓励业界将废弃物回收分类，敦促建筑公司走环保节能之路，鼓励采用工厂预制的构配件。香港特区政府专门针对装配式建筑的政策法规、制度和措施并不多，但简单有效，见表 3-1。经过不同时期的发展及不断完善，香港的公屋建设逐渐形成了一套非常成熟的建造体系，即住宅生产的工业化体系。

香港预制建筑政策推进情况 表 3-1

时间	措施
20 世纪 90 年代	香港的公屋制造强制性使用预制外墙
2001—2002 年	《联合作业备考第 1 号》《联合作业备考第 2 号》规定对采用露台、空中花园、非结构预制外墙等环保措施的项目将获得面积豁免

时间	措施
2005 年	开征建筑废弃物处理费，每吨 125 港币
2006 年	所有预制构件的生产厂家必须通过 ISO 质量保证体系认可，使用的配套材料必须经过认证

香港住宅工业化的发展起源于公屋的建造，主要经历了以下几个阶段（表 3-2）：

1. 徙置计划阶段（1953—1972 年）

通过有计划地开展徙置计划以解决低收入阶层的住房问题。这一阶段，香港的公屋主要是以"徙置区为主，廉租屋为辅"的方式双线进行。徙置事务处负责徙置屋的建设，其建造的公屋数量最多，公屋类型主要以"号型"系列和 L 形低层建筑为主。20 世纪 60 年代末期，共建造到七型，从第三型开始使用中央走廊来连接每层的单元，同时每个单元都配有自用的厨房和厕所。

2. 十年建屋计划阶段（1973—1982 年）

随着香港经济的飞速发展，政府财力增强，居民收入提高，早期徙置大厦和廉租屋拥挤的居住空间和简陋的设施已无法满足居民的需求，因此政府推出"十年建屋计划"，逐步为香港居民提供配套设施齐全的住房。从 1973 年设立香港房屋委员会以来，公屋的规划设计逐渐趋向统一。屋村是华富村推出的双塔式大厦的主要代表之一，双塔式大厦的每个单元都提供了较为完善的服务设施，如厨房、厕所和兼作洗涤用的阳台，但主要起居室都没有直接对外采光。围绕天井的走廊将每层 30 个单元连接起来，室内通风要优于内廊式大楼，同时楼层也增加至 20 层以上。

1975 年，香港房屋委员会又新设计了工字形大厦，其住户单元增加了厨厕面积，平面布局与双塔式大厦没有太大区别，主要起居空间也没有分隔。但是建筑单体融合了内廊式和双塔式大厦的优点，电梯交通系统及服务内容也有所改善，大厦每层仍然有 30 个单元，楼高可以建到 30 层以上。进入 20 世纪 80 年代，香港房屋委员会逐渐采用单一的住宅类型来兴建屋村，主要是 Y 形大厦，分为 4 款，其单元平面较双塔式和工字型大厦有了很大的改进，平面布局设计上将单元合理分成卧室区、起居饭厅及服务设施空间，每个使用空间都保证直接对外采光，特别是起居空间均有良好的视野和通风。

3. 长远住房策略阶段（1983—2001 年）

1989 年以后，随着居住标准的提高，为了加快公屋建造速度，降低建造成本及有效控制公屋建设品质，香港房屋署逐渐开始采用标准化户型设计，先后出现了和谐式公屋和康和式公屋。和谐式公屋以"模块"作为组织住宅空间的基本单位，共有四种基本模块，包括一个核心模块和三个附加模块，通过这些模块的不同组合，可以形成系列化、多样化的套型。康和式公屋是在和谐式公屋的基础上不断改进的结果，它保留了和谐式公屋标准化、模数化的特点，在建造中大量使用预制构件。此外，其在面积标准上也有所提高，分为两居室套型（使用面积 46m²）和三居室套型（使用面积 60m²），所有三居室套型的主卧室都设有附属卫生间。

在套型布局上，空间动、静分区，功能合理配置。在建筑单体形态上，仍与以往公屋相似，以点式高层为主，但居住的标准大幅度提高。

4. 房屋政策的重新定位阶段（2001年至今）

20世纪90年代末，随着公屋数量的锐减，公屋地皮趋于小型和不规则。2000年11月，香港房屋署引入非标准化设计。在规划及设计新屋村时，采用因地制宜的设计方法，综合考虑地皮的地理环境、地区特色、居民需求等多重因素。楼宇设计方面，配合邻近的楼宇风格以及屋村广场，用以凸显地区的特色景物。

香港房屋建筑发展　　　　　　　表3-2

时期	标准大厦类型	层数	特点	居住密度	预制技术使用情况
20世纪50年代	第一型（H形）	6~7	以周边的通廊围绕住房单元，公共卫生间和厨房位于连接处的结构	2.23	未使用
	第二型（日形）		从第一型发展而来，增加了垂直面，公共卫生间和厨房位于连接处的结构		
20世纪60年代	第三型（L形）	7~10	开始使用中央走廊来连接每层的单元，同时每个住宅单元也有了自用的厨房和洗手间	3.5	试验性采用预制方法
	第四型（E形）	13~20	由徙置大厦开始，单位内设有独立卫生间、露台以及电梯		
	第五型（长形）	8~16	与前一型类似，但是走廊更加宽阔，单位面积选择更多		
20世纪70年代	第六型（T形）	8~16	比前两型更长，最大单元面积也有大幅增加	4.25	
	双塔型	20~27	升降机通达每层，建有基本小区设施，如运输交汇处、游乐场、学校、街市、停车场等		
20世纪80年代	Y形	34		5.5	增加了预制楼梯、预制厨房工作台
20世纪90年代	和谐式	≥40	采用了标准构件与尺寸相互配合的方法，标准的部分包括结构部分、单位的跨距、每层的高度、主要部分的尺寸以及不同标准构件的细节，有几个不同的变款设计	7.0	增加了预制外墙
	康和式		前一型基础上发展而来，面积更大，功能和布局更加合理，有几个不同的变款设计		

3.1.2　工业化发展历程

1. 传统建造阶段

20世纪60年代中期，大量人口从内地移居香港，其中不少人只能聚居于寮屋或非常残破的旧楼。在此背景下，政府迫切需要兴建大量房屋，以满足庞大的住房需求。同时，香港工业迅速兴起，市民开始拥有稳定的收入，对改善居住环境抱有较高的期望。另一方面，香港早年的建造业仍然相对落后，只能依靠低技术和劳工密集的方式作业。当时建造的公屋大厦，只能应付一些功能性的需求，在耐用性和可持续发展方面亟待提高，如图3-1所示。

图3-1　20世纪70年代中期的徙置大厦

图3-2　20世纪70~80年代以传统方法建造的公屋

自 20 世纪 70 年代初起，香港人口不断增加，大多数香港市民居住在以钢筋混凝土建造的中高层楼宇中，公屋居民尤其如此。当时业界采用混凝土，主要是因为内地和香港的石矿场均可开采大量的花岗石材，无需从海外进口较为昂贵的结构钢材。而且，在香港的亚热带潮湿天气下，混凝土更为坚固耐用，如图 3-2 所示。

然而，由于技术水平有限，20 世纪 70 至 80 年代以传统方法建造的公屋的工程质量存在以下缺点：

（1）仍采用传统的施工作业方式，在现场拼装木模板进行建筑工程施工。同时，混凝土外表面的美观性，在很大程度上受施工技术水平的影响。

（2）在其他现场施工方面，如扎筋、浇灌混凝土、混凝土工程饰面等，均为高度劳工密集型作业，需在狭窄的工作面进行，而且对工人的技术要求不高，这对混凝土内钢筋的锈蚀防护功能造成不利影响。

（3）部件连接位置（如窗口）的渗水、楼面（如天台、悬臂式走廊）的积水、水管接驳位（如厨房和浴室外墙）的漏水等间接降低了楼宇结构的耐用程度。

在 20 世纪 70 至 80 年代期间，香港超过 250 幢的公屋是在上述情况下建造而成的，这些楼宇的高度在 7~20 层不等。多年来，政府需为这些楼宇进行全面维修，以处理混凝土剥落的问题，同时还需对其进行加固处理。在过去不同时期所建造的公屋，其维修开支见表 3-3。

公屋维修开支统计表　　　　　　　　　　　　表 3-3

楼龄（年）	交付年份	落成楼宇数目（幢）	每年每单位的维修费（港元）
31~35	1972—1976	60	301
26~30	1977—1981	194	158
20~25	1982—1987	219	15

早期住宅楼宇的使用寿命一般在 40~50 年之间，但维修开支却不断增加。香港土地有限，若要增加住房供给数量以提升居民的生活水平，只能向高空发展，兴建更高楼层的住宅。因此，香港房屋委员会把大部分旧式公屋纳入整体重建计划，分阶段拆除，以便重新建造。从可持续发展的角度来看，其他建筑物如桥梁等，其使用寿命超过 100 年，相比之下，旧式公屋对

社会造成了沉重的经济负担，这种情况须加以改善。由表 3-3 可知，旧式公屋的维修开支明显较大。此外，1980 年的维修开支已大幅下降，这是因为香港房屋委员会当时已引入机械化的建造方法。

2. 机械化建造阶段

房屋署是负责建造公屋的政府部门，一直致力于提升结构工程的质量和施工水平，20 世纪 80 年代中期，在建筑结构墙中强制采用大型钢模板，并引入相关的机械化建筑系统，如图 3-3 所示。这不仅可以降低木材的耗用量，同时也可以确保结构部件的线位和规格准确无误。脱模后的混凝土结构墙面层造工已有所改善，不再凹凸不平，而且改用钢模板后，再无木材碎屑遗留在混凝土中。20 世纪 90 年代初期，香港房屋委员会开创出另一项公屋建筑工程的新举措，即率先采用预制外墙，无需在现场拼装模板和浇灌混凝土，并在制造外墙时一并镶嵌窗框，防止窗框和外墙的接驳位出现漏水现象，如图 3-4 所示。

图3-3　机械化建筑系统　　　　　图3-4　镶嵌窗框的预制外墙

从可持续发展的角度来看，预制装配式混凝土构件施工方法具有以下优点：

（1）大大减少木材的耗用量。

（2）钢筋的混凝土保护层是对抗锈蚀的第一道防线，而混凝土构件预制生产可确保混凝土保护层的造工质量。

（3）钢模板更为坚固，可重复使用，使混凝土得以更好地振捣。

（4）混凝土面层造工更为光滑，可大大减少利用修补物料进行修饰的情况。

3. 机械化和装配化综合建造阶段

世界各地的承建商拥有各种建造技术，如隧道模板、提升和爬升模板、小型铝模板、在预制构件工厂配合钢模使用翻转台、建造楼板时使用大型台座等。虽然上述技术大部分均属可行，但对承建商的管理和统筹能力有很高的要求，而且系统的建设费用也十分高昂。考虑到建屋预算有限，而且不必追求私人商业发展项目的建造速度，最终采用较为中庸的方式，即使用大型钢模板配合预制构件的建造方法。

机械化和预制构件的综合建造方法属于香港房屋委员会强制执行的政策，承建商不得自行使用传统的建造方法。其中，强制要求工程必须使用长达 7.5m 的大型钢模板，且不能有接缝，这使得构件表面大大改善，不再出现凸起的接驳痕迹。此外，强制要求承建商使用塔式起重机、混凝土斗以及预拌混凝土，这在当时亦属创举。在预制构件方面，强制使用预制外墙板和楼梯，使得窗边渗水的情况大大减少，从而减少此类构件出现的施工质量问题。

预制外墙设计的优化过程经历了若干阶段。最初采用承建商的设计，即在结构框架建成后安装整块预制外墙板，再在托架上用无收缩薄浆予以固定（即事后固定法）。然而，高层大厦在受循环风影响摇摆时，可能会致使现场搅拌的无收缩薄浆开裂，从而导致渗水。因此，这个设计方案不久后就被弃用，取而代之的是先将整块预制外墙装入相连的剪力墙模板，然后浇灌混凝土（即预先固定法），该方法取得显著成效。20世纪90年代初期，这些设计方案由不同承建商聘请顾问公司提供设计。20世纪90年代中期，香港房屋委员会决定将预制外墙板设计改为标准设计方案，以节省承建商重复设计的时间和资源，该决定在其他预制构件的设计中也被采用。

4. 规模化建造阶段

在推行预制构件建造方法初期，由于香港地价高、人工贵，鲜有预制混凝土构件生产工厂，导致许多预制工序须在现场进行，承建商需要在施工现场提供特定的区域，以供预制构件的生产加工和龙门吊的放置。同时，香港一些原本生产预应力梁或混凝土管的预制工厂，均改作建造公屋构件的预制工厂。另外，部分承建商提出采用蒸汽养护的方法加快预制生产过程，以期节省在现场占用的工作空间。由于20世纪90年代后期建造公屋的需求不断增加，香港开始接受在内地（即珠江一带）预制的构件。起初，承建商在该地区购置土地，开设预制工厂，并以陆路或水路的方式进行运输。此后，由于水路运输必须在码头重复装卸，因此陆路运输逐渐成为主流。此外，虽然不少承建商致力于开设预制工厂，但部分工厂因管理不善而倒闭，最后仅有数家规模较大和生产高质量产品的工厂得以成功经营。

（1）预制构件的大规模生产

在预制外墙板的规模化应用后，有更多不同种类的预制构件随之研发生产，这些预制构件种类多样、尺寸不一，均为配合不同位置和功能而制造。

1）半预制楼板

半预制楼板如图3-5所示，香港强制采用半预制楼板的原因主要如下：

A. 半预制楼板的底面相对木材模制更为光滑。

B. 虽然以往对承建商重复使用夹板的次数有所限制，但楼板底面的质量仍然欠佳。

C. 采用半预制构件可大幅度减少建造楼板所需的临时支架，从而减少可能出现的制造工艺和安全问题。

2）预制楼梯

传统现浇式楼梯的施工，工人须在半封闭的空间工作，并可能要上下楼梯，容易引起造工质量和工人安全的问题，而采用预制楼梯便可避免上述顾虑，预制楼梯如图3-6所示。

3）预制梁

在施工现场建造连系梁，须使用稳固的大型工作台，而采用预制梁，则只需将其吊放至相应位置，从而简化现场施工工序，预制梁如图3-7所示。

图3-5 半预制楼板

图3-6 预制楼梯

图3-7 预制连系梁

4）间隔墙

间隔墙分结构性间隔墙和非结构性间隔墙两种，分别如图 3-8 和图 3-9 所示。结构性间隔墙由厚度为 150mm 或 100mm 的钢筋混凝土墙建造而成，以分隔各个单位的防火墙。非结构性间隔墙则用空心或加气混凝土墙板建造。

图3-8　结构性间隔墙　　　　　　　　　　　图3-9　非结构性间隔墙

5）预制卫浴

预制卫浴是一种箱形的构筑物，预制后可安装到各个单位，如图 3-10 所示。由于是立体设计，需提前敷设多条入墙暗管、安装有关构配件、铺贴瓷砖和防水膜等。同时，构件内加设预埋管套，以取代容易引起渗漏的预留箱形凹位。大量的湿作业均可移往管理较佳的工厂进行。根据经验，在楼宇的生命周期内，卫浴所需的维修保养较多，若能保证工厂预制的质量，使用期的维修费用将会大大减少。

图3-10　预制卫浴

（2）预制及单元组合式建造方法

预制及单元组合式建造方法已为法国、英国、瑞典以及其他多个欧洲国家普遍采用，但通常只用于建造平房或楼高约 20 层的中等高度建筑物，因为这些国家不同于我国香港地区需建造高层住宅大厦。虽然我国香港地区也曾参考过新加坡的做法，但香港仍须自行开发本身独特的预制构件建造技术。新加坡楼宇的高度在过去均不超过 30 层，以梁柱体系作为主流结构形式，而香港的住宅大厦往往高于 40 层，结构形式又以剪力墙为主。因此，就香港而言，采用预制构件建造方法建造高层大厦，需要特别考虑以下因素：

1）对称式的大厦布局

大厦采用对称式布局，不同类型的预制构件可重复使用，方便塔式起重机回旋吊运建材。

2）单元组合单位

大厦不同单位（包括一房、二房和三房单位）均采用单元组合式设计，可统一各单位的建筑构配件，有利于相关构配件的重复使用，从而提升建造效益。

3）预制构件的重量

预制构件的重量至关重要，因为重量较大的预制构件需采用大型的塔式起重机吊运，使得建造成本大幅提升。因此，应合理规划立体预制构件的摆放布局，以确保建造过程中塔式起重机的起吊能力足以支撑预制构件的重量。

4）尺寸偏差

在建造高层大厦时，各类预制构件应与剪力墙、立柱等结构互相连接。各预制构件尺寸的精确度应满足要求，装配时只容许出现轻微的尺寸偏差，否则整个工程会出现延误。

（3）质量保证措施

采用预制构件建造方法，主要应考虑工厂生产的预制构件的质量是否得到保证。为此，香港房屋委员会订立了以下一系列质量保证措施：

1）聘请独立结构工程顾问，负责监督预制构件的生产过程，并调派全职人员常驻。常驻人员通常是内地大学毕业生，受聘后担任常驻工厂的督导人员。

2）每个工厂均应定期进行内部审核，独立顾问应按月进行外部审核。此外，香港房屋委员会会定期审核独立顾问的工作表现。

3）预制工厂实施"承建商表现评分制"，以产品的造工水平为评核重点。预制工厂根据"承建商表现评分制"所得的评分，会影响承建商的投标资格。

4）预制工厂开设初期，应取得国际标准化组织的 ISO 9001 认证资格。而且，供应商在获得批准生产预制构件之前，亦须进行投产试验，以展示其生产技术水平。香港房屋委员会还规定，有关预制工厂应取得国际标准化组织的 ISO 14001 认证资格。

5. 工业化发展历程的总结

香港早期的公屋外墙楼板均采用传统现浇的工艺，内墙用砖砌筑，粗放式的管理模式导致材料浪费严重，产生大量建筑废弃物，且质量无法得到合理有效控制，后期维修费用较高。随着香港工人工资上涨，建筑工程费用成本逐年增加，从 20 世纪 80 年代起，由于户型的标准化设计，为了加快建设速度，保证施工质量，香港房屋委员会提出了预制构件的概念，开始在公屋中使用预制混凝土构件。

早期的预制构件是在工地现场制造，主要从法国、日本等国家引入，为"后装"工法，即主体结构现浇完成后，外墙的预制构件在工地生产后进行逐层吊装，由工地负责质量。但由于整个预制构件行业及工人素质的差距，导致预制构件加工尺寸等难以精准控制，质量问题难以保证，且安装的构件与主体外墙之间拼接部分也容易出现渗水问题。为了改善尺寸精确度及渗水等问题，经过不断地研究和摸索，香港房屋委员会结合实际状况提出"先装"工法，即将所有预制构件预留钢筋，主体结构一般采用现浇混凝土，先安装预制外墙，随后进行内部主体结构现浇的方式。预制外墙既可作为承重的结构墙，也可作为非承重墙，由于先将墙体固定在设计位置，主体结构现场浇筑混凝土，现浇部分完全固结后形成整体结构，因此可消除预制尺寸精度不高等问题产生的误差，降低了构件生产的难度，提高了成品房屋的质量，而且整体式的结构提高了房屋防水、隔声等性能，基本解决了外墙渗水问题。外墙预制构件取得一定的成功后，香港房屋委员会进一步推动预制装配式的工业化施工，将楼梯、内墙板等进行预制，整体厨房和卫生间也改为预制构件，并要求在公屋建造中强制使用预制构件。

随着公屋设计的标准化，预制构件的生产逐渐趋于规模化，并带来了一定的效率和效益。1998 年后，私人商品房开发项目也开始应用预制外墙技术，但由于预制外墙的成本较高，预制技术并不普及。2002 年后，由于政府政策的大力推行，预制技术被大量使用。2001 年和 2002 年，香港屋宇署联合地政总署、规划署等部门，分别发布了《联合作业备考第 1 号》及《联合作业备考第 2 号》，规定露台、空中花园、非结构外墙等采用预制构件的项目将获得面积豁免，但外墙面积不计入建筑面积，可获豁免的累积总建筑面积不得超过项目规划总建筑面积的 8%。换句话说，其实是变相提高容积率，多出的可售面积可以抵消部分房地产开发商增加的成本。随着政府政策的推行，鼓励发展商提供环保设施，采用环保建筑方法和技术创新。目前，大部分私人商品房均采用外墙预制构件。

预制装配化是更清洁、更具成效和更安全的施工方法，能为可持续的房屋发展计划带来莫大好处，其效益主要体现在节约使用建筑物料、减少整体资源和能源的消耗、减少建筑废弃物的产生、营造清洁和健康的施工环境以及缩短整体建筑工期。此外，与传统的设计和建造方法比较，预制构件建造方法能提高项目的生命周期成本效益。

3.1.3　预制施工技术政策环境

为了推动预制施工技术的应用，提高预制建筑的占比，政府推行了一系列的政策、规范说明和措施。

（1）总建筑面积（GFA）豁免优惠

2000 年 4 月，香港特区政府成立了建筑业检讨委员会（CIRC）。2001 年 1 月，该委员会公布第一次报告内容，该报告列举了 109 项"改革"建筑业的改善建议，主要包括以下四个方面：①通过合作形式打造质量文化；②发展高效、创新的建筑业；③提高安全性及环境性能；④设计新的机构框架，推动行业改革项目的实施。建筑业检讨委员会建议改善建造业做法，并于 2001 年成立了临时建造业统筹委员会。此后，该委员会取得了诸多进展。在该报告发布前两个月，即 2000 年 9 月，建筑业检讨委员会针对环境友好和创新建筑成立了跨部门工作小组（IWG），该工作小组由六个政府部门和一个事务局的理事代表构成，屋宇署署长担任主席。六个部门分别是建筑署、屋宇署、机电工程署、房屋署、地政总署、规划署及房屋局。工作小组的基本目标是出台一套协调、合理的综合性政策，推动环境友好型建筑的发展，在发展绿色建筑的措施上起了积极的推动作用。

2001年2月，屋宇署、地政总署和规划署关于绿色创新建筑首次发表了《联合作业备考第1号》（以下简称"1号文"），该文件对七种指定的环保建筑设施提供豁免计入总建筑面积或上盖面积的优惠政策。这些设施包括阳台、加宽的公共走廊和电梯、住宅的公共空中花园、非住宅的公共平台花园、隔声板、遮光篷和反光罩、翼墙、进气管及风斗。继1号文之后，屋宇署、地政总署和规划署于2002年2月联合发表了《联合作业备考第2号》（以下简称"2号文"）。与1号文类似，五种环保建筑设施获得豁免计入总建筑面积、上盖总面积的优惠。这五种设施包括：非结构性预制外墙、实用平台、带邮箱的邮件派送室、隔声板、非住宅的公共空中花园。为了控制总建筑面积免税优惠对建筑面积带来的影响，规定除公用空中花园、公用平台花园、工作平台、非结构性预制外墙和隔声板外，总建筑面积中豁免面积的比例最大不能超过8%。自1号文和2号文发布以来，屋宇署已经批准了134项具有一个或多个环保特征的建筑提案。目前，已有129个满足1号文环保特征的项目和60个满足2号文环保特征的项目获批。

另外，开发商和设计师已经把环保概念应用到了《联合作业备考》以外的领域，预制混凝土构件的应用就是一个很好的例子。虽然只有非结构性预制外墙才有资格享受总建筑面积豁免优惠，但在过去两年批准的项目中，预制混凝土不仅仅应用在外墙制造上，近60%的项目采用了其他预制混凝土组件，如预制楼梯、叠合楼面板、预制结构组件。此外，其他环保型施工方法，如整体模板、太阳能板等已经应用到大量工程中。

2011年，屋宇署修订了《联合作业备考第1号》和《联合作业备考第2号》。预制构件发生了四个主要变化：①符合总建筑面积豁免条件的非结构预制外墙的最大厚度从300mm减少到150mm。②具有预制投射窗的非结构预制外墙的最大厚度从300mm减少到150mm。③符合豁免范围的投影窗的最大厚度由500mm减至100mm。④符合豁免总建筑面积的外墙饰面（标称厚度或整体厚度）的最大厚度为75mm。建设局在2010年和2015年推出了两项建筑生产力路线图，旨在提高建筑行业的生产力。根据其规定，在政府土地上开发的项目中，有选择性地强制进行容积预制。

（2）额外总建筑面积

有建议称应提供额外总建筑面积，以抵消因采用环保物料而产生的额外成本，但该建议还在进一步研究中。与此同时，一个涉及大量施工方法、施工设备、房屋设备的相关调查也正在开展，调查内容包括模板体系、可再生能源、废弃物自动收集系统等。建筑业已经做出了积极响应，提出了超越《联合作业备考》要求的绿色设计。尽管绿色建筑设计的势头正盛，但有必要采取整体方法促进其进一步发展。为此，香港正考虑建立一套绿色标签系统。

（3）规范说明

1）预制混凝土施工操作规范

当前，屋宇署已经发布了《预制混凝土施工准则》，以供建筑专家和从业者参考。该准则旨在促进该施工方法的应用，它既包括对设计、施工和质量控制的建议以及图片展示，也介绍了与楼板、梁、柱、内墙、外墙、凸窗、阳台等结构或非结构预制建筑构件相关的最佳实践。其涵盖的主要方面为工厂生产、运输、装卸及现场安装，还涉及设计和耐久性，如接缝水密性、生产及安装过程中的质量控制等。虽然该规范并不是法规性文件，但一般认为满足了该规范的要求即满足了《建筑物条例》及相关法规的要求。

2）绿色管理

医院管理局不断改善公共住房设施和环境，致力于为居民创造更加舒适满意的居住环境。为了给公共住房居民打造一个绿色健康的居住环境，医院管理局在规划、设计、施工、拆除过程中采取了多种绿色措施，充分考虑了能源节约、成本节省、废弃物管理、绿色环保等问题。由于预制建筑构件有助于减少现场施工产生的噪声和废弃物，医院管理局在很久之前就开始在公共房屋项目中采用预制外墙、预制楼梯等预制构件。改进后的预制和预浇筑系统尚在试验中，以期进一步减少施工废弃物及对附近居民的噪声干扰。在一定程度上，绿色管理也促进了预制和装配式预浇筑施工技术的应用。

3）预制施工试点项目

医院管理局对预制施工技术应用的研究探索从未停止。2005年3月，医院管理局向有利建筑有限公司批出了3.6亿港元的合同，是葵涌多层厂房重建建筑项目。该项目包括两座41层大楼改良的新和谐一型和一座36层大楼改良的新和谐附属五型，共有1983套住宅。在两座新和谐一型楼宇的建设过程中，采用了医院管理局内部开发的加强版装配式系统。尽管医院管理局还开发了一座非标准住宅，但整个试点项目仍然采用了标准化设计，以帮助承建商集中精力满足新预制系统的调整需求。

3.1.4　香港装配式发展趋势

香港作为世界上人口最稠密的地区之一，住房供需不平衡是香港亟待解决的问题。香港平均人口密度约为每平方公里6764人，由于土地供应有限，使得土地价格昂贵，导致香港广泛建造高层建筑。只有小部分人能负担得起私人住房，约有50%的人口居住在公共住房。超过10万名申请人在公屋租赁房屋委员会等候名单上，考虑到公屋需求和供应，这些申请人有可能需要等候至少七年才能搬入租住地点，对此，引起了社会的广泛关注。除此之外，香港建筑业也出现了一系列困境和制约因素，包括安全、劳工短缺、环境保护等。在这种社会经济背景下，在寸土寸金的地块上修建又高又密的筒子楼就成为了最经济的选择。

1. 塔中塔设计方案

在香港住房供需不平衡的背景下，一家叫Kwong Von Glinow的设计事务所给出了他们的方案——塔中塔（Towers Within a Tower）。建筑师将原本每层水平布局的公寓，重新垂直堆叠，分成了三个基本单元，并用不同颜色区分不同的单元。如图3-11所示，三个单元从左至右分别是32m²的单人房、37m²的双人房以及42m²的家庭房。每个单元都可以先在工厂进行预制，然后直接嵌入公寓楼的框架中，部分公寓内部展示如图3-12所示。

（1）塔中塔方案设计理念

1）从水平的公寓转换到楼塔，如图3-13所示。

2）从平面堆砌转换为塔楼堆叠，如图3-14所示。9个基本单元形成1个10m×10m×10m的基本模块，最后组成一栋完整的住宅楼，如图3-15所示。

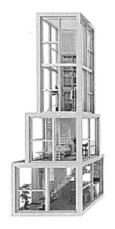

图3-11 三种不同类型的公寓

图3-12 公寓通道及公寓楼梯

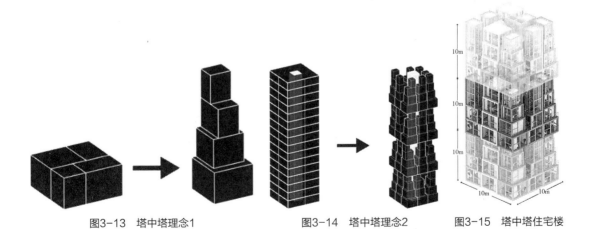

图3-13 塔中塔理念1　　　　图3-14 塔中塔理念2　　　图3-15 塔中塔住宅楼

（2）理念推广

　　由于该方案对周边楼宇的要求较低、灵活性较大、运用性较强。这种模式还可以被应用到不同类型的住宅,比如临街的骑楼、半山腰和山村的平房以及滨水和岛屿的住房,如图 3-16 所示。

图3-16　临街骑楼和岛屿住房

3.2　预制混凝土结构体系与技术分析

3.2.1　预制混凝土结构体系

本节对香港和谐式公屋中的两种预制结构体系和施工方法进行介绍和比较，重点介绍其中的一种新型预制结构体系，即先安装预制墙板体系的施工工艺和施工特点，希望能对我国内地住宅产业化的建设提供有益的借鉴。

在香港和谐式公屋中，大量地使用了预制外墙板。这种预制的外墙板预先已经安装了铝合金窗框，并且在工厂中已对结合部位进行了防水处理，相较于直接在现场进行防渗处理，效果更好。由于外墙抹灰、贴面砖等装修工程在工厂也已经完成，因此施工现场不再需要搭设外脚手架。在和谐式公屋的施工过程中，承包商们先后采用了两种预制墙板的安装方法，分别为后安装预制墙板体系和先安装预制墙板体系，二者的区别在于预制墙板与主体承重构件的施工先后顺序不同。

1.后安装预制墙板体系

后安装预制墙板体系的特点是预制墙板的安装在主体结构层施工完成之后进行，预制墙板的安装通常比主体结构层的施工慢。预制墙板通过固定在主体结构上的钢托架将荷载传递到主体结构上，墙板与主体结构之间的缝隙采用收缩性小的水泥浆以及密封剂填补，以起到防水及保护两者间连接件的作用。

后安装预制墙板体系经过几年的实践及应用之后，发现存在以下缺点：

（1）预制墙板的安装比较困难，在施工过程中可能存在安全问题。

（2）预制墙板与主体结构构件之间的缝隙可能会渗水，一般的填充及密封材料在使用10~15年之后可能老化，性能将大大降低。于是承包商们在后安装预制墙板体系的基础上进行改进，提出了一种新型的体系，即先安装预制墙板体系。

2.先安装预制墙板体系

先安装预制墙板体系是指在工作层施工过程中，先安装预制墙板，然后再现浇主体结构构件。预制墙板两侧预埋的拉结筋伸入承重构件（例如剪力墙）的位置，通过临时支撑固定好预制墙板后，再进行主体承重构件的支模和浇筑，这样预制墙板就与主体构件现浇在一起，无需再进行接缝处理。

与后安装预制墙板体系相比，先安装预制墙板体系具有以下优点：

（1）预制墙板和主体结构连为整体，解决了预制墙板和主体结构间的渗漏问题，减少了日后的维护费用；

（2）降低了预制构件吊装过程中坠落的危险；

（3）缩短了工期，例如香港目前的先安装预制墙板体系的施工速度可达4～6天完成一个施工层。表3-4给出了39层的和谐式公屋采用不同施工方法时的工期比较。

不同施工方法工期比较　　　　　　　　　　　　　　　表3-4

施工方法	工期
传统的大板施工	29个月
后安装预制墙板体系（8天/层）	26个月
先安装预制墙板体系（6天/层）	23个月

3.2.2 预制墙板的设计方法与施工工艺

1. 预制外墙的分类

预制外墙在大楼的结构体系中一般充当非结构性构件，不参与主体结构的受力作用，如图3-17所示。从预制外墙的自身结构出发，大致可分为以下三种类型：

图3-17　预制外墙实景

（1）"2边支撑，1边连结"型

预制外墙自身结构被设计为2边支撑，1边连结，将预制外墙的竖向荷载传递给两边的剪力墙或柱，预制外墙面上半部分的横向荷载传递给楼面板，下半部分的横向荷载通过窗户下的梁传递给两边的剪力墙或柱。预制外墙底设计有20mm的空腔，用来调整安装预制外墙的水平高度。在施工过程中，这些20mm的空腔不会封闭，以确保预制外墙的竖向荷载不会逐层叠加，从而避免下一层预制外墙承受设计以外的荷载。预制外墙结构示意模型如图3-18所示。

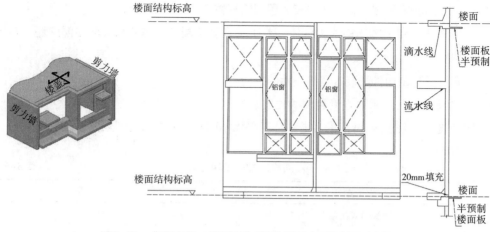

图3-18 "2边支撑，1边连结"型预制外墙立面和剖面示意图

（2）"3边支撑"型

预制外墙自身结构被设计为3边支撑，竖向荷载传递给两边的剪力墙或柱，预制外墙面上半部分的横向荷载传递给横梁，下半部分的横向荷载通过窗户下的梁传递给两边的剪力墙或柱。预制外墙底设计有20mm的空腔，用来调整安装预制外墙的水平高低。单层荷载可以传递给上一层或下一层的楼面梁，其结构示意模型如图3-19所示。

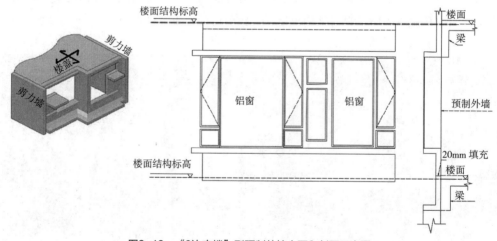

图3-19 "3边支撑"型预制外墙立面和剖面示意图

（3）顶梁型

预制外墙的顶部被设计成结构联系梁，作为大楼整体结构的一部分，其自身结构被设计为两边支撑或吊墙，竖向荷载被传递到两边的剪力墙或柱，预制外墙面上半部分的横向荷载传递给联系梁，下半部分的横向荷载通过窗户下的墙传递到两边的剪力墙或柱。预制墙底设有20mm的空腔，用来调整安装预制外墙的水平高低，其结构示意模型如图3-20所示。

2. 预制外墙的接缝

预制外墙接缝的防水效果直接影响到居民对预制构件的接受程度，根据不同地区的气候特征，选用特定的建筑材料来设计预制外墙的接缝是直接决定预制构件工程质量的重要环节。

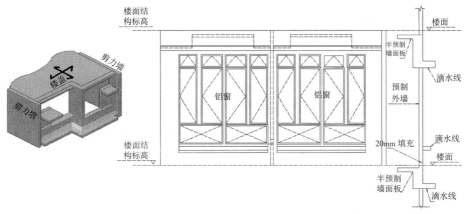

图3-20 "顶梁"型预制外墙立面和剖面示意图

（1）水平接缝

考虑到预制工厂的生产工艺水平和建筑工地工人的安装技术水平，水平横缝高度一般设计为20mm，这主要是用来平衡预制外墙尺寸的生产误差和安装误差。横缝一般采用企口缝（高低台阶），高度差在25~75mm之间，利用此构造以达到防水的目的。由于香港地区多雨且受台风影响，再结合以往的工程经验，通常取75mm作为最小高度差，该数据已充分考虑了雨水毛细作用的影响。如果单独使用平缝，除非在少雨地区，一般需要增加挡雨的雨篷或窗檐，而雨篷或窗檐在一定程度上会影响建筑物的外观。

水平接缝在设计上应满足预制外墙承受外界环境影响的变化，如热胀冷缩、风荷载等导致预制外墙尺寸变化从而间接导致接缝宽度变化。预制外墙水平接缝所采用的密封胶在材料性能上要求耐候性好（抗高温，抗低温），与混凝土相容，且防水、防霉性能好。

（2）竖向接缝

竖向接缝可分为湿式施工缝和干式碰口缝。

1）湿式施工缝

湿式施工缝即传统的混凝土施工缝。预制外墙一般伸入结构（剪力墙或柱）10~20mm，以便于预制外墙和现浇墙体的整体连接。预制外墙与相连结构构件的结合面应参照结构规范采用水洗法处理。在预制外墙结合面上设置凹槽，用来提高施工缝混凝土粘结效果，增强防水作用。若大楼结构没有合适的位置用来连接预制外墙，则可通过增加额外的构造柱来永久封闭预制外墙的垂直缝。

2）干式碰口缝

干式碰口缝被用来解决相邻预制外墙之间的碰口，通常在构造上设置两道防水胶条、一道防火胶条和不收缩砂浆，每层还应预留疏水孔。同时，还需考虑外界环境影响（温度、风荷载）可能引起的预制外墙的形变，该变形会导致预制外墙内部装修层产生裂缝。另外，由于防水胶条和防火胶条有一定的保养期（一般不超过10~15年），因此产生的维修保养费用问题需要在工程费用中预先考虑。除设计因素外，干式碰口缝对预制生产厂家的生产工艺（尺寸误差）和工地安装技术水平也有较高要求。

3. 建筑施工过程设计

（1）建筑过程模拟

为尽可能减少预制外墙板在施工现场的组装错误，可采用 BIM 技术模拟现场施工。BIM 技术的应用，加强了业主、建筑设计师、结构工程师、建筑公司和预制工厂之间的联系，将原本在建筑体系底层的预制工厂推到建筑工程的最前沿，形成了以预制工厂为主导的设计体制，有效加快建筑设计进程，使建筑公司能够提前掌握预制构件的施工方法，减少建筑工地的组装失误，从而加快工程进度。

（2）设计原则

1）预制构件吊点和重心分析

由于建筑外观设计不同，预制外墙形状各异，若要保证预制外墙在起吊过程中的垂直性，则必须对其进行重心分析，并合理设置吊点。不恰当的预制外墙吊点位置会直接影响到预制构件安装的安全性，还会增加安装时间。临时起吊的吊点安全系数一般为 3~4，吊链的安全系数为 5，起吊过程中，预制构件混凝土的最小强度取 $15N/mm^2$。

2）吊钉选取

对于薄壁的预制外墙而言，需要选用混凝土抗拔能力实用效果强的吊钉类型。

4. 先安装预制墙板体系的施工工艺及构件制作

香港和谐式公屋一般都为剪力墙结构。剪力墙是现浇的，而外墙板、楼梯、厨房、浴室等是预制的，楼板采用的是下部预制顶部现浇的叠合式楼板。

先安装预制墙板体系的一个典型施工层的施工顺序为：安装预制外墙板→固定剪力墙的钢筋以及预埋在剪力墙内的管线→安装和固定剪力墙的钢模→浇筑剪力墙的混凝土→吊装整体预制的厨房、浴室、楼梯等→搭设楼板施工所需的脚手架→安装预制混凝土楼板→在混凝土楼板上表面固定板现浇层的钢筋和楼板内的管线→浇筑楼板的上部混凝土，使楼板形成一个整体。下面重点介绍预制外墙板的制作和安装过程。

（1）预制外墙板的制作

预制外墙板的制作需要较大的场地，由于香港地价昂贵，故一般选择先在深圳的预制件加工厂进行预制件生产，然后运回香港工地进行安装。预制外墙板的主要制作过程如下：

1）模板清洁和组装。

2）在模板内表面涂脱模剂。

3）将加工好的钢筋予以固定。靠墙外侧的钢筋保护层为 30mm，墙内侧方向的钢筋保护层为 25mm，为确保钢筋保护层的厚度，必须均匀地放置定位片。

4）将吊环、预埋管线等预埋件用铁丝固定、就位。

5）将铝合金窗框安装就位。

6）检查所有钢筋、预埋件、窗框的位置、数量是否正确，并做好清洁工作。

7）浇筑混凝土。混凝土由搅拌车直接卸入料斗后，用龙门架吊至模板上方。混凝土浇筑速度宜保持均匀。

8）混凝土振捣。为确保底层混凝土密实，可采用插入式振捣器。

9）表面抹平，以保证混凝土表面密实、光滑。

10）覆盖帆布，以防止水汽蒸发产生裂缝。

11）混凝土初凝后，每隔 2h 洒一次水。

12）蒸汽养护。

13）混凝土浇筑养护 12h 之后，进行混凝土强度测试，当现场测试的混凝土强度达到 $10N/mm^2$ 时，预制墙板可开始脱模。

14）用吊车将预制墙板放置在堆放区，起吊时采用龙门吊和担梁，以保证起吊过程中外墙平直；存放的外墙底部要放置木梁支承，以确保外墙保持直立，防止倾斜造成的损坏。预制外墙板放置期间应连续 4 天每隔 2h 喷洒一次水，以养护混凝土。

15）在进行了检查和必要的修护之后，开始对墙板进行装饰，例如抹灰、贴面砖等。

16）对墙板边缘处的面砖进行保护，以免后面在浇筑剪力墙时玷污面砖。至此，预制外墙板制作完成，存储在堆放场，等待运输和安装。

（2）预制外墙板的安装

1）当施工层的楼面混凝土浇筑完成之后，在下层预制外墙板的上端粘贴垫块。

2）用吊索和担梁将预制外墙板提升到要求的位置。

3）安装临时斜撑和槽形支架，将预制外墙板临时固定。

4）调整预制外墙板，直至定位准确后释放吊索。

5）调整斜撑，保证预制外墙板竖直。

安装完预制外墙板之后，再进行剪力墙的钢筋固定、支模和混凝土浇筑。为了避免预制外墙板的荷载逐层累积，预制外墙板的荷载将直接传递到两侧的剪力墙上，预制外墙板与剪力墙浇筑到一起，而预制外墙板与楼面板分离，二者之间有 20mm 的缝隙。

3.3 预制施工技术的应用及障碍

3.3.1 预制施工技术的特点

在我国香港，大多数建筑项目采用现场施工方法，建筑业被认为是劳动密集型行业，存在极高的风险和较大的浪费。2016 年，建筑业占国内生产总值（GDP）约 4.7%，而在我国香港约占总劳动力的 8.6%。2015 年所有工作场所的职业伤害人数为 3.75 万人，雇员的伤害率为 12.8%，各行业的工业事故数量为 1.17 万起，事故意外率为 1.9%。然而，2014 年建筑业职业伤害人数为 3467 个，事故意外率高达 4.19%，已超过各行业平均意外率的两倍。

建筑行业的一个关键问题是产生大量建筑废弃物。2015 年,产生约 2400 万 t 建筑废弃物（约每日 65753t），其中 6% 在垃圾填埋场处理，其余 94% 在公众填土区。惰性建筑废弃物占建筑废弃物的 90% 以上。大部分非惰性建筑废弃物将在垃圾填埋场处理。公共垃圾填埋场的容量将在不久的将来用完。自 2005 年起，环保署设立了一项建筑废弃物处理收费计划，推行污染者自付原则，为减少建筑废弃物的建筑专业人士提供经济奖励。根据该计划，建筑废弃物被分类并处置以便再循环利用。这项政策促进了香港建筑业废弃物最小化行动。预制施工技术已被确定为有效减少建筑新建过程中产生的建筑废弃物。

预制是一种制造过程，通常在专门的设施中进行，其中各种材料被连接以形成最终安装的组成部分。预制施工方法的整个过程可分为三个阶段：第一阶段是通过专门设施生产预制构件，第二阶段是将这些构件从工厂运输到施工现场，第三阶段是在现场通过起重机械安装预制构件。

与传统的建筑方法相比，预制方法具有以下特点：

（1）更好的建筑质量；

（2）提高施工速度；

（3）减少建设总成本；

（4）减少建筑废弃物；

（5）减少环境影响；

（6）改善工人工作条件和健康安全；

（7）减少劳动力；

（8）降低维护和修理费用；

（9）减少对建筑工地周围居民的环境影响；

（10）减少施工期间的纠纷。

预制技术在20世纪80年代中期首次引入香港，最先在公屋建造中应用，具体内容为公屋采用预制构件和标准模块化设计。此后，房屋委员会建议在所有公屋合约中使用预制单位及可重复使用的模板。2002年，预制构件占公共住房项目总体混凝土用量的17%，使用的主要预制构件是外墙、楼梯、护栏、隔墙（干墙）和半预制板坯。临时建造业统筹委员会在2002年提交的报告显示，预制混凝土的比例会逐步增加至30%。2005年，一个试点项目将预制率提高到65%，其中包括预制厨房、浴室以及结构墙。

由于房屋委员会在过去30年的集中努力，预制技术在香港公屋中的应用变得非常流行。然而，预制技术在私营部门的应用仍然具有挑战性。与传统的施工方法相比，在私营部门，由于预制成本略高，大多数开发商对使用预制技术犹豫不决。之前的案例研究表明，预制的单位成本平均比传统的现场施工高出约1.4%。最近的另一项研究估计预制成本为2560~2625港币/m³，而传统建筑的单位成本约为2250港币/m³。最近的一个试点项目将预制混凝土的使用扩展到每层50%的混凝土体积，采用半预制板和阳台、预制楼梯、预制幕墙、凸窗、预制结构墙、预制浴室和厨房。该项目的施工周期为5天，将施工时间缩短了20%。与传统建筑相比，主要成本节约还包括：材料使用（避免使用木材模板节省的224t木材）、现场劳动力需求（减少30%）和建筑废弃物（减少69%）。因为预制结构不需要外部脚手架，因此节省了外部脚手架的成本。在最近的案例研究中采用预制技术时，平均减少了65%的建筑废弃物、16%的现场劳动力需求和15%的施工时间。

香港作为预制构件使用较多的地区，具有以下明显优势：

（1）具有丰富的预制结构经验

长期以来，香港采用预制结构。除了香港的公共房屋计划外，20 世纪 80 年代中期首次开发预制建筑物（例如自置居所计划或居屋计划），公共住房项目中引入了预制和标准模块化设计。最常采用的预制构件包括护栏、预制外墙、隔断墙、半预制板、楼梯、厨房和预制浴室。2002 年，预制构件约占公共住房项目消耗的混凝土总量的 17%。

最近，香港的预制构件已经从简单的隔墙发展到高度复杂的预装部件。图 3-21 展示了香港住房领域的典型预制构件。香港早期在公共房屋预制方面的丰富经验，对预制构件的发展具有重大影响，并启发了私营机构的预制创新，包括使用预制楼梯、立面、横梁、楼板浴室。私营部门的创新也影响了公共部门使用预制结构墙和永久模板。丰富的经验使香港预制行业的创新能够继续蓬勃发展并获得回报。

图3-21 典型预制构件

（2）在房屋预制构件生产中率先使用信息技术

香港房屋委员会（HKHA）率先在房屋预制构件生产中使用信息技术（IT），例如房屋建筑管理企业系统（HOMES）和射频识别技术（RFID），本段重点讲述 RFID。最初，RFID 作为替代条形码系统来识别物品的替代技术被引入。与条形码和磁条系统相比，RFID 可以存储大量的数据，通过加密这些数据来提高数据安全性。此外，RFID 可以同时读取多个标签中的数据，从而提高数据处理效率。与条形码和磁条系统不同，RFID 读取器和标记物品之间不需要直接接触，这是由于 RFID 使用无线电波进行数据传输。同时，也可将数据写回至 RFID 标签中，从而显著增加物品、系统和用户之间的交互。近年来，由于 RFID 可自动识别解决方案、简化数据采集，其在制造、物流和零售领域得到了广泛的应用。RFID 还被用于阅读仪表，防止商店商品被盗，跟踪铁路车辆和联运货物集装箱，收取通行费，进行农业和动物研究等方面。该技术在建筑行业中也具有较大的应用潜力，例如 HKHA 和香港地铁公司已将 RFID 用于标记珠三角地区海上制造的预制构件。

（3）香港特区政府对预制构件生产极为重视

自 2000 年以来，香港特区政府出台了一系列鼓励可持续建筑的政策，在建筑项目中采用预制建筑构件。香港房屋委员会在推动香港广泛使用预制方面发挥主导作用，而私营机构应用预制的能力通过培训以及相关政策的指引，也得到了提高。

3.3.2 预制混凝土技术的应用

1. 基础设施建设

香港地区土木基本建设工程中大量采用的预制混凝土产品主要有以下几类：短线法匹配预制的预应力混凝土桥节段箱梁、用于隧道掘进机（TBM）施工技术（包括铁路公路隧道和大型排水管道）的混凝土内衬管片、用于填海工程或港口码头建设项目的预制混凝土沉箱以及其他大型海工混凝土预制构件。

（1）预应力混凝土桥节段箱梁

位于九龙半岛的红磡道是香港第一个在远离架桥施工现场的预制厂进行节段预制的分段拼装式预应力混凝土高架桥项目。高架桥全长约 4km，1686 件预制节段箱梁由中威公司下属位于珠海的预制厂采用短线法混凝土节段箱梁匹配预制，经海路运抵香港施工现场采用平衡悬臂法安装，整个项目已于 1999 年完工。自此之后，短线法节段预制的预应力混凝土桥梁设计被运用于香港地区几乎所有的公路铁路高架桥，包括连续梁设计（平衡悬臂法架设）和简支梁设计（逐跨架设）的桥梁。在匹配预制的过程中，通过测量和整体坐标与局部坐标之间的转换，以及对匹配梁空间位置（局部坐标）及姿态的调整，实现对桥梁的线形和姿态的控制。整个过程需要设计、生产、测量团队的密切配合，而匹配预制模具的设计是其中极为重要的环节。

（2）预制混凝土隧道内衬管片

预制混凝土隧道内衬管片是伴随隧道掘进机技术发展起来的预制混凝土技术。由于地理环境条件限制，隧道工程在香港基础建设和市政工程中占很大的比重。20 世纪 80 年代以前，香港的隧道工程以明挖法、钻爆法、沉管（海底）等施工方式为主。早期的 TBM 技术在香港主要应用于管径较小的污水处理系统、给水排水系统及地下电缆系统的隧道工程，如 20 世纪 90 年代开始的策略性排污第一期工程隧道，其内径为 2.36~5m；2004 年完成的排水系统改造工程隧道，其内径为 4.4m；2013 年完成的港岛西排水工程东西两条隧道，其内径分别为 6.25m 及 7.25m。随着技术的不断进步，TBM 施工技术开始被运用于直径更大的铁路和公路隧道工程项目。其中包括 2008 年完工的原九广铁路九龙南线（现 MTR 西铁线一部分）佐敦道经广东道至梳士巴里道的隧道，其内径为 7m。到目前为止，香港地区直径最大的 TBM 隧道工程为已建成的港珠澳大桥配套工程屯门至赤腊角公路北段隧道，最大的一段内径为 15.4m。这也可能是到目前为止，世界上采用 TBM 技术口径最大的隧道。

香港铁路和公路隧道采用的预制混凝土隧道管片对混凝土的强度、耐久性、防水性、防火性、成品的尺寸及水密性有非常严格的要求，使用过程中需实行严格的质量控制和验收标准。一般要求混凝土含有硅粉或对产品进行水养护，以保证混凝土的防水性和耐久性，同时还要求在混凝土中加入 1%（50MPa 混凝土）或 1.5%（60MPa 混凝土）聚合物纤维以提高混凝土的耐火性能。此外，每一个项目对混凝土都有不同的具体要求。因此，即使预制混凝土隧道管的制造技术已相当成熟，每一个新的项目仍需要预制厂家认真对待。值得一提的是最近 30 年发展起来的钢纤维增强混凝土技术已广泛应用于欧美、澳大利亚以及新加坡等地的预制混凝土隧道管片。与普通钢筋混凝土隧道管片相比，钢纤维混凝土在性能上有很多优越性，可以不用或只用很少量的钢筋。香港也曾将这一技术应用于莲塘2项目一段约1km长的临时隧道（内径12.6m）。

（3）大型海工混凝土预制构件

由于香港地区的特殊地理环境，大规模填海工程及港口工程在基础建设工程中占很大比重。湾仔二期中环湾仔绕道项目的填海工程中，采用了大型预制混凝土重力式沉箱海堤的设计。总数21座自重1100~3200t的沉箱于东莞沙田镇建造，再用半潜式驳船经海路运至香港维多利亚港海面，由总承包指定的专业施工单位在海面上卸载和安装。整个项目的关键是怎样将沉箱从陆地移上驳船，中威公司采用了国内研发的气囊搬运技术。为此，对预制场地的地基基础进行了改造：设计和建造了桩基础的沉箱生产平台和运输通道；设计和建造了混凝土结构的沉箱上驳专用码头，该码头与水文条件及半潜驳船吃水深度相匹配。生产平台、运输通道及上驳码头均满足沉箱自重每平方米高达13t的受力要求，保证了沉箱预制生产和运送安全顺利进行。

2. 房屋建设

香港的房屋建设工程可分为两大类：住宅建筑和大型商业公共建筑。

（1）住宅建筑

由于地少人多的特点，香港的住宅大部分为30层以上的高层建筑。特区政府从政策上鼓励在住宅建设中尽量采用预制混凝土技术，以解决包括环境保护在内的许多问题。同时，由于预制混凝土技术很好地解决了外墙渗漏的问题，使采用预制混凝土技术的住宅与不采用预制混凝土技术的住宅相比，施工质量得到明显改善。

在香港的高层住宅建设中，承重的混凝土柱和墙极少采用预制技术，主要原因在于柱与柱的连接和柱与梁的连接技术难度较高，以及施工阶段柱的临时支撑设计较为复杂。另外，房屋署的住宅项目与其他私人发展商或公营机构的住宅项目，在设计和预制混凝土技术的应用方面也有所不同。私人发展商或其他公营机构如港铁、房屋协会的住宅项目设计通常采用的预制混凝土构件有以下几类：

1）非承重的预制混凝土外墙，包括有凸窗和没有窗台；

2）承重墙的预制混凝土永久性模板；

3）部分预制的混凝土阳台和设备平台；

4）预制混凝土楼梯。

采用上述预制混凝土构件后，高层住宅建筑混凝土结构施工的周期最快可达4天一层。由于须考虑结构安全，全预制的混凝土悬臂结构已在设计中禁止使用。上人的阳台必须采用悬臂梁+简支板的结构形式，而且只可以部分预制。鉴于以上限制，预制技术目前在阳台的建造中已经较少使用。与私人发展商的项目不同，房屋署的住宅项目如公屋计划，通常采用标准化设计，因而使用预制混凝土的比重更大。除了以上介绍的几类预制混凝土产品外，整体预制的卫生间已成为标准化产品，预制混凝土内墙板也大量使用。

（2）大型商业或公共建筑

与住宅建筑不同，香港大型商业和公共建筑的主立面设计通常以玻璃幕墙为主。预制混凝土技术主要应用于结构墙柱以外的受力构件（包括预应力/非预应力的混凝土梁、板、双T形梁、楼梯等），以及部分立面的非结构外墙。其中最具代表性的是落马洲出入境大楼，其预制技术应用于除结构柱以外的所有混凝土工程，包括预应力/非预应力的半预制梁、U形梁、楼面板、楼梯、外墙挂板等。

3.3.3　预制施工技术的障碍和建议

1. 预制施工技术的障碍

在本小节中，通过文献综述、问卷调查、专家访谈等方式，对阻碍香港预制构件发展的因素进行归纳总结，最终确定了6个主要因素：

（1）设计变更不灵活；

（2）缺乏现场存储空间；

（3）接纳程度不高；

（4）设计时间较长；

（5）初始成本高；

（6）总成本高。

"设计变更不灵活"被认为是使用预制件的主要障碍。在访谈调查中，一些受访者提到设计修改在施工阶段很常见，因为客户总是在设计阶段后提出新想法，且施工期间的其他一些事件也可能导致设计变更。因此，客户更喜欢灵活的施工方法。

"缺乏现场存储空间"是使用预制件的第二个障碍。如前所述，香港正面临土地短缺问题，而大部分建筑地盘规模较小，特别是在私人楼宇内兴建1~2座高层住宅楼宇。用于存储建筑材料和预制构件，需要很大的存储空间，这可能会严重影响私营部门预制构件的使用。相关资料显示，在密集的城市环境中，预制构件约占典型楼面面积的22%，小场地面积项目可能强制使用预制构件。因此，使用BIM和即时管理是一种解决方案。

"接纳程度不高"也被认为是采用预制构件的重要障碍。首先，传统方法广泛用于香港的建筑业，业界很难接受重大改变，因此建筑专业人士可能不愿意采用预制。其次，预制对私营部门来说仍然是新的。此外，香港的大部分建筑工作人员没有足够的预制建筑经验，这也延长了预制的引入时间。

"设计时间较长"是私营部门阻碍预制构件发展的另一个因素。在公屋建筑中，采用模块化设计可缩短设计时间。在私营部门，建筑师的目标是最大化可销售面积和最小化建筑费用，以便开发商的利润最大化，这可能会延长设计周期以满足客户的要求。然而，许多受访者表示，随着科技的进步和社会的快速发展，设计的速度将在未来得到提高。

成本是项目最重要的因素。"高初始成本"和"高总成本"都被列为采用预制技术的障碍因素，主要原因在于需要专门的工厂来生产预制构件，并且还需要其他相关设施设备，例如质量试验机和安装机。项目在开始时购买预制设施设备价格昂贵，由此带来的高初始成本对建筑行业来说是一个沉重的负担。调查显示，大多人认为预制成本是采用预制的一个巨大障碍，但一些人指出，总成本取决于项目的规模。如果项目规模大，重复设计，预制构件的数量会明显增加，因此，每个构件的成本将会降低。如果项目很小，由于初始成本高，预制的平均成本会更高。此外，近年来劳动工资一直在增加，预制方法减少了对建筑工人的需求，这可以在采用预制时节省成本。相关数据研究表明，预制的建造成本仅比传统建筑高 0.25%~3%。较高的初始成本与专业工厂生产预制构件的需要、钢模的使用、质量检测设备和所需的支持服务有关，这些设施的购置成本和相关的维护成本是建筑公司的巨大负担。

2. 相关建议

（1）准时生产

为解决使用预制构件的障碍，一些受访者建议采用准时生产（JIT）理念，也称为丰田生产系统。该系统由丰田开发，包括管理理念和实践两方面内容，旨在减少生产中的流程时间和从供应商到客户的响应时间。在准时生产理念中，存储空间的需求更少，材料应在合适的时间和地点，以正确的数量交付。准时生产理念通过消除每个过程中的浪费和不断优化流程来提高产品质量。它减少了由于生产过剩、等待时间、运输、加工、储存和处理产品过程中造成的浪费。预制构件被直接送到现场进行装配，没有库存，节约了空间和费用。

这一理念可以解决香港建筑行业"缺乏现场存储空间"的问题，为预制构件"零库存"的实现提供了良好的解决思路。此外，在工厂预制中使用准时生产理念可以避免生产多余的预制构件，并且可以在施工阶段为设计变更提供灵活性。

（2）BIM 技术

BIM 是一项革命性技术，它利用坐标信息在整个生命周期内对建筑进行分析、模拟、可视化和计算，从而帮助专业人员提高效率、降低成本，实现建筑的可持续发展。BIM 使建筑项目各参与方之间能够协同运作，从而提高整个项目生命周期的生产率和可持续性。使用BIM 技术，可以解决在设计、生产、运输、安装和维护阶段存在的许多问题。在项目建设过程中，BIM 可以对施工现场进行模拟和碰撞检测，从而有助于预测项目的成本和进度，减少现场干扰和空气污染，并使得设计变更更加的灵活。

（3）建立预制协会

日本预制建筑供应商和制造商协会（JPA）于 1963 年由日本建设省、国际贸易和工业部联合组建。从那时起，日本预制构件的使用逐渐增加，香港特区政府可以多加学习，并结合自身的实际情况建立相应的协会。

当然，协会中的沟通交流和资源整合也极其重要，可定期举办研讨会，以促进不同参与者之间的知识共享。此外，"保守的行业文化"是采用预制构件的另一个障碍，为此，协会可能会为建筑专业人士提供一些培训计划，以帮助其熟悉和接受这种建筑方法。最后，协会需要帮助人们认识到预制建筑的优势，并鼓励他们选择预制房屋。所有这些努力都将提高客户信心，提高预制结构的质量，并降低预制建筑的总成本和建设周期。

（4）实施预制构件评分制度

香港的建筑业正面临着资源浪费、建筑废弃物处理不当等问题，预制构件被认为是解决这些问题的方法之一。因此，政府可以采取一些强制措施来解决这个问题。由于新加坡在解决类似问题方面有成功经验，我国香港特区政府可以借鉴这方面的经验。

新加坡建筑局在 1999 年对可建造性提出了强制性要求，并于 2000 年颁布了一套行为准则，其中规定了不同类型建筑项目的最低可建造性评分要求，香港特区政府可采用类似的评分制度，以减少建筑物的废弃物产生。在该系统中，应该给予绿色建筑一定的奖励分数，并且预制构件必须是其中之一，这将有效地促进预制构件的使用。

（5）增加消费者的信心

为了实现规模经济以降低预制成本，有必要增加预制建筑的需求。改善预制建筑的展示效果是刺激这种需求的直接方法。在日本，预制建筑被视为优质的建筑产品，这是促进预制使用的有用策略。为增加香港预制楼宇的需求，香港发展商可采取类似的营销策略，以强调预制楼宇的品质，增加消费者购买预制建筑的欲望。

3.4 案例分析

3.4.1 香港启德 1A 发展项目

1. 工程概况

香港启德 1A 发展项目位于前启德机场，属于"香港十大基建计划"之一，该项目的平面图及 3D 模型如图 3-22 所示。项目占地面积约 3.47 万 m^2，总建筑面积约 23 万 m^2，总投资约17.47 亿元，建筑工期为 28 个月，于 2010 年 7 月 28 日正式动工，于 2013 年完工。

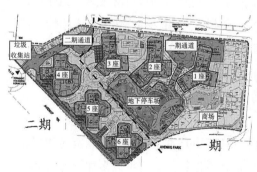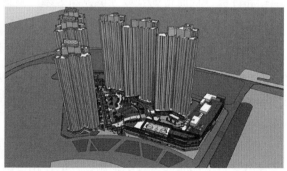

图3-22 项目平面及3D模型演示

2. 设计特点

该项目共有 4 种标准户型，如图 3-23 所示，其中包括 1~2 人单位，实用面积14.05m^2；2~3 人单位，实用面积 21.493m^2；3~4 人单位，实用面积 30.118m^2；5~6 人单位，实用面积 36.948m^2。4 种不同标准户型共同组合成两种单体平面图——Y 形和十字形，如图 3-24 所示。

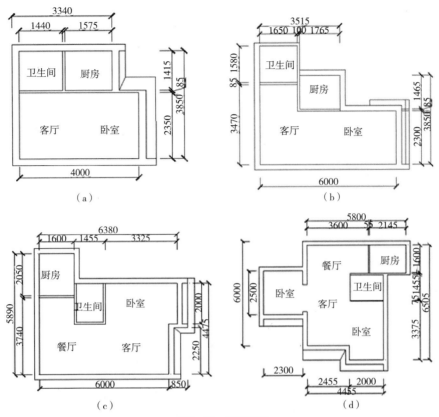

图3-23 标准户型
（a）1~2人单位；（b）2~3人单位；（c）3~4人单位；（d）5~6人单位

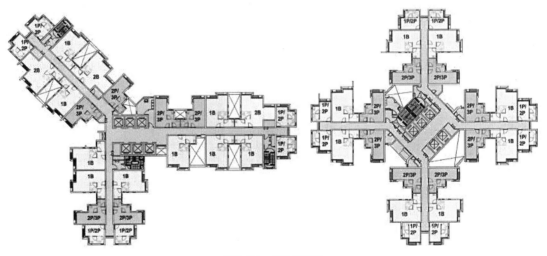

图3-24 单体平面图

3. 施工特色

本项目大量使用预制构件，包括半预制楼面板（图3-25）、预制整体式厨房和卫生间（图3-26）、预制外墙（图3-27）、预制楼梯（图3-28）、预制隔墙（图3-29）、预制梁（图3-30）、

图3-25 半预制楼面板

图3-26 预制整体厨房和卫生间

图3-27 预制外墙

预制垃圾槽（图3-31），半预制楼面板的钢筋焊接骨架网如图3-32所示。本项目还采用了"四节一环保"技术措施，包括海泥资源化利用技术、太阳光电应用技术等。此外，项目在设计和施工管理中运用了BIM进行虚拟设计和模拟施工分析。

本项目大楼保证六天一层的流水循环施工。第一天：安装外墙、扎墙身铁、预制厕所灌浆及嵌墙身铁板模；第二天：嵌墙身铁板模和绑扎钢筋；第三天：浇筑墙体混凝土；第四天：升铁模工作台、安装预制楼面板、安装预制厕所和厨房；第五天：扎楼面铁网和安装灯管、水龙头等；第六天：扎剩余楼面铁，浇筑楼面混凝土，具体如图3-33所示。

图3-28 预制楼梯

图3-29 预制隔墙

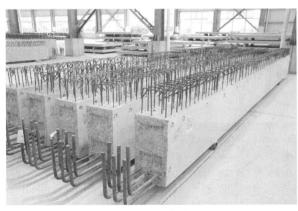

图3-30 预制梁

图3-31 预制垃圾槽

图3-32 半预制楼面板钢筋焊接骨架网

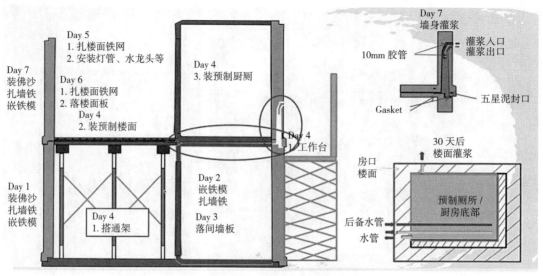

图3-33　六天一层的流水循环施工

4. 综合管理执行情况

（1）质量管理

项目质量管理的内容包括：编制工程计划及施工方案，定期召开质量小组工作会议，进行工序交底，制定泥水施工及物料审批综合手册，执行二次样板及三检制度，如图3-34所示。同时，还需定期到铁模和预制构件厂进行质检。此外，为更好地管理物料，还应定期到现场进行物料施工演示和抽检物料。

图3-34　质量管理

（2）安全管理

本项目实行分区责任制，由不同的人专项负责。本项目还推行安全龙虎榜，推动工地安全工作，选出安全工友，提升工地安全文化。此外，施工现场引入日本安全文化中的"指差呼称"活动，以提高工人精神状态及警觉性，避免因疏忽、错误等引起的意外。同时，项目中使用密封式升降机槽安全闸门，该设计曾获得第八届香港职业安全健康大奖2009安全改善项目优异奖，还特别设计防坠器，配合安装临时围栏及柱头边沿工作，以及特别设计楼宇边缘安全围栏，有效降低高空工作风险，如图3-35所示。

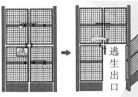

图3-35　安全管理

（3）环境管理

项目现场设有洗车池、密封式垃圾槽、密封式英泥仓、环保缸等。设置磅桥，能有效控制泥车重量。使用临时省电器、自动电灯感应器、预制铁网等，且在施工现场进行废弃物分类与回收，以减少弃置堆填区的废弃物量，并用奖赏与协助的方法鼓励工人自觉将废弃物分类后再放置在指定的位置，再由工地集中回收，以增加回收效益，如图3-36所示。

图3-36　环境管理

3.4.2　香港泓景台Ⅱ期工程

1. 工程概况

泓景台Ⅱ期工程位于香港九龙荔枝角地区，为酒店式公寓，其8层以下为裙房，8层以上通过一个3m高的转换混凝土平台，有8座分开的独立楼宇。工程分为两期：第一期4幢，第二期4幢，分别为56、57、58、62层，建筑面积96823m²，由上海建工集团控股的香港建设总承包，在第二期工程中大量采用了预制件施工（图3-37）。

2. 预制构件种类

香港建筑工程一般包含三类不同设计的预制件，泓景台Ⅱ期工程亦如此，包括预制窗和窗台（预制佛沙）、预制外墙及预制阳台，使传统的钢筋、模板、混凝土的结构施工成为钢筋、预制件＋模板、混凝土施工，其中有些楼盘的楼梯也采用预制方式。

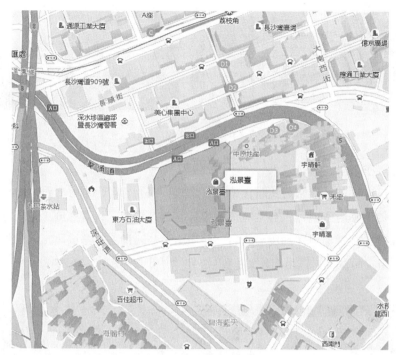

图3-37　项目所在地

（1）预制佛沙，其优点是铝窗框预先装在外墙上，这种在工厂已对结合部分进行防水处理的做法比现场安装时再进行防渗漏处理的效果要好，如图3-38所示。

（2）预制外墙，其优点是在制作预制外墙时预先将外墙瓷砖安装在成型铁模上，再浇筑混凝土完成预制外墙的制作，即在加工厂已将外墙瓷砖粘在外墙表面，这样大大提高了外墙瓷砖的附着力，避免了日后外墙瓷砖脱落的情况。

（3）预制阳台，其优点是施工时预留钢筋同楼板钢筋按规范搭接，同楼层板一次浇筑成型，避免了阳台开裂和倒塌的危险（图3-39）。

图3-38　预制窗

图3-39　预制阳台

除以上各类预制构件独特的优点以外，其也能给施工带来好处。品质控制方面，由于预制构件是在厂房制造，所以可用标准工厂模式进行质量的控制。在质量控制上，相对在工地现场更容易、规范和可靠。在工期方面，预制构件生产不占绝对工期，而且由于外墙砖、铝窗框均已事先安装好，完成后的外墙即为最终完成结构，因此无须在建筑施工时搭设全封闭式的安全围护（但需要一层安全操作平台），从而大大提高施工速度。由于外墙预制构件同时可作为外墙施工的外模板，施工时只需配合成型铝模板的安装，既无施工中拆除外墙的工作，又能有效减少木模板所带来的废料（由于香港楼宇形状各异，外墙模板需用大量木模）。香港特区政府为提倡此种施工方法，立法明确所有预制构件所带来的面积不计入楼层的建筑面积，而开发商对外售楼时可计算此部分面积。这样大大提高了开发商用预制件的积极性。

3. 预制构件安装需要注意的几个问题

（1）预制构件作为模板系统的一部分，整体性要好。因为香港许多高层建筑墙身用C60混凝土，坍落度在230左右，在浇捣混凝土的过程中，对模板的侧向压力很大，仅仅依靠预制构件自身的固定是不够的。因此，在预制构件安装前不仅要预装配，同时要进行整体受力分析，在安装前彻底解决预制构件移位的问题。

（2）重视规格楼面铝模和预制件加固点的位置以及楼面建筑施工缝的处理。因为在现场施工经常由于情况的变化导致预制构件的加固发生问题，造成本应在工厂预埋的物件延移到施工现场处理，无端消耗了人工和时间。

（3）注意预制构件边角的处理，由于预制构件为混凝土制品，其边角在运输过程中很易破损，造成同规格铝模或铁模交界处漏浆情况严重，给现场施工带来很大不便，所以应在加工厂内就应在必要的位置加埋金属护边，虽然这是很小的细节问题，但对现场具体施工而言，却非常重要。

（4）预制构件吊装时，由于是混凝土制品，吊耳的构造多注意其承受垂直的拉力，往往忽略了在吊装过程中可能受到的侧向拉力，极有可能造成重大事故。因此，在吊耳设计中要全面考虑受力情况，做好相应加固处理。

4. 经济分析

以本工程为例对预制构件经济效益做简单分析和对比，见表3-5和表3-6。

传统现浇经济效益分析 表3-5

平均单价	消耗数量	费用（万$）
木模板供应安装单价：60$/m²	模板面积30500m²左右	183
钢筋人工单价：1080$/t	钢筋消耗900t左右	97.2
钢筋材料平均单价：1700$/t	钢筋消耗900t左右	153
C45混凝土材料单价：600$/m³	C45混凝土4600m³左右	276
混凝土浇捣人工单价：70$/m³	C45混凝土4600m³左右	32.2
外墙砖材料单价：25$/m²	外墙砖30500m²左右	76.25
外墙砖人工单价：84$/m²	外墙砖30500m²左右	256.2
	总价	1073.85

资料来源：香港地区超高层建筑施工中的预制件应用。

预制构件经济效益分析 表 3-6

内容	费用（万 $）
预制件制作、运输	892.7
预制件安装、人工	110
总价	1002.7

资料来源：香港地区超高层建筑施工中的预制件应用。

比较上述表 3-5 及表 3-6，单从经济直接数值来看，采用预制件对承包单位是有益的，其中最重要的是工期带来的效益，采用预制件可以达到 4 天一层的速度（本工程即以 4 天为一标准节奏），而用木模板现浇至少需要 7 天一层，且不包括由此带来大量的现场废弃木料的处理，以本项目标准层平均 49 层 / 幢算，用预制件可提前 150 天左右，若以拖期每天罚款 20 万港币来计，则可节省费用约 3000 万港币。

3.4.3 香港唐明苑住房项目

1. 项目简介

唐明苑住房项目位于将军澳 57 区。该项目包括三座 41 层和谐式楼宇、一个停车场和一个地面超市，合同总金额为 69.9 亿港币，由一家本地承建商建造。这类和谐楼宇的基础结构包括楼板、位于楼翼成对出现的剪力墙以及位于中央核心的电梯井筒。每层楼有 16 间房，分为四翼，汇聚于中央核心。开放式走廊可以最大程度获得自然采光和通风效果。剪力墙系统将恒荷载和活荷载都转移到中央核心，最终转移到地基，其所有承重组件都是现场浇筑的。在香港房屋委员会的强制要求下，该项目采用了大型平板模板、预制混凝土外墙及楼梯。

2. 施工顺序

为适应模板和混凝土浇筑的时间安排，普通楼层的施工设计确定了为期 4 天的循环顺序。按照这个顺序，每天早上浇筑特定翼的墙壁，下午浇筑另一翼的楼板。每天从 7：30 到 18：30，重复同样的过程。每日工作负荷基本相同，混凝土每日最大浇筑量不得超过 150m^3。下面阐述每天进行的任务。

（1）第 1 天：预制外墙和混凝土墙

早上，利用塔吊将四组位于地面的预制外墙起吊到翼墙的设定位置。同时，外墙板临时支撑在较低的平板上，并用两个支撑架和临时撑柱固定。然后，绑扎墙壁钢筋和线管，钢筋应从低层开始固定。下午，检查好模板精度和垂直性之后，即可浇筑混凝土。图 3-40 展示了第 1 天的施工技术流程。图 3-40~图 3-44 展示了楼层施工循环第 1 天的真实情况。

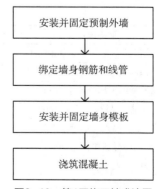

图3-40 第1天施工技术流图
（资料来源：《香港装配式技术发展（一）》）

图3-41 架设并固定预制外墙（第1天步骤1）

图3-42 绑定墙身钢筋和线管（第1天步骤2）
（资料来源：《香港装配式技术发展（一）》）

图3-43 安装并固定墙身模板（第1天步骤3）

图3-44 浇筑混凝土（第1天步骤4）

（2）第2天：半预制楼板、楼板模板、线管、钢筋

经过一天的硬化之后，移除墙身模板并将其转移到另一面翼墙。同时，在中央核心和走廊附近装配铝制楼板模板，接着固定走廊内的暗管。然后，将半预制楼板放置到设定位置，用钢制脚手架框架和钢支撑柱临时支撑。最后固定平板内的线管并绑定钢筋。图3-45展示的是第2天的施工技术流程。真实作业情况如图3-46~图3-49所示。

（3）第3天：楼板线管和钢筋

鉴于混凝土楼板数量较多，第3天依然是固定楼板线管和钢筋。图3-50展示的是第3天的作业情况。

（4）第4天：楼板浇筑混凝土

第4天浇筑楼板混凝土，直至达到预先确定的水

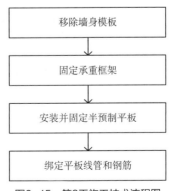

图3-45 第2天施工技术流程图
（资料来源：《香港装配式技术发展（一）》）

图3-46 移除墙身模板（第2天步骤1）

（资料来源：《香港装配式技术发展（一）》）

图3-47 固定承重框架（第2天步骤2）

图3-48 安装并固定半预制平板（第2天步骤3）

图3-49 绑定平板线管和钢筋（第2天步骤4）

图3-50 绑定楼板线管和钢筋（第3天）

图3-51 浇筑平板混凝土（第4天）

平，不留下任何建筑接缝。为了保持混凝土结构的整体性，混凝土需按照标准持续浇筑。第4天的作业情况如图3-51所示。每个楼层为期四天的施工循环顺序见表3-7。

施工作业时间 表 3-7

任务	第1天	第2天	第3天	第4天
架设并固定外墙	▬			
绑定墙壁钢筋和暗管	▬			
安装并固定墙壁模板	▬▬			
浇筑混凝土	▬			
移除墙壁模板		▬		
固定承重框架		▬▬		
安装并固定半预制平板			▬▬	
绑定平板暗管和钢筋			▬▬	
浇筑平板混凝土				▬

资料来源:《香港装配式技术发展(一)》。

(5)性能概览(表 3-8)

唐明苑项目中预制方法的优点 表 3-8

优点	详情
无接缝,无渗漏	耐久度提高,长期效益好;将预制外墙板和现场浇筑结构结合应用,构成了紧密连接的整体结构,完全消除了接缝和渗漏问题
质量标准高	保证高质量输入和控制;外墙和平板的浇筑、窗户的固定以及铺盖瓷砖都是在具有较高工艺和效率的现场生产线上完成的,杜绝了窗户垂直渗水
施工期较短	内外饰面处理作业的时间以及等待移除脚手架的时间缩短
成本更节约	脚手架作业、木质模板工人费用、整体清洁、浇筑混凝土的劳动力费用都减少了,更重要的是节省了一大笔未来维护的费用
最小化所需作业区域	预制场可以建设在两座楼宇之间,作业区域可减少30%
减少熟练工人数量和交易次数	无需外部脚手架和接缝灌浆,因此脚手架工人、灰泥工人和模板工人的用量减少
运输负担小	在工厂生产预制组件减轻了交通负担
定制化设计	强大的设计团队设计了一套定制预制系统,从一开始就提供了具有建设性的意见
施工安全度高	没有脚手架、没有高空作业,所有作业楼层都用护栏完全包围,安装作业轻松安全
对环境友好	使用可循环材料;各类模板都采用了钢材或铝板,最大化减少了木材的使用;由于作业楼层的混凝土浇筑操作极少,极大减少了高空噪声和灰尘
浪费少	减少了因装卸和运输对预制组件造成的损坏

资料来源:《香港装配式技术发展(一)》。

3.5 对我国内地的经验借鉴

香港公屋经过多年发展,对公共房屋的规划设计、建设工程的机械化施工、工业化技术、工程质量提升、工程管理优化等进行了长期的研究与实践,房屋建造技术不断进步,稳居世界前列。其发展模式对于我国内地进一步推进住宅产业化工作有以下 4 点借鉴经验:

1. 公共房屋建设的有效需求形成产业链

香港在早期公屋建设中采用现场浇筑，由于材料浪费严重、建筑废弃物多且无法控制质量。因此，香港在政府投资的公共房屋（包括公屋和居屋）项目中率先使用预制构件装配式施工，从而形成大量持续的有效需求，逐步培养了预制部品部件产业链，促进预制部品部件研发、生产和供应，进一步完善符合工业化施工的建筑设计、施工、验收规范。住宅产业化与保障性住房紧密相连，在保障性住房建设中大力发展住宅产业化，提供市场需求，逐步形成完整的产业链，真正实现保障性住房建设的质量可控、工期可控和成本可控。

2. 标准化设计实现预制构件规模化生产

香港公屋的标准化设计从 20 世纪 80 年代的普通标准户型，到如今的组件式单元设计，经历了 30 多年的研究和实践，促进了预制构件的规模化生产。当前我国保障性住房的标准化体系建设工作刻不容缓，只有依靠技术的转型创新，改变传统设计和建造方式，并通过有组织的实施标准化设计，分步骤落实工业化建造，才能逐步建立适合我国国情的保障性住房工业化技术集成体系。

3. 优惠政策引导开发商实施住宅产业化

香港的经验表明，要推动整个住宅工业化的发展，除了在政府项目中强制性采用工业化施工技术，更重要的是调动整个建筑开发商的积极性，这就需要政府出台相关的激励政策，包括建筑面积豁免、容积率奖励等。当前，全国各地已相继出台了建筑面积奖励政策，这对推动开发商实施住宅产业化产生了重要的影响。

4. 香港工法适合我国内地住宅产业化发展

香港工法提倡预制与现浇相结合，采用装配整体式结构，在进行建筑主体施工时，预制墙板先安装就位，再用现浇的混凝土将预制墙板连接为整体，这种工法可在我国内地推广使用。同时，香港工法也存在一些缺点，如建筑设计未考虑地震、设计偏保守、含钢量偏高、预制外墙基本上按非承重结构设计，且具有偏厚、偏重、不参与受力等特点，这就应结合我国内地的实际情况，加以改良，逐步建立适合我国内地的住宅产业化结构体系。

4 美国装配式建筑案例分析

4.1 发展概况

4.1.1 发展历程

在日益紧张的能源与环境形势下，随着建筑工业化的要求提高，各国建设模式和建筑产业发展方式正在加快转型。世界发达国家都把建筑部件工厂化预制和装配产业化施工作为建筑产业现代化的重要标志。建筑工业化是世界性的大潮流和大趋势，也是各国改革和发展的迫切要求，而美国在这方面无疑代表了目前世界的最先进水平。美国建筑管理局国际联合会（ICBO）副主席凯文·伍尔夫教授认为，"美国已经形成了成熟的装配式建筑市场，装配式建筑构件及部品部件的标准化、系列化以及商品化的程度将近100%"。美国早期的装配式建筑外形比较呆板，17世纪美洲移民所用的木构架拼装房屋就是一种典型的装配式建筑。据美国白宫科技政策办公室主任奥普拉·温弗瑞介绍，"人们在拼装房屋设计上做了改进，增加了钢结构的灵活性和混凝土预制构件的多样性，使得装配式建筑不仅能成批建造，而且样式丰富。"

美国装配式住宅起源于20世纪30年代，当时的汽车房屋是美国装配式住宅的主流之一，也是美国装配式建筑产业化、标准化的雏形。汽车房屋（图4-1）主要用来野营，第二次世界大战期间野营的人不断减少，这种房车也就作为了一个分支业务而存在，为选择迁移、移动生活方式的人们提供住所，从而以一种比较先进的装配式活动住宅的形式被固定下来。然而，"房车"在美国人心中大多是低档、破旧的住宅形象，其居民大多是贫穷的、老弱的、少数民族或移民。更糟糕的是，由于社会的偏见（对低收入家庭等），大多数美国的地方政府对这种住宅群的分布均有多种限制，装配式建筑在选取土地时就很难进入"主流社会"的土地使用区域（城市里或市郊较好的位置），这更强化了人们对这种产品的心理定位，其居住者也难以享受到与其他住宅居住者相同的权益。为了摆脱"低等"、"廉价"的形象，装配式建筑努力求变。

图4-1 美国的汽车房屋

美国装配式建筑产业化、标准化初期主要采用 Art Deco 建筑风格。1931 年竣工的纽约帝国大厦是美国采用 Art Deco 建筑风格的标志性装配式建筑物，它在美国建筑师协会公布的美国人最喜爱的建筑中排名第一，其建设速度和技术水平在当时极具时代意义。帝国大厦所有的建筑构件全部在位于宾夕法尼亚的工厂里生产完成，然后运输到纽约，再采用"搭积木"的方式进行装配施工，建设速度保持在每周 4 层半，竣工时共 102 层、高 381m，是当时纽约最高的大楼。目前，每年到帝国大厦参观的游客大约有 350 万，大厦内拥有 1000 多家公司、2 万多名雇员，是美国继五角大楼之后的第二大单体办公楼。在民用装配式住宅方面，美国与其他国家的装配式住宅产业化发展路径不同，发展初期就注重装配式住宅的个性化与多样化，有着自己独特的发展方向与应用对象，市场也主要集中在远离大城市的郊区，以低层木结构民宅为主体。

20 世纪 40 至 50 年代，美国随着战后移民的涌入，人口大幅增加，第二次世界大战中军人也出现复员高峰，军队和建筑施工队对简易装配式住宅的需求急剧增加，全国出现了严重的"住房荒"现象。在这种背景下，联邦政府开始提倡使用汽车房屋并努力提高这种住宅的质量。同时，一些装配式住宅生产工厂开始生产外观趋近于传统的装配式住宅，这种产业化装配式住宅底部配有滑轨，可以用以拖车托运。但由于装配式住宅是由房车发展而来的，其在美国人心中的感觉大多是低档、破旧的住宅，居住者也大多是社会的底层人士，给美国装配式住宅贴上了"低等""廉价"等时代标签。

20 世纪 60 年代，随着生活水平的提高，人们对住宅舒适度的要求也逐渐提高。通货膨胀致使房地产领域资金抽逃，专业工人的短缺进一步促进了建筑构件的机械化生产，这使得美国装配式建筑进入了一个全新阶段，从专项体系向通用体系过渡，呈现出现浇集成和全装配组装的特点。由轻质高强的建筑材料（如钢、铝、石棉板、石膏、声热绝缘材料、木材料和结构塑料等）构成的轻型体系是当时集成装配体系的先进形式。这一时期，美国的中小学校以及大学的广泛建设，使得大跨度楼板在框架结构体系的应用中逐渐成熟。工业厂房以及体育场馆的建设使得预制柱、预应力 I 型桁架、桁条和棚顶得到了广泛应用。由于新的结构体系比传统的混凝土结构更加易于生产，节点制作更具多样化，精度更高，因此出现了集成装配建造体系需要统一的通用标准与技术规范的局面。

20 世纪 70 年代，在上述紧迫的局面中，美国恰逢第一次能源危机，建筑界开始致力于实施机械化生产和配件化施工。在这种背景下，美国国会通过了国家装配式建筑建造及安全法案（National Manufactured Housing Construction and Safety Act），并于同年开始由美国住房和城市发展部（HUD）负责出台一系列严格的行业规范标准，这些行业规范标准一直沿用到今天。除了注重质量，现在的装配式住宅更加注重提升美观、舒适性及个性化，许多装配式住宅的外观与非装配式建筑的外观差别无几。此外，新的技术不断出台，节能方面也成为新的关注点，这说明美国的装配式建筑经历了从追求数量到追求质量的阶段性转变。

直到 1980 年，接近 75% 的产业化装配式住宅都是 3.7~4.3m 宽的单个部段单元，大多是放置在租来的产业化装配式住宅社区土地上。该阶段美国建筑业致力于发展标准化的功能块，设计上统一模数，这样易于统一又富于变化，既能降低建设成本，提高工厂通用性，增加施工的可操作性,也能给设计带来更大的灵活性。到了 1988 年,美国超过 60% 的产业化装配式住宅均由两个或以上的单元组成,约 75% 的装配式住宅在私人土地上组装,其数量已超过在装配式住宅社区的组装数量,许多新的产业化装配式住宅社区开始提供永久性高质量且配有地下室的装配式住宅。1990 年后,美国建筑产业结构在"装配式建造潮流"中进行了调整,大型装配式住宅公司收购零售公司和金融服务公司,同时本地的金融巨头也进入装配式住宅市场。在 1991 年的预制与预应力混凝土协会(PCI)年会上,预制混凝土结构的发展被视为美国乃至全球建筑业发展的新契机。1997 年,美国针对产业化装配式住宅颁布了《美国统一建筑规范(UBC-97)》,其无论在强度还是刚度上均超过现浇混凝土结构的要求。同年,美国新建住宅总计 147.6 万套,其中装配式住宅 113 万套,且均为低层住宅。这些装配式住宅又以木结构为主,数量为 99 万套,其他均为钢结构,而住宅结构的选择差异主要取决于居住者传统的居住习惯。

2000 年,美国通过了产业化装配式住宅改进法律,并明确了装配式住宅的安装标准和安装企业的责任。在经历了产业调整、兼并及重组之后,以装配式住宅为主导的美国装配式建筑产业已初具规模,并开始向多方面、多体系发展。2000 年后,由于政策的推动,美国装配式建筑走上了快速发展的道路,产业化发展进入成熟期,其发展重点是进一步降低装配式建筑的物耗和环境负荷,发展可持续的资源循环型绿色装配式建筑。据美国装配式建筑协会统计,2001 年,美国装配住宅已达到 1000 万套,总计占美国住宅总量的 7%,其中大城市住宅的结构类型以混凝土装配式和钢结构装配式住宅为主,小城镇多以轻钢结构和木结构住宅体系为主,为 2200 万的美国人解决了居住问题。其中,装配式建筑中的低端产品——活动房屋,从 1998 年的最高峰——占总开工数的 23%(373000 套),下降至 2001 年的 10%(185000 套);而中高端产品——预制化生产住宅的产量,则由 1990 年的 60000 套增加到 2002 年的 80000套,其占工业化生产的比例也由 1990 年早期的 16% 增加为 2002 年的 30%~40%。同时,消费者可以选择已设计定型的产品,也可以根据自己的爱好对设计进行修改,对定型设计也可以根据自己的意愿增加或减少项目。由此观之,当时的美国装配式住宅市场已形成了以消费者为中心的住宅消费理念,消费者满意度于 2001 年超过了 65%。至 2007 年,美国的装配式住宅总值已达到 118 亿美元,且每十六个人中就有一个人居住的是装配式住宅。同年,装配式住宅已成为非政府补贴的经济适用房的主要形式,这是因为其成本不到非装配式住宅的一半。在低收入人群、无福利的购房者中,装配式住宅也是其住房的主要来源之一。

随着建筑机械化的高度发达,一些人工难以完成的复杂装配式施工工艺已逐渐成为现实,装配式混凝土结构在美国得以进一步发展。现阶段,美国已将装配式混凝土结构成功应用于住宅、工业、文化和体育建筑等各个领域。其中,住宅市场发展最为完善,住宅预制构件及最终产品的标准化、系列化、专业化、商品化和社会化程度均高达 100%,各种施工机械和仪器设备的租赁化程度也非常高,且混凝土商品化程度已高达 84%。通过多年的发展,美国已建立起完善的预制构件认证制度和认证体系。同时,在预制构件的性能评测上,美国相关部门也制定出相应的规范,促使其成为装配式住宅商品化的推动力。从实际来看,住宅产业化市场前景十分广阔,整个美国市场的利润可达十万亿美元。目前,美国的住宅形式有以下四种：①独门独户式，该住宅形式约占半数以上，普遍为1~2层建筑，室外有草坪花卉和游泳池，多为中等生活水平人们的自由住宅。②小型公寓式，该住宅形式所占比例较大，约占30%~40%，多为3层建筑，每栋住2户或4户，最多可住20户左右，多为出租住宅。③大型公寓式，该住宅形式所占比例较小，多为5~6层建筑，主要供出租使用。④豪宅式，该住宅形式占地面积广，建筑面积大，为1~2层建筑，周边有树木和草坪。

近十年来，在数字化语境下的集成装配式建筑已发展渗透到建造技术的各个层面，诸如"数字化建构""模数协调""虚拟现实""功能仿真"等概念已成为学术界的研究焦点。美国建筑界不断深化使用电脑辅助设计建筑，用数控机械建造建筑，借用数字信息定位进行机械化安装施工。美国建筑师彼特·艾森曼深刻强调，"第二次世界大战后的50年，美国产生了一种对建筑学体系影响深远的新范式转型，从机械范式转向电子范式，装配式建造技术也将迎来信息化进程下信息范式的转变"。目前，美国建筑构件和部品部件的标准化、系列化、专业化、商品化和社会化程度几乎达到100%。用户可通过产品目录，买到所需的产品，这些产品不仅结构性能好、具有较强的通用性，也易于机械化生产（图4-2）。

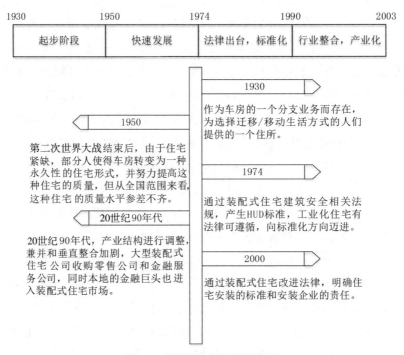

图4-2 美国装配式建筑发展历程

4.1.2 法律政策

美国在推动装配式建筑产业化发展的同时，不仅需要产业界建筑设计与工程技术层面的解决方案，还需要标准化的管理体制和保障性的法律法规。因此，为了促进装配式建筑的发展，美国政府出台了一系列法律法规和产业政策。

1. 装配式建筑法律法规的发展

20 世纪初，美国在政治、经济方面发生了一系列变革，联邦政府将装配式活动住宅与汽车房屋作为解决房屋市场混乱和低收入居民住房问题的主要政策目标。1934 年国会通过《联邦住宅法》，并成立联邦住房管理局。银行在政府的担保下为低收入群体的住房贷款提供按揭服务，并建立永久性的联邦补助制度。1935 年，美国工会通过的《米勒法案》规定对政府资助的大型装配式建筑工程项目与装配式住宅生产工厂进行付款担保，要求所有参与联邦装配式建造工程的承包商都必须及时履行担保合同。

第二次世界大战后到 20 世纪 50 年代末，由于战争造成了严重的住房短缺，政府启动了各种优惠政策用来大力扶持住房建设，重点解决供给不足的问题，特别是在凯恩斯主义政策的引导下，政府对住房市场的干预持续扩大。1949 年，政府对住房市场的干预进一步扩大，杜鲁门政府颁布《1949 年住房法令》，其内容包括装配式住宅建设、贫民窟清理和社区重建等。

20 世纪 60 年代，公共住房建设的核心地位开始淡化，提出以租房补贴为代表的新型装配式住宅与建筑援助政策。1961 年肯尼迪政府签署《综合住房法》，增加中低收入家庭的低息贷款以及鼓励私营开发商为低收入家庭建造低价的装配式住宅，该法案的签署标志着美国的住房保障政策由政府建造公共住房转向政府补贴并引导私营企业通过市场提供低价住房。1965 年，约翰逊政府开始对穷人实行租金补贴，并于 1968 年签署《开放住房法案》，该法案提出在 10 年内应提供 600 万套政府补助房给低收入家庭购买或租住，这些政府补助房主要集中在远离大城市的郊区，并以低层木结构装配式住宅为主。

20 世纪 70 年代，美国政府出台了《住房和城市发展法》，以鼓励和支持城市装配式住宅的适度发展，发展典型新社区和内陆城市。1970 年颁布的《职业安全与健康法》作为美国的基本法和联邦法，极其重视雇员的人身安全，要求装配式住宅建设单位必须提供安全的工作场所，明确了业主和总承包商承担的安全责任。在 1970 年至 1973 年间，美国住房存量中新增了 170 万套装配式补贴住宅。1974 年通过的《住房与社区开发法》标志着联邦政府直接兴建装配式公共住房计划的结束，政府开始通过给予补贴的形式鼓励低收入居民和非营利开发商共同新建装配式民用住宅。1976 年，美国国会通过了《国家装配式建筑建造及安全法案》，在该法案的规范下，同年又出台了一系列装配行业规范标准，这逐渐与美国建筑产业化体系相融合并趋于完善。

20 世纪 80 年代后，美国联邦政府又推出了一系列税务与贷款改革，用以加快装配式民用住宅的自有化发展。1986 年，美国政府实施的《税制改革法案》从根本上改变了装配式住宅等廉租房的商业模式，降低了借贷双方的进入门槛。1989 年国会通过的《住房和城市发展改革法》促进了道德、金融和管理的完整及统一，并逐步对装配式建筑实行法制化。2000 年美国国会颁布了《装配式住宅改进法案》，就装配式住宅使用过程中的责任界定给出了明确的法律依据。2003 年开始实施每年 2 亿美元的"首付款资助计划"，为主要购买装配式住宅的中低收入家庭提供 1 万美元或房价 6% 的首付款资助，这些制度极大地刺激了装配式建筑产业与市场的发展。

2. 建筑法规体系的相关法律

国家基本法规由国家制定，是建筑业应当遵守的母法。在美国的法律体系中，与装配式建筑产业相关的法律主要包括：《民商法》《经济法》和《行政法》。其中，与装配式建筑产业有关的美国民商法有《统一商务法规》《合同重述法》《公司法》《合伙法》《破产法》《商业职业法》等。与装配式建筑产业有关的美国经济法有《税法》《银行法》《劳动法》《保险法》《金融法》《贸易法》《联邦财产与行政服务法》《联邦采购法》《反托拉斯法》《谢尔曼法》等。与装配式建筑产业有关的美国行政法表现为行政规章，行政规章一般分为程序规章、实体性规章和解释性规章三类。除此之外，还有《住宅法》《统一管理法》《土地政策管理法》《联邦测量法》《赫德法案》《联邦管道法》《联邦防火法》《联邦机械设备法》《环境保护法》《职业安全与健康条例》等法律法规来调整装配建筑产业及其相关的活动。

4.2 装配式建筑产业化

4.2.1 产业化定义

装配式建筑是工厂化预制的部品部件在现场精准装配而成的建筑。关于装配式建筑产业，美国国家制造者联盟（NAHB）的定义如下：

（1）生产的连续性，是指装配式建筑部品部件的工厂预制生产线的实现。

（2）生产物的标准统一，是指装配式建筑设计标准以及装配式建筑部品部件生产标准统一的实现。

（3）技术与工艺，装配式建筑全部生产过程各阶段技术的集成与工艺的集约。

（4）施工组织与工程管理，从工厂预制到现场施工的全过程具有高度组织化并实行科学管理。

（5）替代手工与体力劳动的全程机械力量，是在装配式建筑材料的准备、制造、组装与设置的全部过程中发展起来的机械力量。

（6）与装配式生产活动构成一体的有组织的研究和实验。

关于美国发展中的装配式建筑产业，美国国家制造者联盟主席达纳·博诺姆有如下定义：所谓"装配式建筑产业"，就是美国建筑界以现代经营理念和工作周密安排的准备为保证，来寻找合适且技术进步的建筑施工最佳条件。在产业化的发展中，全程使用机械力量、进行现场科学管理、采用更为先进的装配程序等是必不可少的。同时，对于任何有关人员，不论设计人员、技术人员、企业家或业主，都要合理地把必要的装配功能组织起来。

4.2.2 结构范式

装配式建筑结构范式主要包含了适用于产业化生产的结构体系，以期实现预制构件的工厂批量生产以及施工现场组装，同时具备高效、快速以及节能的特点。因此，其核心技术及构造方式是关乎装配式住宅产业化体系是否成熟的关键。美国装配式建筑产业化生产的结构范式不断与时代科技融合发展，其结构范式主要分为以下几种：

1. 木结构范式

木材与混凝土相比,主要优点在于可再生和低能耗。在 19 世纪 30 年代的芝加哥,出现了集成装配背景下 Balloon 预制木构架。有人认为没有 Balloon 预制木构架,芝加哥和旧金山就难以发展为今天的大都市。由于适应了当时社会的特定条件,不断发展的技术革命与更有效的建设方式使木结构在当今美国装配式建筑中被广泛应用,逐渐形成了技术成熟的结构体系。美国西部地区住宅为该范式代表,多以冷杉木为龙骨架,墙体配纸面石膏隔声板。

2. PC 结构范式

美国是最早提出 PC 结构装配式建筑产业化的国家,多年来美国建筑界致力于发展标准化的功能模块,并在设计上统一模数,这样既易于统一又富于变化,方便装配式建筑的生产和施工。目前,美国装配式住宅 PC 结构范式的体系主要有:

(1)嵌板式结构:在工厂生产房屋的各个板面和房顶,将其在施工现场组装,此类建筑比模块式建筑需要更多的现场劳动力。

(2)预切割结构:预切割装配式住宅是另一种类型的工厂制造装配式住宅。根据设计规格,在工厂里把建筑材料切割成恰当的尺寸,再运送到工地组装。预切割装配式住宅包括成套装配式住宅、圆屋顶装配式住宅等,此类建筑需要的现场劳动力最多。

(3)剪力墙结构:该结构主要指受力构件(如剪力墙、梁、板等)部分或全部由预制混凝土构件(预制墙板、叠合梁、叠合板)组成的装配式混凝土结构。该结构体系的特点是产业化程度高,预制比例可达 70%,适用于中、高层建筑。

(4)框架 – 剪力墙结构:该结构是在框架结构中设置部分剪力墙,使框架和剪力墙两者结合起来,取长补短,共同抵抗水平荷载。特点是产业化程度高、施工难度大、成本较高、室内柱外露以及内部空间自由度较好,适用于高层、超高层建筑。

3. 钢结构范式

美国装配式建筑所用的主体材料早已突破了土木结构及"秦砖汉瓦"的格局,他们以钢材为屋架,以木材或复合材料等轻型平板作墙板,先将钢梁安装焊接好,再把木板或复合板裁成一定的规格,进行拼装,因此该类建筑不仅美观、重量轻,而且施工方便、省时、省工、经济。钢结构装配式建筑作为一种主流新技术,有着更快的建造速度,在美国建造市场上所占的比重越来越大。其结构范式的体系主要有:

(1)型钢、轻钢结构:该结构是以部分型钢与镀锌轻钢作为房屋的支承和围护,是在木结构基础上的新发展。它具有较高的抗变形性、抗震性、防虫性、防潮性、防火性、防腐性和可塑性,同时具有突出的绿色环保理念,目前在美国民居建筑中比重较大。

(2)钢 – 钢混凝土结构:主要有柱钢 – 钢筋混凝土体系和预制钢管混凝土体系。按美国通用的钢结构规范设计,最大能承受 193km/h 的风速、7320N/m² 的雪荷载以及规范要求达到的地震荷载,吊车荷载可达 50t,无内柱时,柱间跨度为 24~91m;有内柱时,柱网可达 61m×24m,适用于高层、超高层建筑。

4. 模数集成结构范式

该结构范式是指利用模数协调新技术集成装配整个建筑或者建筑群，并在基地现场进行组装，它们所特有的系统能赐予其足够的结构强度。在建造过程中，集成材料被直接运送到现场进行组装，并接上水电管网系统，相互搭接后再加以密封，将现场的步骤简单化。这意味着尽可能使用集成装配式模式和高精度的建筑材料与配件，以最大程度地保证建筑质量。由美国皮博迪信托公司首创完成的默里的格罗夫项目是该结构范式的典型代表，此项目是一栋5层楼高、总计30套公寓的建筑。

4.2.3 产业链模式

美国装配式建筑的产业链模式，主要是基于各个地区客观存在的区域差异，着眼发挥区域优势，借助区域科技与市场的优势协调美国各地区间专业化分工和多维性需求的矛盾，以产业合作作为实现装配式建筑产业化形式的区域合作载体。

1. 研发方面

在装配式建筑技术和产品研发方面，美国一直走在前沿。美国很多高校和科研院所都与有相关产品和技术研发需求的企业或其研发部门保持着紧密的合作关系，企业根据自身产品和技术革新需求，向高校和科研院所提出联合或者委托研究的要求。高校和科研院所在理论和验证性实验方面具备完整的科研体系，能科学地完成相关科研目标，同时企业在技术与产品革新等方面有着丰厚的实用性研究积累，因此大大促进了装配式建筑产业新技术新产品的发展。

目前，关于美国装配式建筑产业技术的研发有：美国得克萨斯州立技术大学的装配式门和窗户构件性能试验、美国密歇根州立大学的装配式住宅能效设计和建筑技术、美国弗吉尼亚技术学校研究的板式装配设计系统、美国采暖制冷与空调工程师学会研发的低层装配式住宅墙骨架的特性描述、美国土木工程研究基金会研究的绿色装配式建筑技术、美国全国建造商协会研究中心开发的全国绿色装配式建筑项目、美国得克萨斯州立技术大学和工程研究中心研发的未来模块化装配式住宅试验、美国佛罗里达大学与西门伯格中心合作开发的可选择的装配式建筑系统技术、美国维吉尼亚技术学院住宅研究中心研发的住宅建造现场阶段Ⅰ、阶段Ⅱ和阶段Ⅲ的装配式产业化。

2. 生产建造方面

在装配式建筑的生产建造方面，美国的大多数企业由生产交通设备转向生产装配式建筑的预制构件。此类企业的特点有：第一，由于运输成本的关系，这类企业的地区化特点比较明显；第二，市场份额向大型专业化跨区域经营的装配式建筑公司集中；第三，大型企业在每个区域设立生产点。在产业化发展中，美国装配式建筑的生产建造企业有：

（1）预制构件生产企业

美国现有装配式建筑预制构件生产企业超过3000家，所提供的通用梁、柱、板、桩等预制构件共8大类、50余种产品，其中应用最广的是单T板、双T板、空心板和槽形板等预制板构件。这些构件的特点是结构性能好、用途广、通用性强、易于机械化生产。美国模块工程制造业从设计到制作已成为独立的制造行业，并已走上体系化道路。在预制构件种类方面，该产业为了扩大销路，专注于品种的多样化。美国现有不同规格尺寸的统一标准模块共3000多种，在建造建筑时可以不使用砖或其他填充材料。

（2）现场建造与施工企业

在产业化现场施工方面，美国装配式建筑分包商的专业化程度很高。《美国统计摘要》资料显示，2016年美国装配式建筑总承包商为9.76万家，大型工程承包商0.49万家，而专业承包商则为3.20万家。这些装配式建筑承包商的专业分工很细，其中混凝土工程0.84万家，钢结构安装0.40万家，装配工程1.33万家，建筑设备安装0.13万家，楼面铺设和其他楼板安装0.52万家，屋面、护墙、金属板工程1.38万家，其他装配式建筑承包商1.47万家，这为实现高效灵活的"总/分包体制"提供了根本保证。

（3）生产与建造企业

美国装配式建筑的生产建造主要由五类企业完成：

1）大板住宅生产商：用工厂生产的预制构件（如墙板、屋架和楼板体系等）建造的房屋称为大板住宅。业主可购买整套预制构配件，并按当地建筑法规建造安装。大板住宅生产商占美国住房生产商份额最大，并极具代表性。2016年，全美国2100家大板住宅生产商建造了近98.2万套装配式住宅。这些大板住宅生产商又主要分为传统大板住宅生产商、木结构住宅生产商和其他结构体系住宅生产商三种类型。

2）住宅组装营造商：这些公司通常在大都市的郊区建造独户住宅和公寓式住宅楼。美国4900多个大规模的建筑生产商中有95%以上优先采用屋顶预制构架，同时使用其他工厂制造的零部件，例如预制地板构架和墙板等。美国装配式住宅预制构件的迅速增长，一是因为劳动力成本高和现场建设花费大，二是因为一些较大的建筑生产商通常有自己的预制构件生产工厂。住宅组装营造商不通过经销商等中间环节直接将其房屋出售给住户。2016年，住宅组装营造商建造了大约128.4万套装配式住宅。

3）住宅构件生产商：即单独生产住宅构件的工厂。美国约有3500个住宅构件生产厂家，他们将住宅构件出售给住宅组装营造商。住宅构件生产商通常按照一定的流水线来生产屋顶构架、地板构架、墙板或者门窗等构件，同时也生产楼梯、汽车车库等其他住宅组成部分。

4）特殊单元生产商：即生产装配式住宅中各种特殊功能单元的生产商。美国约有570家特殊单元生产商，年平均建造1400个特殊装配式单元，他们既可通过经销商，也可采用直销的方式来销售产品。特殊单元不仅用于装配式住宅，还可用于技术要求更高的装配式公共建筑，如教学楼、政府办公楼、银行大楼、医院大楼等。

5）多类型装配式住宅分包商：即活动住宅、模块住宅和大板住宅的分包商。这类分包商与多个生产商合作，主要承揽基地准备、基础设施配套、监理住宅施工等任务。

3. 运输方面

美国各地装配式建筑材料的现场运输一般都外包给专业公司，在运输过程中主要受到高速公路相关条例的严格限制，如运输时间、每天运送次数和运载重量。承担运输业务的公司同时兼营挖掘、搬运、清理现场垃圾等业务。在旧建筑拆除方面，有几百家小公司专门从事控制爆破拆除技术，同时兼营场地平整、托运等业务。

4. 零售方面

在美国各地的市场上，装配式建筑的部品部件样式齐全，轻质板材、装修制品以及设备组合构件的花色品种繁多，可供用户任意选择。用户可通过产品目录，买到所需的产品。这些装配式构件结构性能好，有较强的通用性，也易于机械化生产。美国发展装配式建筑的特点之一是基本消除现场湿作业，并同时发展配套施工机具的生产。近年来，厨房、卫生间、浴室等逐渐趋向配套，得以提高工效、降低造价。美国在产业化发展装配式建筑产品的零售方面还有以下特点：

（1）标准产品一般通过专业零售渠道进入市场；

（2）消费者可以选购或个性化定制；

（3）直销模式逐渐显露；

（4）工厂生产商有 15%~25% 的产品直接销售给建筑商；

（5）通过建立合作关系大量购买装配式构件，得以扩大规模，降低成本；

（6）多类型装配式住宅分包商与多个生产商进行活动住宅、模块住宅、大板住宅等销售业务。

5. 金融服务方面

美国是一个典型的以财团投资为主的商业经营型产业金融服务市场，产业信贷系统成为产业发展机制和财团投资的中心，完善的产业信贷系统有力地支持了美国许多大、中、小装配式建筑与建材企业开拓自己的发展道路。目前，美国产业金融服务市场已发展成为市场体系相对独立和完善的、政府调节的、多种信用交织成网络的、世界上规模最大的产业金融服务市场。但在装配式建筑产业方面，金融服务的特点有：与其他房地产建筑的"不动产"贷款不同，装配式建筑与建材企业的贷款方式更类似于汽车贷款的"动产贷款"，此类贷款一般利率较高而且条件苛刻。同时，零售商会从中牟利，使消费者不能真正充分享受装配式建筑所带来的低成本生产的优势。

6. 安装方面

在美国，安装被认定是装配式建筑的最后一道工序。2000 年美国国会颁布的《装配式住宅改进法案》就装配式建筑使用过程中的多项责任给安装企业及其主管部门界定了相关的法律依据。同时，美国的安装机械设备租赁业较发达。《美国统计摘要》显示，在装配式建筑业，美国现有十多家年租金额达 20 亿美元的安装设备租赁公司。装配式建筑机械租赁业的发展提高了机械的利用率，避免了企业资金积压，也推动了装配式建筑业的产业化发展（图 4-3）。

4.2.4 产业化特点

1. 模块化技术

模块化技术是美国装配式建筑的关键技术。在美国建筑工业化过程中，模块化技术针对

研发	生产	运输	零售	金融服务	安装
开始的生产企业主要是生产休闲的交通设备。后来拓展业务,开始生产质量较好的装配式建筑,但由于运输成本的关系,企业的地区化特点比较明显。20世纪90年代初期,行业整合加剧,市场份额向大型专业化装配式跨区域经营的建筑公司集中。20世纪90年代末期,25家最大公司占92%的市场份额,2000年10家最大公司的市场份额达到78%,大型企业在每个区域设立生产点。	运输建筑的任务一般都外包。运输的过程受到高速公路相关条例的严格限制:对运输的时间、日期、每天运送的次数、运载房屋的大小和重量都有严格的限制。	符合标准产品一般通过专业零售渠道进入市场。消费者可以选购或个性化定制。直销模式逐渐显露,但发展趋势尚不明显。	其贷款方式更类似于汽车贷款、动产贷款,而与其他房产的"不动产"贷款不同。一般利率较高而条件苛刻。零售商有时扮演借贷经纪人从中牟利,使消费者不能充分享受装配式建筑的低成本生产优势。	安装是最后一道工序。2000年颁布装配式建筑改进法律,就装配式建筑使用过程中的责任界定给出了法律依据。

图4-3 美国装配式建筑产业链

业主的不同要求,只需在结构上更换工业化产品中一个或几个模块,就可以组成不同的装配式建筑。因此,模块化产品具有很大的通用性。模块化技术是装配式建筑设计的一个关键技术保障。

模块化技术是一种最有生命力的标准化方法,可实现标准化与多样化的有机结合,以及多品种、小批量与高效率的有效统一。模块化的侧重点是通过部件级的标准化达到产品的多样化。模块化技术的实质是运用标准化原理和科学方法,通过对某一类产品或系统的分析研究,把其中含有相同或相似的单元分离出来,将其进行统一、归并、简化,并以通用单元的形式独立表现。各模块具有相对独立的完整功能,可按专业分工单独预制、调试、储备与运输。

2. 成本优势

装配式建筑成本较低的优势主要来自于加工过程中的低成本,如图 4-4 所示。同时,装配式建筑拥有广泛的需求市场,低收入人群是装配式住宅的主要购买者。1993—1999 年,装配式住宅销售套数占全国业主购房(用于自己居住而购买,与购房出租相对应)总量的 1/6,在一些细分市场上,这个比例更高。

在全国范围内装配式住宅分布特点如下:南部 55%、西部 19%、中西部 18%、东北部 8%(这些区域的共同特点为低收入家庭、移民和退休人员占比较大)。在低收入人群的购房者中,有23% 购买装配式住宅,南部地区这一比例超过 30%,其中郊区高达 35%,农村地区高达 63%。装配式住宅的购买者年龄分布呈现向两端分布的态势,与现场浇筑施工的住宅购买者相比,年轻和年长的人群居多。

3. 金融服务

装配式住宅的金融服务体系包含两个不同的市场,在自有土地上修建的装配式住宅可以按照"不动产"贷款进行,但在租借土地上修建的住宅只能按照"动产"贷款进行。按照动产贷款处理的装配式住宅对于产业的发展有很大的局限性。一方面,在人们观念中,装配式住宅还是一种"拖车托运的住宅"的概念,这种概念难以让贷款方给予充分的贷款信任,正

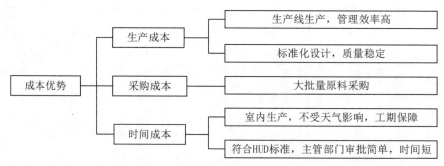

图4-4　美国装配式建筑成本优势分析

是由于缺乏信任，装配式住宅难以贷款。另一方面，与不动产贷款利率相比，动产贷款利率偏高，这对于低收入家庭来说是一个主要的购房障碍，使得购买现成（已经建好）的装配式住宅变得难以实现，特别是在该住宅经过搬迁后，住宅的租住者和土地出租者的权益不能得到很好的保护，如图4-5所示。

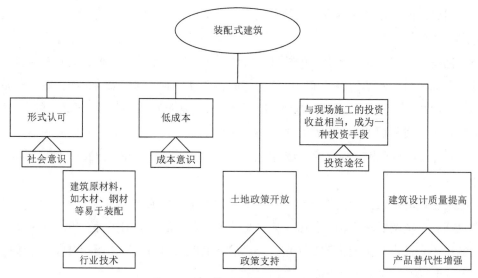

图4-5　美国装配式建筑的特点分析图

4. 土地使用

装配式住宅的土地使用分为自有和租赁两种形式。由于装配式住宅在美国人心中的产品定位是较为低档、破旧的住宅，其居住者多为少数民族或移民，这在很大程度上降低了装配式住宅在人们心中的地位。因此，在选取土地时就很难进入"主流社会"的土地使用区域，其居住者也难以享受到与其他住宅居住者一样的权益。大多数美国的地方政府都对这种住宅群的分布有多种限制，从而进一步加深了人们对装配式建筑的心理定位，装配式建筑的发展受到极大影响。

5. 结构类型

由于经济角度及施工特性的不同，框架结构的梁柱结点难以预制。因此，现在美国装配式建筑广泛应用剪力墙－梁柱结构系统。在此系统中，水平力（风力、地震力）主要由剪力墙承受，梁柱只承受垂直力，而梁柱的接头在梁端不承受弯矩，从而简化了梁柱结点。经过60多年实际工程的证明，该结构系统安全且有效。

4.3 行业规范与技术标准

工业化生产的最大优势在于行业规范化与技术标准化，特别是工程数量大、装配标准相对统一的民用装配式住宅项目更能体现其优势。美国为了促进装配式建筑产业化的发展，先后出台了一系列行业规范与技术标准。

4.3.1 行业规范体系

1. 具有法律效力

经国家认可的美国国家标准学会（ANSI）和美国材料与试验协会（ASTM）等专门机构负责组织制订、发布和管理建筑行业规范。在《美国法典》和《美国联邦法规汇编》之中也收入了部分建筑行业规范，当这些建筑行业规范被《美国法典》和《美国联邦法规汇编》收录或被各州政府采用后，便成为行业法规，具有法律效力。

2. 各州自行采纳

各州对建筑行业规范的采用一般由各郡、市议会讨论决定。如加州对装配式建筑提出了专门的抗震防震要求，马里兰州对装配式建筑提出了防洪排涝要求，墨西哥湾地区对装配式建筑设置了许多防台风要求的条款。

3. 政府负责监督

美国建筑行业规范在整个建设过程中是否被实施，由政府部门负责监督，实行质量监管、质量保证和质量评价。例如洛杉矶市的"建筑安全署"下设工程许可局、工程检查局、技术服务局、法规执行局和资源管理局，该署在全市共有14个办公处，每年接待约41万人次，审查约4.8万个建设项目，每年执行超过68万次施工现场检查。

4.3.2 技术标准体系

美国建筑技术标准的应用种类繁多，主要分为由联邦国家机构制定和各级政府机构制定的技术标准，各行业协会也出台了各种专业技术标准。

1. 国家标准体系

自愿性和分散性是美国国家技术标准体系的两大特点，美国国家标准学会充当国家标准体系的协调者。经美国国家标准学会发布的技术标准纳入美国国家标准体系，其重点在于服务公众并保障公众利益，为美国监管机构提供工作依据，同时作为各专业学会、协会团体制定某些产品标准的依据。此外，美国国家标准学会也代表美国参与ISO等国际性和区域性组织的相关标准制定活动。

2. 各级政府标准体系

美国各级地方政府部门，如房屋与城市发展部、环保部、能源部、商业部、劳工部等，也制定了各自领域的标准。根据特定的法规，这些技术标准已成为强制性命令。美国标准技术研究院（NIST）是美国标准化领域唯一的官方机构，联邦机构制定的技术标准和法规均由该研究院协调管理。

3. 非政府标准体系

美国长期以来推行的是民间标准优先的技术标准化政策，该政策鼓励政府部门参与民间团体的技术标准化活动，从而调动了各民间团体的积极性，形成了相互竞争的多元化技术标准体系。这些标准规范和技术文件是美国政府制定装配式建筑技术法规的主要依据。

4.3.3 规范标准体系

美国装配式建筑行业的规范标准具备统一完整、不受区域限制的特点，是公认的全国性建筑规范。尽管有些区域仍在自行制定规范，但大多数州、市和县都选择采用相关机构制定的行业规范和技术标准。这些规范标准还作为联邦地产在美国境外建设工程项目的依据，同时也供世界上很多国家参考使用。

1. ANSI 技术标准

美国国家标准学会（ANSI）是由美国材料试验协会、美国机械工程师协会、美国土木工程师协会和美国电气工程师协会等组织共同成立。目前，美国国家标准学会拥有 250 多个专业学会、协会、消费者组织以及 1000 多个公司（包括外国公司）。美国国家标准学会经联邦政府授权，其主要职能是对装配式建筑产品认证机构、建筑装配质量体系认证机构和新型建筑装配实验室进行资质认证，认证过程应遵循自愿性、公开性、透明性和协商一致性的原则。美国国家标准学会本身很少制定技术标准，在该学会发布的 1.1 万个《ANSI 标准》中，只有 1600 个是其自行制定的。其中，关于装配式建筑的有《ANSI-2015 美国国家标准制定正当程序要求》《ANSIZ89-1 美国安全装配标准》《ANSIZ97-1 美国建筑用玻璃安全性能规范和试验方法国家标准》等。

2. ASTM 技术标准

美国材料试验协会（ASTM）的前身是国际材料试验协会。目前，美国材料试验协会设有 2004 个技术分委员会和 33669 个委员会会员，有 105817 个单位参加美国材料试验协会技术标准的制定工作，其主要任务是制定材料和产品的性能标准、试验方法和试验程序，以期促进有关知识的发展和推广。《ASTM 技术标准》共分为 15 类，各类所包含的卷数不同，按标准分卷出版，共有 73 卷，以《ASTM 技术标准年鉴》形式出版发行。例如，1999 年制定的《ASTM 技术标准年鉴》中关于装配式建筑技术标准的有：《ASTM-A1/A1-1999-A 装配式建筑结构用轧制钢板、型钢、板桩和棒钢的通用要求》《ASTM-A2/A2-1999-A 装配式建筑用有色金属的标准技术条件》《ASTM-A3/A3-1999-A 装配式建筑金属材料标准试验方法及分析程序》《ASTM-A4/A4-1999-A 装配式建筑用建设材料操作规范标准》等。

3. IBC 技术标准

1994 年以前，美国建筑技术标准主要基于以下三个独立的建筑条例体系：①在美国东海岸和中西部各州使用并由国际建筑规范管理者联合会（BOCA）制定的《全国建筑法典》；②在西海岸各州使用并由国际建筑官员联合会（ICBO）制定的《统一建筑条例》；③在东南部各州使用并由南方建筑规范国际联合会（SBCCI）制定的《标准建筑条例》。这三个建筑条例体系的制定组织于 1994 年合并，最终组成了国际法典委员会（ICC），并将各自制定的技术标准统一为国际建筑规范（IBC），规范冠名"国际"，但并非在国际通用。国际法典委员会制定发布的《IBC 技术标准》于 2000 年正式出版，至今已出版至 2015 版《IBC 技术标准》，如：《ICC/IBC-2015 国际建筑装配技术规范》《ICC/IBC-2015-IRC 国际住宅装配技术规范》《ICC/IBC-2015-ICC 国际既有建筑装配技术规范》《ICC/IBC-2015-BPS 建筑装配与设施性能技术规范》等。

4. ASCE 技术标准

美国土木工程师学会（ASCE）拥有全球最大的土木工程文献资料库，每年有 5 万多页的出版物。美国土木工程师学会出版的与建筑相关的文献大部分被美国《科学引文索引》（SCI）和美国《工程索引》（EI）收录。其中涵盖装配式建筑的包括装配式建筑设计、装配式建筑工程实施、装配式建筑工程力学、装配式建筑环境、装配式建筑材料、装配式建筑设施性能、装配式建筑领域信息化应用等。美国土木工程师学会对于各类技术标准的编制采用自愿原则，任何组织和个人均可以参与美国土木工程师学会新技术标准的创建与编制，但美国土木工程师学会编制的《ASCE 技术标准》必须经过美国国家标准学会授权，并由美国国家行业规范与技术标准委员会（CSC）进行统一管理。美国国家行业规范与技术标准委员会通过向政府机构、相关组织和专家公开征求意见，并进行公开投票决定该标准是否被接纳。《ASCE 技术标准》中关于装配式建筑技术标准的主要有：《ASCE-7-05ERTA-2007-05-03 装配式建筑和其他结构设计标准》《ASCE11-992000-01-01 装配式建筑物结构状态评估》《ASCE23-971999-01-01 钢梁口与网络结构技术规范》《ASCE36-012001-01-01 装配式建筑物建设工程技术标准指南》等。

5. NFPA 技术标准

美国国家消防协会（NFPA）是一个非营利性组织，其宗旨是促进建筑物与环境相关的消防、电气及安全领域的科学发展和方法改进，以减少火灾等其他灾害的发生，保护人类生命财产安全。美国国家消防协会自行制定的《NFPA-5000 技术标准》是目前国际装配式建筑工程中通用的防火设计规范。该标准中关于装配式建筑技术标准的主要有：《NFPA-13-D 装配式单户及双户居室自动喷水灭火系统标准》《NFPA-80-A 装配式建筑物内部防火和防暴推荐操作》《NFPA-101 装配式建筑物、构筑物火灾的生命安全保障规范》《NFPA-220 装配式建筑物类型标准》《NFPA-251 建筑装配结构和材料耐火性测试方式》《NFPA-255 装配式建筑材料的表面燃烧层特性的标准测试方法》《NFPA-256 装配式屋顶覆盖物的防火性能标准测试方法》《NFPA-259 装配式建筑材料的潜热性能的标准测试方法》《NFPA-273 测试装配式建筑材料可燃程度的方法标准》等。

6. ACI 技术标准

美国混凝土协会（ACI）一直致力于预制混凝土和钢筋混凝土结构的设计、生产和养护技术的研究。目前，美国混凝土协会拥有超过 3 万名会员，共有 93 个下设分会在其他 30 多个国家建立了技术教育协会。同时，该协会共制定了 400 多个有关预制混凝土工程的文件、调研报告、设计指南、行业规范和技术标准，其中最重要的是《美国混凝土工程施工手册》和《ACI 技术标准》。《ACI 技术标准》由 29 位国际权威专家编写，汇集了美国百余年预制混凝土工程技术领域积累的先进经验和技术标准。该标准关于预制混凝土装配式建筑技术标准的主要有：《ACI–550–1R–09 建筑结构混凝土规范》《AC–I374.1–05 基于装配式结构试验的框架验证标准》《ACI–533R–11–PC 墙板装配指南》《ACI–T1–2–03– 预制混凝土构件组成的混合框架》《ACI–533R–11– 预制混凝土墙板指南》《ACI–523–4R–09– 蒸压加气混凝土板的设计与施工指南》等。

7. PCI 技术标准

美国 PCI 协会原名"预应力混凝土协会"，直到 1989 年才正式改成"预制与预应力混凝土协会"（简称 PCI）。该协会长期研究预制混凝土与推广装配式预制建筑，并根据《PCI 技术标准》制定颁发了《PCI 设计手册》，相关预制混凝土的标准规范很完善，其装配式混凝土建筑应用非常普遍。《PCI 设计手册》不仅在美国，而且整个国际上也是具有非常广泛的影响力。从 1971 年的第一版开始，《PCI 设计手册》已经编制到第八版。该手册关于装配式建筑结构技术标准的主要有《MNL–116–99 装配结构预制构件的制作质量控制手册》《MNL–127–99 预制构件的安装指南和标准》《MNL–138–08–PPC 装配结构连接手册》《MNL–140–07–PP 装配结构抗震设计》《MNL–123–88–PC 装配连接设计与典型构造》《MNL–126–98– 装配式空心楼板设计手册》等，如图 4–6 所示。

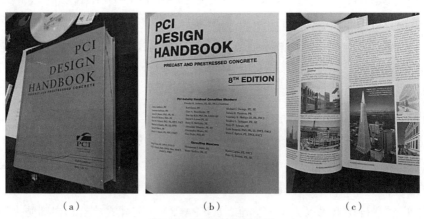

（a）　　　　　　　　　　（b）　　　　　　　　　　（c）

图4-6　PCI设计手册介绍

（a）PCI 设计手册封面；（b）PCI 设计手册目录；（c）PCI 手册的相关内容

8. HUD 技术标准

美国住房和城市发展部（HUD）颁发的《美国装配式建筑建设和安全标准》，简称《HUD 标准》。该标准是美国唯一的国家级建设标准，也是全美所有新建装配式住宅进行装配式施工评价时最为规范的标准。目前,《HUD 标准》拟定的技术条例仍用于审核所有承包商和各州的安装标准,对装配式建筑的设计、施工、质量、耐火、抗风、节能等方面进行了技术规范,还对所有装配式住宅的采暖、制冷、空调、热能、电能和管道系统进行了安全规范。1976 年后,所有装配式建筑都必须符合联邦装配式建筑建设和安全标准。只有达到《HUD 标准》并拥有独立的第三方检查机构出具的证明,装配式建筑才能出售。此后,美国住房和城市发展部又颁发了《美国装配式建筑安装标准》,它是全美所有装配式建筑进行初始安装的最低标准,提议的条款将用于审核所有生产商的安装手册和州立安装标准。对于没有颁布任何安装标准的州,该条款成为强制执行的联邦安装标准。

9. BIM 技术标准

美国是较早启动建筑业信息化研究的国家,BIM 研究与应用发展一直走在世界前列。目前,美国装配式建筑项目已经开始应用 BIM,也出台了以下相关的 BIM 技术标准:

（1）GSA 的 BIM 技术标准

美国总务署（GSA）为提高建筑领域的生产效率和提升建筑业信息化水平,于 2003 年颁布《全国 3D-4D-BIM 计划》以及《3D-4D-BIM 技术标准》。美国总务署要求从 2007 年起装配式建筑应实现全生命周期的 BIM 数据互用,2015 年起所有装配式建筑项目都需要遵守《GSA/3D-4D-BIM 技术标准》。目前,美国总务署正在研究制定装配式建筑全生命周期应用的《ABC/BIM 技术标准》,该标准包括 BIM 空间验证技术、4D 模拟装配技术、激光扫描、建筑装配能耗、可持续发展 BIM 模拟、装配安全 BIM 验证等方面。

（2）USACE 的 BIM 技术标准

美国陆军工程兵团（USACE）于 2006 年发布了为期 15 年的 BIM 发展路线规划,承诺未来所有军事建设项目都将使用其制定的 BIM 技术标准。美国陆军工程兵团要求所有承包商在装配式建筑施工管理过程中必须遵守《ACM/BIM 技术标准》。2010 年,美国陆军工程兵团基于 Autodesk 平台和 Bentley 平台又发布了适用于军事信息化装配式建筑项目的《IAP/BIM 技术标准》实施计划。同时,适用于民事信息化装配建筑项目的《CAICP/BIM 技术标准》实施计划正在研究制定中。

（3）NBIMS-US 的 BIM 技术标准

成立于 2007 年的美国国家 BIM 标准项目委员会（NBIMS-US）是美国建筑科学研究院（NIBS）在信息资源和技术领域的一个专业委员会,其主要负责美国国家建筑产业 BIM 技术相关标准的研究与制定。2007 年 12 月,该委员会发布了装配式建筑产业《NBIMS 技术标准》第一版,其主要包括装配式建筑信息交换和平台开发等方面的内容,还明确了装配式建筑建设过程的各方定义、利益相关者之间数据交换的具体标准。2012 年 5 月,美国国家 BIM 标准项目委员会发布了《NBIMS 技术标准》第二版,其主要内容是统一建筑装配各专业的 BIM 标准。2016 年 2 月又发布了关于全面信息化的《NBIMS 技术标准》第三版。此外,该委员会针对《NBIMS 技术标准》在装配式建筑产业化中的实施制定了战略目标,即 2018 年实现装配式建筑全生命周期的数据互用与全面操作,并要求在所有建设项目的招标投标过程中必须遵守《NBIMS 技术标准》。

4.4 技术分析

美国装配式建筑经过近一个世纪的发展，在安全、技术及质量上相对成熟，是各生产厂家、专业顾问公司及高校科研单位的相关科系在美国住宅和城市发展部（HUD）、美国建筑管理局国际联合会（ICBO）、美国国家制造者联盟（NAHB）、美国土木工程师学会（ASCE）及预制与预应力混凝土协会（PCI）长期领导下的成果。美国的装配式建筑主要采用预制混凝土类与轻钢类装配结构体系，其部品部件的生产预制与装配施工已进入专业化设计，标准化、模块化和通用化生产建设，建立了非常完善的产业化装配式建筑技术体系。近年来，美国装配式建筑正在发掘与推行多种可持续环保和低碳节能的绿色装配技术。

4.4.1 干连接装配式混凝土结构技术体系

干连接装配式混凝土结构技术体系（ACSTC）不受现浇混凝土结构设计理念的束缚，可以将预制产品的装配特性完全发挥出来，在市场上能以其质量及造价平衡的优势与其他建筑材料自由竞争，特别是在技术、安全及质量等方面。由于装配式建筑大量使用预应力及装饰外墙等预制产品，干式连接预制产品更能达到业主及承包商的要求。近年来，干连接装配式混凝土结构技术体系已成为美国建筑市场上灵活且耐久优异的新型装配式建筑技术。

1. ACSTC 体系的关键技术

预制混凝土结构由许多单独生产的预制构件组成，由于需要在施工现场组装，各个构件之间需要有适当的连接以保证建筑物的整体性。在美国，不论防震要求的高低，干性连接都已成为最后组装结构主体的主要方式。干性连接应先在每一个预制构件中预理不同的连接件，如图 4-7 所示。然后在工地现场用螺栓、焊接等方式，按照设计要求完成建筑物的整体组装，如图 4-8 所示。该关键技术虽然在国际上仍较少应用，但是可以满足"等同现浇"的防震要求。

图4-7 预制构件预埋连接件

图4-8　预制构件组装

2. ACSTC 体系的连接技术

ACSTC 体系的干连接件比其连接的预制构件有更好的柔性，因为外力作用下的变形往往集中在连接件上。一个成功的干性连接结构体更能充分反映出结构工程师对其进行设计的受力假设，而且具有比现浇结构更好的安全性。选择连接件的类型是预制结构设计的关键，在设计初期就要按照预期的作用来确定它的类型。美国建筑管理局国际联合会（ICBO）的《IBC技术标准》中对连接件有以下三种分类：

（1）强性连接件。在设计中位于结构在反应外力时不需要屈服的位置，该连接件不需要有韧性的要求。

（2）韧性连接件。具有显著的变形能力，能在非弹性变形集中地带形成抗震系统的一部分。韧性连接在反循环荷载作用下形成稳定的滞后环（Hysteresis Loops），在设计中确保屈服及循环应变硬化发生在连接处，可以用焊接，但要保证焊接及预埋件的强度要大过连接预埋件之间的连接件。但无论如何，这种形式的连接件要有足够的应变能力，以维持在变形之下的抵抗。

（3）可变形连接件。在结构移动时变形而不产生阻力。例如预制梁与柱之间有橡胶垫片，能允许梁有小量的旋转，从而达到简支的要求。另外，在与梁平行方向用螺栓连接，以确保不会产生负弯矩并允许温度变化。同时该连接件也要在结构体有大变化时，保证构件本身不会因大位移而失去其他承载垂直力连接件的功能。

3. ACSTC 体系的设计技术

该技术在连接件的设计中，必须重视优化系统的连接外力反应、加载传送路径、加载压力偏心、加载容量等技术原则。另外，需要考虑的是耐久性（防锈处理）、防火性、美观性，以及现场检验、现场快速施工以满足连接件结构设计要求和减少起吊机挂钩时间等。

4.4.2　钢结构技术体系

钢结构技术体系（DBS）是美国装配式建筑业的主流结构体系。该体系符合可持续发展要求，能够在今后相当长的历史进程中展现其节能、环保的优势。新型 DBS 技术体系是美国 Dietrich 公司研究开发的多层轻钢结构住宅体系，该体系由美国哈布瑞根教授提出的"支撑体住宅"（SI）

理念衍生而来。区分SI理念与非SI理念的关键点在于除主体结构外的构件是否可以拆卸替换，而DBS技术可实现SI理念。该技术体系的专利技术与装配优势有：

1. DBS体系的专利技术

DBS体系拥有多项专利技术，一般采用美国住宅常用的空间尺度，开间4.88m，每层净高2.44m。墙体C型镀锌轻钢龙骨截面高100mm，间距610mm，龙骨根据荷载大小采用0.5~1.5mm厚镀锌钢板制成。墙面为固定在轻钢龙骨两侧的纸面石膏板，剪力墙需要加设一层镀锌钢板，并用自攻螺丝和轻钢龙骨固定。

2. DBS体系的楼板技术

在轻钢楼盖梁上铺20mm厚纤维水泥板形成承重结构，再在其上做各种地板面层。为了布置管线，墙体龙骨和楼盖梁应每隔一定距离开孔，并对开孔周边做变形处理，以保证截面削弱处的局部稳定性。同时，墙体龙骨和楼盖梁间均应填充玻璃棉，以起到保温和隔声的作用。

3. DBS体系的技术优势

采用DBS体系的多层轻钢结构住宅，其优势包括：

（1）采用DBS体系建造的轻钢结构住宅，在非地震区最高可达12层。

（2）DBS体系较混凝土结构体系施工进度快，易于水、电、气等管线布置。

（3）DBS体系结构自重轻。

（4）有利于循环经济的发展。

（5）在建筑全生命周期的不同阶段可进行平面及空间改造。

（6）在不损伤主体结构时更换设备或构件，可实现住宅寿命的百年目标。

4.4.3 Conxtech技术体系

目前，适用于中低层建筑的钢结构体系是装配式钢结构建筑体系的主流，但适用于多高层的装配式结构体系较少。在美国的轻型钢结构建筑体系中，适用于多高层且具有代表性的结构体系技术是《美国钢结构抗震设计规范》（2010版）中提及的"Conxtech钢结构技术体系"。该技术体系是由美国ConXL公司开发的一种新型装配式钢结构技术体系，其关键技术、连接方法与技术优势如下：

1. Conxtech体系的关键技术

该体系是一种纯钢框架结构体系，适用于多高层建筑。根据Conxtech结构特点、节点形式与采用梁柱截面尺寸的不同，该体系可分为以下四种子体系：

（1）ConXRTM-100子体系：采用ConXR梁柱连接，柱采用100mm×100mm的方钢管，钢梁采用W6宽翼缘钢梁，跨度在1.2~4.8m之间，其框架层数不超过12层，主要应用于小型的管道架构及钢平台结构。

（2）ConXRTM-200子体系：采用ConXR梁柱连接，柱采用200mm×200mm的方钢管，钢梁采用W12宽翼缘钢梁，跨度在2.4~6.0m之间，主要应用于多高层钢结构住宅及管道架构。

（3）ConXLTM-300子体系：采用ConXL梁柱连接，柱采用300mm×300mm的方钢管或焊接方形截面，钢梁采用 W14~W24 宽翼缘钢梁，跨度在 3.6~9.0m 之间，其框架层数不超过 15 层，主要应用于多高层钢结构住宅及管道架构。

（4）ConXLTM-400 子体系：采用 ConXL 梁柱连接，柱采用 400mm×400mm 的方钢管或焊接方钢管，钢梁采用 W18~W30 的宽翼缘钢梁，跨度在 5.5~19.8m 之间，主要应用于医疗、军事、商务办公、停车场、工业建筑等大型主体结构。

2. Conxtech 体系的核心技术

Conxtech 体系运用了以下两种梁柱连接方式：

（1）ConXR 连接形式：梁柱交接处，在柱的四个侧面用楔形插座锁定相连，辅以高强螺栓固定梁柱节点。连接节点处，框架柱上下贯通，内部填充混凝土，形成刚性连接节点，其适用于框架层数不超过 12 层的结构体系。

（2）ConXL 连接形式：梁柱节点处，在柱对角位置采用柱面 T 型套板相连，将梁端套板插入两个柱面套板之间，就位锁定后由高强螺栓完成梁柱节点的拼接，形成刚性连接节点，其适用于框架层数不超过 15 层的结构体系。

3. Conxtech 体系的技术优势

采用 Conxtech 技术体系的多高层装配式建筑，其优势主要有：

（1）Conxtech 钢结构体系的梁柱连接方式简单，安装方便。

（2）Conxtech 技术体系的传力性能满足对梁柱间传力性能的要求，对同类型结构体系的研究具有很好的参考价值。

（3）Conxtech 钢结构体系根据不同类型建筑的使用条件开发了 4 种子体系技术，适应不同类型建筑的组装要求。

（4）Conxtech 体系的梁柱连接具有自锁功能，可提高整个体系的组装效率。

（5）Conxtech 技术的楼盖体系采用了典型的压型钢板安装、楼面钢筋绑扎与混凝土现浇的方式，使其建筑空间布置相对较为灵活，适用范围较广，并具有平面布置自由、整体刚度好的特点。

（6）Conxtech 体系得到了《美国钢结构抗震设计规范》（2010 版）的推荐，该规范对 Conxtech 钢结构体系的结构分析与节点设计都给出了明确规定，是一种具有成熟设计方法的结构体系。

4.4.4 模块化技术体系

模块化技术体系（Modularize）是美国发展装配式建筑的一种新兴建筑结构技术体系。它是将建筑体分成若干个空间模块，这些模块均在工厂预制生产，生产完成后运输至施工现场，并通过可靠的连接方式进行组装。与传统建筑的建设方式相比，其具有可缩短工期、节约人力物力、绿色环保、品质精良等优点。

1. Modularize 体系的结构技术

该结构体系按种类可分为全模块化结构技术和复合模块化结构技术，但为提高模块化建筑的结构与使用性能，需要将模块化建筑与其他建筑形式进行复合。复合模块化结构技术通常包括传统框架复合结构技术、板体复合结构技术、剪力墙复合结构技术等。在模块技术方面，根据模块化建筑所用模块的功能类型，可分为墙体承重模块、角柱支撑模块、楼梯模块、非承重模块等。

2. Modularize 体系的施工技术

结合 BIM 技术可通过施工模拟对实际过程进行优化设计：①收集相关信息，建立三维施工信息（3D-CI）模型，根据该模型对场地布置进行优化分析，确定场地的起重机位置和模块单元的固定交付位置。②应用四维组装模拟（4D-AS）方案，对建筑模块的吊装、装配与连接的全过程进行模拟分析，确定模块安装的最优次序以及安排装配时间，对施工过程中可能出现的问题进行预防，通过对施工过程进行 4D 模拟分析，确定最优施工方案，并制定施工进度计划表。

3. Modularize 体系的拓展技术

根据美国 HUD、ICBO、NAHB 与 PCI 近年来发展 Modularize 技术体系的目标，正在拓展与创新的技术有以下几个方面：

（1）拓展用户自定义系统，根据企业的产品种类情况，由某些通用模块构建简化管理的生产线平台，通过模块化用户自定义系统改变某些面向特定客户和应用的模块来调整生产线的产品范围。

（2）拓展布局化动态组合，要保证制造系统的布局化动态组合和调整能力，以满足未来"拼插模块建筑"更多体现仿生学元素所要求的柔性和快速响应的能力。

（3）拓展异构控制结构，由于模块订单产生的随机性，要求控制系统具有动态响应的特点，异构控制结构是装配建造系统应该借鉴的结构。

（4）拓展网络化供应链，通过供应链实现模块生产过程的网络化组织和管理，优化产品从开发到销售的全过程。

4.4.5　BIM 技术体系

装配式建筑的核心是"集成"，BIM 是将新型装配式建筑设计、生产、施工、装修和管理"五位一体"集成化的技术体系。目前，在美国总务署（GSA）与美国建设智能联盟（BSA）的推动下，美国大多数建设项目已经开始应用 BIM 技术体系，也相应出台了各种 BIM 标准。根据 McGraw Hill 的调研，2016 年美国装配式建筑行业采用 BIM 技术体系的比例从 2007 年的 36%、2009 年的 54%、2012 年的 79% 持续增长至 2016 年的 92%。其中 95% 的承包商已经采用 BIM 技术体系，它远远超过了材料工程师（75%）及机电工程师（69%）采用 BIM 技术体系的比重。BIM 技术体系使得装配式建筑的价值不断被人们认可，美国 BIM 技术的发展主要归功于美国总务署、美国陆军工程兵团和美国建设智能联盟的促进和推动。2007 年，美国总务署规定所有的大型项目都必须应用 BIM 技术，在项目审查时要提交 BIM 模型，鼓励所有的工程项目都采用 3D-4D-BIM 技术，并提供一定的资金扶持。美国建设智能联盟下属的美国国家 BIM 标准委员会于 2007 年制定了美国国家 BIM 标准，并于 2015 年 7 月发布了第三版。

1. BIM 标准化设计技术

GSA 下属的美国公共建筑设计师办公室（OCA）已经建立"BIM 构件库"，通过可视化设计、BIM 构件拆分及优化设计、BIM 协同设计与 BIM 性能化分析，可以不断增加 BIM 虚拟构件的数量、种类和规格，逐步建立标准化预制构件库。

2. BIM 工厂化生产技术

在美国装配式建筑预制构件的生产过程中，BIM 模型能够对预制构件进行信息化表达。利用构件生产说明和构件加工图，并通过计算机辅助制造（CAM）将预制构件的 BIM 信息数据输入设备，即可实现工厂化的自动化生产，这种数字化建造的方式可以大大提高工作效率和生产质量。斯坦福大学集成设施工程中心新开发的钢结构 BIM 装配平台，正是实现钢结构产品产业化、生产自动化的重要数字桥梁，是集成钢结构生产运营中软硬件系统的基础平台。

3. BIM 装配施工技术

BSA 开发的"Autodesk-BIM 装配平台"，通过施工现场组织及工序模拟，将施工进度计划、施工模拟碰撞检测与复杂节点施工模拟等写入 BIM 模型，并将空间信息与时间信息整合在一个可视的 4D 模型中，即可直观、准确地展示整个建筑的施工过程。

4. BIM 集成装修技术

美国建筑科学研究院（NIBS）利用物联网管理系统建立"BIM 集成装修产品库"，通过可视化的 BIM 设计、信息化集成模拟安装与相对独立的功能模块组装，实现了从原材料、构件与装配装修全过程的实时跟踪，并达到了装修设计优化、系统配置合理、集成装修整体协调的效果，可将集成装修行业的数字化应用扩展到运输等环节。

4.5 案例分析

4.5.1 装配式混凝土结构建筑

1. 普渡大学多层停车场

普渡大学的多层立体停车场是装配式混凝土建筑的代表，是预制混凝土结构应用的典型建筑类型（图 4-9）。这种停车场常采用干法连接的预制剪力墙 – 梁柱体系，由预制剪力墙承担全部的水平力，梁柱铰接形成的排架部分只承担竖向力（图 4-10）。它的竖向预制构件在大多数情况下一通到顶，有时也分层预制，然后在楼层标高采用螺栓连接或灌浆套筒连接。预制墙板的上下和左右均采用预埋件与后焊钢板连接，预制柱普遍采用牛腿搁置的做法（铰接）（图 4-11）。预制双 T 板的搁置节点一般是采用牛腿搁置或 T 梁搁置的做法（简支）（图 4-12）。干法连接的预制剪力墙 – 梁柱体系的停车场，常利用楼梯间交通核、分区隔墙和坡道侧墙的位置对抗侧力预制剪力墙进行布置（图 4-13）。

2. 菲尼克斯天港国际机场航站楼

菲尼克斯（凤凰城）天港国际机场航站楼是装配式混凝土建筑的另一代表，它的屋面板应用预制单 T 板，成功实现了大跨度设计（图 4-14、图 4-15）。单 T 板是 1962 年由预应力混凝

图4-9　普渡大学多层停车场

图4-10　多层停车场的预制剪力墙-梁柱体系

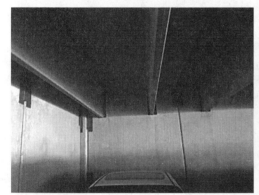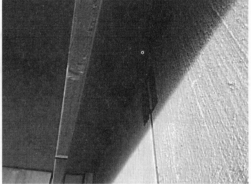

图4-11　竖向预制构件的连接

图4-12　预制双T板的搁置节点

图4-13 预制剪力墙的布置

图4-14 菲尼克斯天港国际机场航站楼

图4-15 航站楼屋面板

土先驱、世界知名的林同炎博士发展起来的,跨度可达40m,是一种有效的超大跨度的预制产品,因此十分适用于航空港候机大厅等大跨度结构建筑。为了提高预制单T板的抗裂性能,在构件预制过程中通常采用先张法对其预先施加应力(图4-16)。图4-17展示的是预制单T板的运输。

3. 南加州大学教学楼

图4-18是采用PC结构的南加州大学新校区教学办公楼。PC结构是体现建筑装配化的主要结构形式之一,它通过预制和半预制的板墙之间的拼接,以现场装配为主要形式,配合少

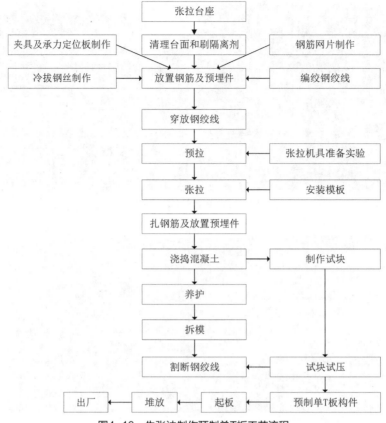

图4-16　先张法制作预制单T板工艺流程

图4-17　预制单T板的运输

量的现浇来实现整个建筑主体。这种结构的计算主要按照每个构件本身的承载力进行，通过适当方式连接成整体。节点、接缝压力通过后浇混凝土、灌浆或坐浆直接传递。拉力由连接筋、预埋件或焊接件传递。当预制混凝土接缝界面的粘结强度高于构件本身混凝土抗拉、抗剪强度时，可视为等同现浇。同时，连接部位根据变形的方向和大小可做成滑动、铰接或者固支（装配式很难做成刚接）。当出现地震等灾害的时候，PC结构主要通过节点处的应变来消除应力，不至于让应力在结构内部持续传递，防止结构连续倒塌。由于PC结构形式的抗震性能高，因此被广泛应用于校园建筑的结构设计。

图4-18 南加州大学新校区教学办公楼

4. 辛辛那提大学体育中心

辛辛那提大学体育中心位于美国俄亥俄州，是装配式混凝土建筑的又一典型代表（图4-19）。它的外观设计独特，犹如一个回旋镖形状，均由预制混凝土构件建造而成。该体育中心专为高校学生运动员服务，内部设有先进诊断和治疗设施的医疗机构、各类俱乐部、行政办公室以及生活服务型商店等，能够满足运动员的各类需求。同时，该体育中心以90°的优雅姿态连接着学校足球场，展现了美国人精准、力量、活力等积极向上的竞技精神。

图4-19 辛辛那提大学体育中心

5. 美国加州高科技苹果公司总部大厦

美国加州的高科技苹果公司的总部大厦主体结构是干连接装配式混凝土结构技术应用的典型案例，如图 4-20 所示。通常干连接件比其他连接的预制组件有更多的柔性，在外力下的变形往往集中在连接件上。因此，便利性和经济性是预制构件生产和现场安装的两大要素。同时，在施工作业时，现场误差的容忍度也很重要，在允许变形下不能有太多强度的损失，而每个构件与其相邻的构件要以美国 ACI 对整体性（图 4-21）的要求为最低标准连接，不能过于僵化，以保证在温度变化以及预制构件受力时能产生合理变形而不影响连接件的强度。

6. 芝加哥玫瑰庄园公寓

芝加哥玫瑰庄园位于美国伊利诺伊州，共由 8 栋公寓楼组成，占地 13.03 万平方英尺

图4-20　苹果总部大厦

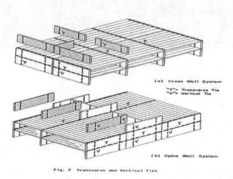

图4-21　美国ACI对建筑整体性的要求

图4-22　芝加哥玫瑰庄园公寓

（图 4-22）。该公寓所有大楼都是靠预制混凝土墙体、木制地板和木制屋顶构建而成，对街的墙面贴覆着玫瑰色薄砖，两侧和后方的预制墙壁上均有特制的图案。

4.5.2　剪力墙 – 梁柱结构建筑

有别于中国的剪力墙 – 框架结构，美国最常使用的预制结构体系是剪力墙 – 梁柱结构。在这种结构系统中，水平力百分百由剪力墙承受，梁柱接头使用铰接，不承受水平力，以内剪力墙系统（图 4-23）和外剪力墙系统（图 4-24）为主。一般而言，外剪力墙系统比较经济，因外墙作剪力墙的同时也能作装饰墙（图 4-25）。倘若因工程需要，混合使用也是可行的。通常情况下柱以多层柱为主（图 4-26）。

图4-23 内剪力墙系统

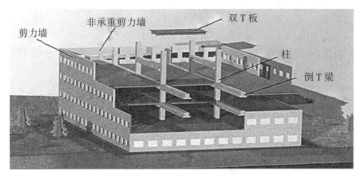

图4-24 外剪力墙系统

图4-25 剪力墙的装饰作用

图4-26 多层柱的应用

2008年，美国加州的圣地亚哥大学在美国国家科学基金会与预制预应力协会的支持下，所完成的一个3层楼的振动台实验（图4-27）是剪力墙-梁柱结构应用的成功实践。整栋建筑的剪力墙承受百分之百水平力，梁柱以铰接为主，梁以简支梁计算，并只在梁的上端有连

图4-27　圣地亚哥大学三层楼振动台实验

接件与柱相连。梁、柱、楼板则以可靠的连接方式连接，保持该建筑在水平力之下的整体性。该实验结果成功证明了剪力墙－梁柱结构在强震之下具有十分可观的可靠性。

4.5.3　装配式木结构建筑

1. 住宅建筑

美国木结构建筑的市场占比大约为2/3，在低、多层住宅中是主流（图4-28）。除此之外，木结构建筑在特殊的住宅建筑——宿舍建筑中也有所发展（图4-29）。装配式住宅部品部件的生产和建设已经进入专业化设计和标准化、模块化、通用化的建造阶段，并建立了非常完善的产业化装配式建筑及产品技术体系。标准化体系由标准化户型模块及标准化交通核模块共同构成，以统一的建筑模数为基础，形成标准化的建筑模块，同时能够促进专业化构配件的通用性和互换性。另一方面，居住用户可以从上万种产品组成的目录单中选取满足自己需求的产品。同时，由于各种部品部件具有结构性能好、用途多、适用范围广等优点，因此也更有助于住宅产品施工效率的提高。

美国装配式住宅采用的部品部件需要满足国家要求的"五化"，即标准化、系列化、专业化、商品化和社会化。现阶段，美国国内专业面向装配式住宅部品部件生产的公司不少于34家。此外，针对部品部件的安全性问题，美国主要采用认证形式，并由政府去履行认证全过程。除了注重质量，现代装配式住宅更加注重环保、美观、舒适性及个性化。在美国绿色建

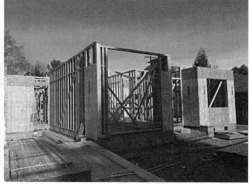

图4-28　美国木结构住宅建筑

图4-29 美国科罗拉多森林里的微型学生宿舍

筑认证体系认证评比中，建筑选址占22%，节水占8%，能源消耗占20%，建筑材料使用占27%，空气质量占23%，而装配式木结构住宅建筑基本均能达到这一标准。

2. 公共建筑

除了在低、多层住宅中广泛应用外，装配式木结构因其节能环保、轻质高强、抗震性能好等优点，在公共建筑中也有所应用。在装配式木结构建筑中，木桁架是主要的承重构件之一，它采用规格材制作为桁架杆件，并由齿板在桁架节点处将各杆件连接而形成，可分为三角形桁架和平行弦桁架两种类型。而与三角形木桁架相比，平行弦木桁架的杆件受力情况有所改善，因此应用更为普遍，例如采用双向木桁架的停车场（图4-30）、采用木桁架屋顶的大卖场（图4-31），其主要组成部分有上下弦杆、腹杆、齿板、节点、横向支撑及水平悬挑等（图4-32）。

图4-30 采用双向木桁架的停车场 　　　图4-31 采用木桁架屋顶的大卖场

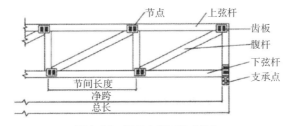

图4-32 平行木桁架组成部分

（资料来源：王滋，王丽，张赛男等．轻型木桁架的研究现状与发展趋势
[J]．林产工业，2016，43（02）：3-7.）

4.5.4　装配式钢结构建筑

美国考夫曼艺术表演中心是一个凸显现代化元素的装配式钢结构建筑的典型代表（图4-33）。这里拥有最先进的娱乐设备和两个世界级的娱乐表演场地。每个场地外观均由预制构件、金属屋面、钢化结构等组成，是一个以独特的翻盖式螺旋造型呈现的玻璃中庭封闭型建筑。该项目采用钢框架作为支撑结构，梁柱节点主要采用栓焊连接。在其围护结构中，弧形预制墙板与简约酸蚀刻饰面的使用总计约8.9万平方英尺。

图4-33　美国考夫曼艺术表演中心

4.5.5　预制外墙板的应用

丰富变化的预制混凝土装饰外墙是美国装配式建筑的一大特色，其饰面可采用面砖、石材、彩色混凝土、清水混凝土、露骨料混凝土、图案混凝土等类型外墙板，为建筑师提供了耐久性好且灵活多样的外墙材质选择（图4-34）。除了在预制混凝土结构中应用外，预制混凝土外墙板在钢结构、现浇混凝土结构等方面也有着广泛的应用。此外，在高层住宅中也常见预制混凝土外墙板的使用。

（a）　　　　　　　　　　　（b）　　　　　　　　　　　（c）

图4-34　预制外墙板在不同建筑中的应用
（a）赌场建筑；（b）学校教学楼；（c）办公楼

以下是部分典型案例中预制外墙板的具体应用：

1. 洛杉矶警察局新行政办公楼

洛杉矶警察局新行政办公楼是美国预制件协会于2010年的获奖作品。该办公楼共有10层，使用了1025块混凝土预制外挂板。在混凝土预制构件固有特性的基础上，建筑师设计预制构件时采用了特定的颜色和纹路，使得警察局新办公楼与周边的历史建筑和谐地融为一体（图4-35）。与传统幕墙体系相比，预制构件的应用有效地减少了该办公楼的吸热，特别是最为严重的西立面。同时，在该项目中，预制构件的设计对建筑的耐久性做出了很大贡献，并且预制构件耐久、坚固和低维护成本的特性也让该项目实现了环境效益和经济效益的双丰收。

图4-35 洛杉矶警察局新行政办公楼

2. 佛罗里达州儿童医院

美国佛罗里达州儿童医院位于美丽的圣彼德斯堡市，它是佛罗里达州西海岸唯一的一家儿童专科医院（图4-36）。该医院内外空间结构美观，外观以简约的白色预制外墙板为主，配以彩色玻璃窗，体现了简单实用的建筑用途。

图4-36 佛罗里达州儿童医院

3. 俄亥俄州立大学南校区制冷设备楼

美国俄亥俄州立大学南校区制冷设备楼由 Ross Barney Architects 建筑事务所设计建造，位于校园内某十字路口处，项目面积总计9.57万平方英尺（图4-37）。该制冷设备楼外立面采用了高抛光的混凝土预制墙板，具有较好的节能优势。

图4-37 俄亥俄州立大学南校区制冷设备楼

4.6 未来发展与挑战

1. 发展趋势

美国装配式建筑在未来发展中具有以下 5 个有利因素：

（1）不断降低的生产成本，使装配式建筑能够在一定程度上与传统的现浇式建筑竞争。

（2）半预制半现浇的生产方式正在逐渐增加。

（3）装配式建筑产品不断更新。

（4）装配式建筑占新建建筑的比例不断增加。

（5）国家和地方政府逐渐加大对装配式建筑政策和资金的支持力度。

由于装配式建筑的质量和外观都已符合房地产的基本标准，并摆脱了传统的火柴盒式的外观及廉价的形象，消费者对于装配式建筑的接受程度有所增加。另一方面，由于装配式建筑每平方米的造价比传统的现浇方式低 30%~50%，大量承包商开始采用半预制半现浇的生产方式，希望通过统一的工厂化生产扩大生产规模、降低生产成本，使得工厂化生产商与普通建筑商不断整合增加。目前，针对住宅的工厂化生产联邦统一标准正在推进中，已有 43 个州和国防部达成了共识。此外，装配式住宅的生产重点由生产活动式房屋向生产模块化房屋和组件转移转变。活动式房屋的生产数量从 1998 年开始逐年下降，2003 年的年产量比 1998 年下降了约 60%，而模块化房屋和组件的生产数量已超过装配式住宅总产品数量的 30%。由于在建筑行业里，现场建筑商仍占据了市场的主流，所以他们对工厂化生产的建筑组件需求的扩大成为了工厂化生产进一步发展的根本动力。而事实上，随着半预制半现浇的生产方式所占比例越来越大，2001 年将近 4/5 的预制构件直接销售给了传统的承包商，而这部分需求的增长预计是每年 4%，并一直持续到 2006 年。一些大规模的工厂化生产商，例如 Champion 公司，该公司专门成立了子公司，针对普通建筑商生产和销售房屋组件，这部分销售额已占该公司的 11%。绝大部分工厂化生产商都在发展与普通建筑商的合作关系。目前，15%~25% 的销售是直接针对普通建筑商的，且混凝土预制构件及其安装设备均可由特定的供应商提供。

2. 产业优势

美国物质技术基础较好，商品经济发达，而且建筑业一直沿着工业化产业道路发展，已达到较高水平，其装配式住宅的产业优势主要体现在以下多个方面：

（1）时代推动性

美国装配式住宅发展在较短的时间内获得如此高的水平主要依赖四个因素，包括：①经济技术高度发达，幅员辽阔，土地资源丰富。②各种新型建材的蓬勃发展，为现代住宅建筑提供了良好的物质基础。③人民生活水平的日益提高，对居住环境质量的要求不断提升。④政府的宏观管理、重视和引导。这 4 个因素相互制约、互相促进，推动着美国装配式住宅的产业化向着世界高水平的方向发展。

（2）社会需求性

在美国，多年来广泛的社会需求是装配式住宅市场产生与发展的主要基础。首先，在社会意识方面，人们普遍开始接受并认可这种住宅。其次，在低收入人群、无福利的购房者中，装配式住宅是人们住房的主要来源之一。

（3）质量保障性

在行业技术方面，美国修建住宅的原材料、木材、钢材等易于装配式施工。在装配式住宅设计方面，质量不断提高，产品替代性强，临时建设的情况也会大大削减或者消除。此外，一般都会有专业的第三方对房屋建造质量等各个方面进行长期监理。

（4）能效安全性

根据出售的地理位置，专门设计装配式住宅的抗风安全性和能源效率。所有美国装配式住宅在烟雾探测、逃生、墙体可燃性、热水器、厨房构造等方面必须严格符合相关 HUD 标准。此外，在飓风多发区，对装配式住宅的抗风性也有具体要求。同时，在建造方面进行全过程、全方位监控，做好库存管理，保证物料不会被偷窃，也不会因天气引起损失，更不会因天气影响建设进度。所有技术员、工人以及装配工以团队的形式合作，并受专业安全指导和监督。

（5）成本有效性

美国民用的装配式住宅凭借其较低成本的优势，已成为非政府补贴的经济适用房的主要形式。在投资途径方面，与现场施工的投资收益率相当，已成为一种优良的投资手段。在采购成本方面，可实行大批量的原材料采购。在建造价格方面，装配式住宅每平方英尺的建造价格具有区域差异性，平均来讲要比传统式现场建房的成本低 10%~35%。在生产成本方面，既可实施高效的生产线生产管理，也可实行质量稳定的标准化设计。在时间成本方面，既可在室内生产，以避免工期受到天气的影响，也可符合 HUD 标准，使地方主管部门的审批流程得以简化。

（6）建造便民性

装配式住宅的建造具有很大的便民性。首先，内部装修设计方案和外墙材质多样化均可体现许多传统的设计风格。其次，通过技术改造，阳篷、露台、车库等都可以根据客户的要求量身定制。此外，所有建筑材料、内部装修以及电器等都能够在批量购买后快速装配，可避免任何待工待料的现象。

（7）降低风险性

传统的住宅开发是一种备货型开发模式，先生产、后销售，是一种被动型的生产模式。在这种模式下，开发生产不能很好地与市场需求结合，导致产品定位不准，不能适应市场的需求，最终产品积压，或不得不降价销售。而在装配式住宅的部品部件开发中，企业以客户提出的个性化需求为起点，是装配式优选生产，因而是一种需求拉动型开发模式。承建纽约特朗普大厦附属交流中心的 Pulte Homes 开发商达纳·麦金泰尔表示，"这种模式以有效的需求来决定生产，避免产品因为没有适应需求而导致库存积压风险"。

3. 面临挑战

美国装配式建筑未来主要面临以下 5 大挑战（图 4-38）：

（1）装配式建筑的倡导者必须大力推行合理化的金融服务程序，使符合条件的购买者在购买装配式建筑时可以获得最优惠的信用贷款。

（2）通过完善相关法律来提高对装配式建筑生产、运输和组装过程的要求，同时要求地方政府采取更规范的组装标准以及明确施工企业在装配式建筑组装过程中的责任。

（3）克服土地使用的限制，使装配式建筑不受建设土地的限制，可以建设在有需要的社区，并逐渐被人们所接受。土地的使用政策应进行改革以保障装配式建筑可以在更多的区域修建，这样装配式建筑的拥有者也可以与自有土地房屋的所有者一样拥有同等的权利。

（4）强化设计规划合作，在不断创新的设计下拓展装配式建筑的发展，同时要保持装配式建筑低成本的优势，大力推广和倡导装配式建筑，将它作为一个现浇式建筑的替代产品。

（5）应不断改善装配式建筑的社会形象，提高人们对装配式建筑的心理定位。值得注意的是，在不断进行行业整合和金融服务的同时，应给予低收入家庭更多的关注，特别是一些居住环境特别差的人群。

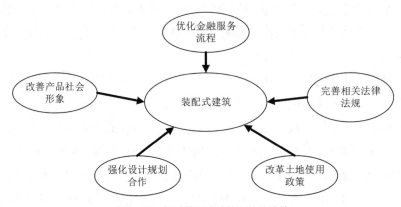

图4-38　美国装配式建筑面临的挑战

4. 经验总结

目前，美国装配式建筑预制构件的共同特点是大型化和预应力相结合，可优化结构配筋和连接构造，减少生产和组装工作量，缩短项目工期，充分体现了工业化、标准化和技术经济性特征。在美国装配式建筑产业化的发展中，设计体系标准化、材料制造工厂化、构配件供应配套化、现场建造工业化、材质结构长寿化、综合指标绿色低碳化等程度几乎达到100%。纵观美国装配式建筑产业化的发展，可借鉴的经验特点总结如下：

（1）设计体系标准化

装配式建筑相对于传统设计的区别在于更加需要建立一套相对完整的标准化设计体系。美国装配式建筑大多数的标准化设计体系由标准化户型模块构成，以统一的建筑模数为基础，形成标准化的建筑模块，促进专业化预制构件的通用性和互换性。

（2）材料制造工厂化

美国装配产业界把建筑视为一个大型的设备，所有屋架、轻钢龙骨、各种楼板、屋面、门窗及各种室内饰材是该设备的零部件。这些零部件经过严格的工厂化流水线生产可以保证其质量，组装出来的房屋才能满足功能要求。同时，所有建材在工厂生产过程中，其性能诸如耐火性、抗冻融性、防火防潮、隔声保温等性能指标都可随时进行标准化控制。

（3）构配件供应配套化

美国装配产业界要求构配件的预制化规模与装配化规模相适应，构配件生产种类与建筑多样化需求相适应，政策激励方向与措施落地相配套。

（4）现场建造工业化

建筑部品部件在工厂预制完成后被运到施工现场，施工工人将其按标准化流程实施工业化组装。例如外立面及主体采用预制装配体系及标准构配件等技术手段，内装采用干式施工法、工厂化通用部品部件等技术手段。

（5）建筑装修一体化

美国装配产业正在推行采用建筑与装修一体化设计，理想状态是装修可随主体施工同步进行，再配合工厂实现数字化管理，因此装配式建筑的性价比会越来越高。

（6）建造形式多样化

美国装配式建筑设计过程中，多通过轴线的调整和功能的微调来实现大开间的灵活分割。根据用户的需要，可分割成大厅小居室或小厅大居室。住宅采用灵活大开间，其关键是要具备配套的轻质隔墙，而美国的轻钢龙骨配以复合板或其他轻型板材恰恰是隔墙和吊顶的最好材料。

（7）建筑品质优良化

主要强调对装配式建筑室内进行人性化设计，同时采用环保内装、新风系统、地暖、整体卫浴等工业化新技术，有效提高建筑性能质量，提升建筑整体品质。

（8）构配件功能现代化

美国装配式建筑的构配件应具有以下功能：①外墙有保温层，可最大限度地减少冬季采暖和夏季空调的能耗。②提高墙体和门窗的密封功能，保温材料具有吸声功能，使室内有一个安静的环境，避免外来噪声的干扰。③使用不燃或难燃材料，可防止火灾的蔓延或波及。④大量使用轻质材料，可降低建筑物重量，同时增加装配式的柔性连接。⑤为厨房、厕所配备各种卫生设施提供有利条件。⑥为改建、增加新的电气设备或通信设备创造可能性。

（9）材质结构长寿化

材质结构长寿化是美国发展装配式建筑的主要标志，其基础是结构支撑体的高耐久性和长寿化。但不可否认，建筑内填充体的寿命无法与结构主体同步，传统住宅随着时间的累积，其内填充的装饰、管线部分逐渐老化，必然面临更新、检修的要求。因此，产业化的美国装配式住宅强调采用支撑体住宅体系，要求支撑体与填充体完全分离，共用部分与私有部分区分明确，以期便于使用中更新和维护，实现一百年的安全、可变、耐用。

（10）综合指标绿色低碳化

美国装配式建筑致力于利用智能技术与环保材料，在增加外墙的保温及门窗的气密性外，还考虑增加外遮阳设施，以节约空调能耗。同时，其主体结构及外墙使用装配式构件，多应用干式工法，以减少工地扬尘、噪声污染，内装则采用架空地板、轻质隔墙、整体卫浴，以减少现场湿作业，能够综合满足节水、节地、节能、节材等指标，实现建筑的低碳化发展。

5　日本装配式建筑案例分析

5.1　发展概况

20 世纪 50 年代，战后的日本为了医治战争创伤，为流离失所的人们提供保障性住房，开始探索低成本、高效率的工业化生产方式，建筑工业化开始起步。半个多世纪以来，日本已形成完整的建筑工业化体系，从房地产开发计划、建筑设计、部品设计、科技研发、工厂化制造、建筑施工，到物业管理，形成系统的、完善的产业链条。

在日本，"工业化"和"产业化"是两个不同的概念。建筑工业化是指建筑业从传统的以手工操作为主的小生产方式逐步向社会化大生产方式过渡，即以技术为先导，采用先进、适用的技术和装备，在建筑标准化的基础上，发展建筑构配件、制品和设备的生产，培育技术服务体系和市场的中介机构，使建筑业生产、经营活动逐步走上专业化、社会化道路。

住宅工业化是指将住宅分解为构件和部品，用工业的手法进行生产，然后在现场进行组装的住宅建筑方式。住宅工业化旨在以量的规模效应促进技术创新，采用先进、适用的技术、工艺和装备，科学合理地组织施工，发展施工专业化，提高机械化水平，减少繁重、复杂的手工劳动和湿作业；发展建筑构配件、制品、设备生产并形成适度的规模经营，为建筑市场提供各类建筑使用的、系列化的通用建筑构配件和制品；制定统一的建筑模数和重要的基础标准（模数协调、公差与配合、合理建筑参数、连接等），合理解决标准化和多样化的关系，建立和完善产品标准、工艺标准、企业管理标准、工法等，不断提高建筑标准化水平；采用现代管理方法和手段，优化资源配置，实行科学的组织和管理，培育和发展技术市场和信息管理系统，提高建筑质量并降低成本。

工业化本质上是建筑生产方式的一种改良，并不等同于产业化，但工业化是实现产业化的手段和前提。应从与传统建筑业的区别来理解，住宅产业化首先将工业化住宅生产放在首位，同时包括产业链上的建材和部品的制造、物流、商流、管理等行业。住宅产业并不隶属于传统建筑业，它的存在为其他行业的加入提供了空间，在涉及资源、资金等分配的国家产业政策上以及劳动就业政策上都占有独立的地位。如今，建筑工业化已成为日本建筑业发展的主要方向和主流趋势。

5.1.1　发展历程

18 世纪产业革命以后，随着机器大工业的兴起、城市的发展和技术的进步，建筑工业化的思想开始萌芽。20 世纪 20~30 年代，早期的建筑工业化理论就已基本形成。当时有人提出，传统的房屋建造工艺应当改革，改革的主要途径是由专业化的工厂成批生产可供安装的构件，不再把全部工艺过程都安排到施工现场。

日本虽然不是建筑工业化发展最早的国家，却是建筑工业化发展最为持续、发展水平最高、发展质量最好的国家之一。日本住宅的工业化建设起步于第二次世界大战后的 20 世纪 50 年代，当时面临的最大问题就是住房紧缺和劳动力短缺，因此日本政府开始采用工厂生产住宅的方式进行大规模的住宅建造，从而缓解了"房荒"问题。此后，在政府的大力支持下，经历了住宅建设的若干个三年计划和五年计划，日本的住宅产业化得到了迅速发展，从最初追求数量到后来数量与质量并存发展。目前，日本的住宅产业已经形成了一套比较完整的体系，是世界上住宅产业发展最为成熟的国家之一。回顾其发展历程，自第二次世界大战以来，日本住宅建设大致经历了三个发展阶段，其住宅建造方式工业化和产业化的水平也与时俱进，日臻完善。

1. 20 世纪 50~60 年代

第二次世界大战后，大量的城市住宅在战火中被烧毁，大量侨民和旧军人陆续地回到日本，致使住宅数量严重不足。因此，住宅产业建设的焦点是恢复战争创伤，解决房荒，重点推动住宅建造方式的工业化，提高建设效率。日本住宅产业化和工业化在战后初期，民间的开发商基本没有做什么工作，这个时期完全由政府主导。为解决住宅需求严重不足的问题，政府制定了一系列与住宅建设相关的法律法规，在发展住宅产业方面，实施了一整套的政策及措施。

1955 年成立"日本住宅公团"，以它为主导，向社会大规模提供住宅。住宅公团提出工业化的方针，以大量需求为背景，组织起学者、民间技术人员共同进行了建材生产和应用技术、部品的分解与组装技术、商品流通、质量管理等产业化基础技术的开发。20 世纪 60 年代，日本住宅建筑工业化开始了快速的发展，混凝土构配件生产首先脱离建筑承包企业，形成独立行业。构配件与制品的工厂化生产和商品化供应发展迅速，参与住宅生产的各类厂家越来越多。公团向民间企业开始大量订购工厂生产的住宅部品，向建筑商大量发包以预制组装结构为主的标准型住宅建设工程，住宅的生产与供应开始从以前的"业主订货生产"转变为"以各类厂家为主导的商品的生产与销售"，由此达到了高速度、高质量地建设公共住宅的目的，解决了住宅不足的矛盾。同时，公团还培养出了一批领跑企业并以之为核心，逐步向全社会普及建筑工业化技术，向住宅产业化方向迈出了第一步。民间企业在初期仅仅是执行者，按住宅公团的设计生产定购的产品。当民间企业生产和管理体制成熟之后，转向自主开发，一方面向公团推荐新的部品，另一方面向公共住宅以外的民用住宅大量提供住宅部品，并逐渐取代公团成为研究开发的主角，公团也随之转变角色，制定民间技术审查认证制度，由自主开发转向广泛采用民间技术为主。

经过 1945 至 1960 年的经济恢复阶段，日本的国民生产总值于 1960 年已达人均 475 美元，具备了经济腾飞的基本条件。但此时日本人口急剧膨胀，并不断向大城市集中，导致城市住宅需求量迅速增加。为此，日本建设省制定了一系列住宅工业化方针和政策，组织专家研究并建立了统一的模数标准，逐步实现了标准化和部件化，从而使现场操作更加简单。日本政府围绕住宅生产与供应，将有关企业的活动加以"系统化"协调。正是在市场关系发生这种重大变化的情况下，才提出了发展以承担住宅生产与供应的企业群为对象的新兴产业——住宅产业，"住宅产业"一词也随之在日本出现。早期的工业化住宅全部是标准型，规模、外形、户型、材料等都是固定的，它只有型号而没有商品名，给人以千篇一律、无可选择、廉价的印象。根据1968年的住宅统计调查，日本已达到一户一住宅的标准，日本全国的既有住宅总户数超出总家庭数，即住房不足的问题已经得到基本解决。大规模的住宅建设，尤其是为解决工薪阶层住房问题而进行的大规模公营住宅建设，为日本住宅产业的初步发展开辟了途径。

2. 20世纪70~90年代

20世纪70年代初期，由于住宅工业化和部品（泛指用来构成整体的一个组成部分）的大量实施，真正迎来了日本住宅工业化和产业化时代。在20世纪70年代以前，政府主要是出台法令，保证公共住宅的质量，并进行工业化、产业化部品技术的开发。20世纪70年代以后，在政府的帮助下，民间开发商迅速提升技术实力，也参与到住宅工业化生产中来。

20世纪70年代是日本住宅从"量"到"质"的转换期。特别是又经历了二次石油危机后，对住宅建设提出了节能要求。住宅产业在维持每年提供100万户住宅的同时，在扩大居住面积、提供住宅品质和性能、丰富居住设备等方面也取得了较大的成果。这个时期也是日本住宅产业逐渐迈向成熟的时期，1973年，日本的住宅户数超过家庭户数。1976年，日本提出十年（1976至1985年）建设目标，以期达到一人一居室、每户另加一个公用室的水平，日本的建筑工业化从满足基本住房需求阶段进入了完善住宅功能阶段。这一时期，大企业联合组建集团进入住宅产业，在技术上产生了盒子住宅、单元式、大型壁板式住宅等多种形式，同时设立了工业化住宅性能认证制度，并制定了《工业化住宅性能认定规程》，以保证其质量和功能。此时，工业化住宅已抛弃了呆板、单调、廉价的形象，并成为优质、安定、性能良好住宅的代名词。

1975年前后，日本住宅市场发生了重大变化，住宅供应的数量问题已经解决，人们开始对住宅提出了多样化的要求，住宅从数量上的增加转向质量上的提高。以1975年为界，在这之前用工业化的办法，通过标准设计建设的大量住宅，在之后的一段时期已不为市场接受。由于按标准设计建造的住宅没有市场，导致全国性的标准设计图基本上废除。因此，1974年以后，在日本住宅产业化和工业化进程中实行了一项最有影响力的制度，即优良部品认证制度（BL部品制度）。它是按产业化、工业化的方式来考量全国的优秀部品，后被广泛应用在对政府开发的公营住宅、公库住宅以及民间开发的住宅项目的评估认定上。

这一时期有两个重要的特征：第一，日本民间开发商的研究开发实力大大增强，研发出一些工业化的办法，来满足多方面需求、更高标准的住宅。第二，在20世纪70年代初期发生的世界范围内的石油危机，提高了日本住宅的建安费用。为了降低住宅的建安费用，不要求全部采用预制钢筋混凝土（Precast Concrete，PC）构件，而是根据住宅的地点和特点的不同，既可全部采用PC构件，也可以部分采用PC构件，并结合现场现浇来完成。

在推行工业化住宅的同时，日本 20 世纪 70 年代还重点发展了楼梯单元、储藏单元、厨房单元、浴室单元以及室内装修体系、通风体系、采暖体系、主体结构体系、升降体系等。到 20 世纪 80 年代中期，日本产业化方式生产的住宅占竣工住宅总数的比例已增至 15%~20%，住宅的质量功能显著提高，日本的住宅产业进入稳定发展的时期。

到 20 世纪 90 年代，日本开始进入少子女、高龄化时代，劳动力严重不足，尤其是被称之为"3K"行业（日本语头音为 K 的三个词：危险、重体力、肮脏）的建筑业现场劳动力严重不足，提高施工现场的劳动生产率显得尤其重要。因此，开始采用产业化方式生产住宅通用部件，其中 1418 类部件取得了"优良住宅部品认证"，各种新的工业化施工技术在日本被广泛采用。产业化方式生产的住宅占竣工住宅总数的 25% ~ 28%。

3. 20 世纪 90 年代以后

20 世纪 90 年代后期，在注重可持续发展、关注生物多样性、温室气体减排等问题的大背景下，住宅产业转向环境友好、资源能源节约和可持续性的方向发展，住宅政策开始重视节能环保，提出了"环境共生住宅"、"资源循环型住宅"的理念，并进行了众多的实验性建设，先后提出以 100 年寿命、200 年寿命为住宅发展目标，并不断调整和创新住宅建设的法律框架、政策制度、规划理念、市场开发、建筑材料、住宅部品、施工方法等。住宅产业在满足高品质需求的同时，也完成了产业自身的规模化和产业化的结构调整，日本的住宅产业进入成熟阶段。2000 年以后，全日本实现了机构型 SI（Skeleton Infill）住宅（简称 KSI 住宅）真正大面积的推广和应用。

到 2008 年为止，日本装配式住宅占全部住房总量的 42%。其中，木结构大约占据了装配式住宅的 10%，占独立住宅的比例高达 85%。现在，日本能够利用预制柱、梁等构件施工高度超过 200m 的超高层装配式工程，从标准层开始，能够保持一层 4 天的进度施工。

5.1.2 建设概况

1. 日本装配式住宅比例分析

（1）每年新建的住宅总户数与装配式住宅户数随着日本经济的高速发展而不断增加，特别是 20 世纪 80 年代的泡沫经济时代，全国每年的新建住宅量达到高峰（图 5-1）。最多的为 1987 年，达到 172 万户，其中装配式住宅为 25 万余户，约占总量的 15%。20 世纪 90 年代随着泡沫经济的破裂，日本经济进入了"失去 20 年"的低成长时代，全国每年新建住宅户数不断减少，加之 2008 年受金融危机冲击，2009 年达到最低位，新建住宅户数仅为 77.5 万余户，装配式住宅为 12.4 万余户，约占新建住宅的 16%。自 1979 年有统计以来，每年新建装配式住宅的总量与每年新建住宅户数总量的增减变化趋势一致，每年新建住宅户数的总量与国家经济发展有着密切的关系。

（2）不同结构体系的装配式住宅自 1994 年不同结构体系统计以来，钢结构装配式住宅所占比例远高于木结构和 PC 结构（表 5-1）。钢结构装配式住宅从 1994 年的 77% 上升到 2015 年的 87%，而 PC 结构的装配式住宅从 1994 年的 6.4% 下降到 2015 年的 2.8%，其主要原因之一是装配式住宅部品部件的可变性不如钢结构。另外，由于建筑自重的影响，PC 结构住宅的物流半径（100km 以下）远小于钢结构（300km 以下）。

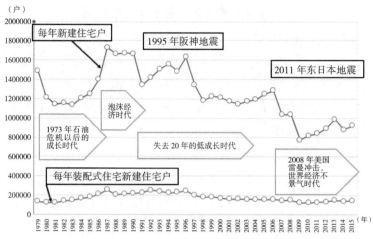

图5-1　日本每年新建住宅户数
（资料来源：日本建筑工业化考察报告）

日本住宅新建户数与装配式住宅新建户数及不同结构体系的比率　　　　　表 5-1

年度	住宅新建户数（户）	装配式住宅新建户数（户）	装配式所占比率（%）	装配式住宅不同结构比率（%）		
				木结构	PC 结构	钢结构
1979	1486648	138156	9.3			
1980	1213859	124080	10.2			
1981	1142732	124568	10.9			
1982	1157100	141535	12.2			
1983	1134867	150797	13.3			
1984	1207147	166849	13.8			
1985	1250994	180279	14.4			
1986	1399833	211409	15.1			
1987	1728534	255641	14.8			
1988	1662616	205905	12.4			
1989	1672783	214551	12.8			
1990	1665367	217989	13.1			
1991	1342977	226900	16.9			
1992	1419752	253424	17.8			
1993	1509787	240537	15.9			
1994	1560620	224008	14.4	16.9	6.4	76.7
1995	1484652	230462	15.5	16.8	5.0	78.2
1996	1630378	247317	15.2	16.3	5.5	78.2
1997	1341347	199903	14.9	16.6	5.1	78.3
1998	1179536	182076	15.4	16.8	4.6	78.6

年度	住宅新建户数 （户）	装配式住宅新建户数 （户）	装配式所占比率 （%）	装配式住宅不同结构比率（%）		
				木结构	PC 结构	钢结构
1999	1226207	185046	15.1	16.9	3.5	79.6
2000	1213157	171310	14.1	17.2	3.3	79.5
2001	1173170	162560	13.9	16.1	3.3	80.6
2002	1145553	161728	14.1	14.6	3.7	81.8
2003	1173649	158929	13.5	14.6	3.0	82.5
2004	1193038	159945	13.4	13.6	2.6	83.8
2005	1249366	156581	12.5	13.4	2.9	83.7
2006	1285246	159544	12.4	12.8	2.7	84.5
2007	1035598	146605	14.2	12.3	3.1	84.5
2008	1039214	148592	14.3	11.2	2.4	86.4
2009	775277	124361	16.0	11.4	2.3	86.3
2010	819020	125702	15.3	11.2	2.3	86.5
2011	841246	128216	15.2	11.4	2.4	86.4
2012	893002	134087	15.0	11.4	2.1	86.3
2013	987254	148756	15.2	11.3	1.9	86.8
2014	880470	140157	15.9	10.6	2.6	86.9
2015	920537	143164	15.6	9.9	2.8	87.3

数据来源：日本国土交通省《住宅新建统计》。

2. 日本住宅的种类

日本住宅的种类可分为单户住宅（一栋一户）、长屋住宅（水平联排住宅）、集合住宅（水平联排、垂直重叠的复数住宅）等。

随着城市化的发展及地价的上涨，单户住宅占全国住宅总量的比例不断下降，由 1978 年的 65.1% 降至 2013 年的 54.9%。集合住宅占全国住宅总量的比例由 1978 年的 24.7% 上升至 2013 年的 42.4%。不同住宅类型所占比例的变化如图 5-2 所示。

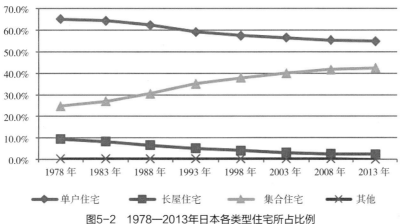

图5-2　1978—2013年日本各类型住宅所占比例

（资料来源：日本建筑工业化考察报告）

3. 日本装配式住宅的结构类型

日本的装配式住宅根据主体结构的材料不同可分为木结构、钢结构、预制钢筋混凝土结构（PC结构）三大体系，即使是同一种结构形式，也会因设计单位、施工单位的不同而出现许多派生形式。根据结构形式或制作工艺不同，木结构住宅可分为梁柱工法（日本称：传统工法）与2×4工法（日本称：进口工法），钢结构住宅可分为重钢结构、轻钢结构（包括冷弯薄壁轻钢结构），PC结构住宅可分为框架结构、剪力墙结构。

由于木结构2×4工法、轻钢结构是以2ft×4ft的木柱或C型高强度镀锌钢（Q345，镀锌275g/m²）按一定的间距排列，与结构定向刨花板（简称OSB板）组合在一起组成墙体承重的剪力墙承重方式，制作简单，工厂投资成本低，运输安装方便，在日本的1~3层的装配式住宅被广泛采用。多层、高层装配式住宅由于受力要求高，主要采用重钢结构。由于日本是一个多震的国家，故而较少采用PC结构，几乎没有砖混结构的住宅。

据2003年日本总务省调查统计，从总体上看，主要以钢筋混凝土结构（包括钢骨钢筋混凝土结构）、防火结构和木结构为主，占三成左右，不同结构形式具体所占比例如图5-3所示。

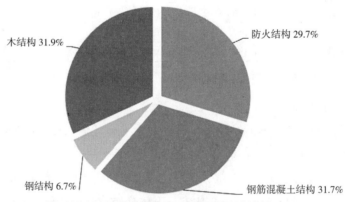

图5-3　2003年日本住宅不同结构形式所占比例
（资料来源：日本建筑工业化考察报告）

5.1.3 政策制度

1. 政府机构的设立

日本政府通过建立通产省（现为经济产业省）和建设省（现为国土交通省）两个专门机构来负责住宅产业化的推进工作，这两个政府部门从不同角度引导了住宅产业化的发展。通产省从调整产业结构角度出发，研究住宅产业发展中出现的问题，通过课题形式，以财政补贴来支持企业进行新技术的开发。建设省则着重从住宅工业化生产技术方面引导住宅产业的发展，并专门设立了针对住宅工业化生产技术的工作机构和工作组织。此外，日本政府在建设省还设立了住宅局、住宅研究所和住宅整备公团三个机构，三个机构各司其职，互相配合。

同时，日本政府在当时的通产省和建设省成立了审议会，以此作为政府管理部门的决策咨询机构，旨在为管理部门大臣提出的课题进行调查并给予建议。20世纪60年代末，在通产省产业结构审议会中，"住宅与都市产业分会"作为通产大臣的咨询机构被组建。住宅与都市产业审议分会的建议为通产大臣的决策（制定规划、计划）提供了有力的支撑。20世纪60年代，成立了建设省住宅地审议会（现在的社会资本整备审议会），主要是进行关于住宅产业相关问题以及政策的讨论。

2. 经济政策的制定

为了推动住宅产业发展，通产省和建设省相继建立了"住宅体系生产技术开发补助金制度"及"住宅生产工业化促进补贴制度"。通过一系列财政金融制度引导企业，使其经济活动与政府制定的计划目标一致，从而既定的技术政策得以实施。对于在建设中体现实用化、产业化的新技术、新产品，政府金融机关给予低息长期贷款，如涉及中小企业，还可根据《中小企业新技术改造贷款制度》，由"中小企业金融公库"发放低息长期贷款。此外，还建立了"试验研究费减税制""研究开发用机械设备特别折旧制"等制度。

在鼓励住房消费方面，日本政府为了引导住宅产业的发展方向，1950年就专门成立了一家金融支持机构——住宅金融公库（现为住宅金融支援机构），通过低利息的贷款促进消费者理性采购，并实行固定利率（贷款利率比商业贷款利率低30%），还贷期限也较长（一般为35年），这一举措对解决中低收入者购房问题和促进住宅建设发展起到了很大作用。20世纪80年代政府把节能（被动式住宅）作为一个重要指标加以引导，让消费者采购装配式住宅时真正得到实惠。该行与其他银行不同，2016年员工数不足1000人，一级建筑士（相当于我国的一级注册建筑师、一级注册工程师）就有100多名，用以审核消费者所购住宅是否真正按照相应的要求建造。

3. 技术政策的制定

（1）住宅标准化

1969年，日本政府制定了《推动住宅产业标准化五年计划》，开展了材料、设备、制品标准、住宅性能标准、结构材料安全标准等方面的调查研究工作，并依靠有关协会加强了住宅产品标准化工作。1971—1975年，仅制品业的日本工业标准就制定和修订了115本，占标准总数的61%。1971年2月，通产省和建设省联合针对住宅房间、建筑部品、设备等问题提出了"住宅生产和优先尺寸"的建议。此外，建设省于1979年提出住宅性能测定方法和住宅性能等级的标准。标准化工作是企业实现住宅产品大批量社会化商品化生产的前提，极大推动了住宅产业化的发展。

（2）建立优良住宅部品认定制度

1974年7月，建设省颁布了优良住宅部品（BL）认定制度。1987年5月，建设省授权住宅部品开发中心进行审定工作。住宅部品认定中心对部品的外观、质量、安全性、耐久性、价格等进行综合审查，公布合格的部品，并为之贴上"BL部品"标签，有效时间为5年。经过认定的住宅部品，政府强制要求在供应住宅中使用，同时也受到市场的认可并被广泛采用。优良住宅部品认定制度的建立，逐渐形成了住宅部品优胜劣汰的机制。这是一项极具权威的制度，是推动住宅产业和住宅部品发展的一项重要措施。

（3）建立住宅性能认定制度

建设省于 20 世纪 70 年代中期开始实行工业化住宅性能认定制度，以此保证工业化住宅的性能质量，使业主清楚工业化住宅质量情况，保护购房者的利益。目前已经制定了《工业化住宅性能认定规程》，其目的是为购房者在选择住宅时提供参考，并保证他们获得最大的利益。

（4）住宅技术方案竞赛制度

日本将实行住宅技术方案竞赛制度作为促进技术开发的一项重要措施和方式。从 20 世纪 70 年代起，围绕不同的技术目标，日本多次开展技术方案竞赛，并实行了住宅技术方案竞赛制度。这一制度不仅实现了住宅的大量生产和大量共计，同时，极大地调动了企业进行技术研发的积极性，满足了客户对住宅多样化的需求。

4. 协会、社团发挥重要的作用

日本预制建筑协会成立于 1963 年，由日本交通建设省和经济产业省主管，为一般社团法人，设有总会、理事会、项目管理委员会，下设 6 个分会和 1 个事务所：预制建筑分会、住宅分会、标准建筑分会、公共关系分会、教育分会、保险与担保推进分会和一级建筑师事务所。协会从 1988 年开始，对 PC 构件生产厂家的产品质量进行认证。截止到 2015 年 8 月，共认证了 119 个厂家的项目，每个项目要详细打分。2015 年 4 月，全日本共有 57 家 PC 部材厂家的产品品质通过了日本预制建筑协会的认定，我国有上海住总工程有限公司、东锦株式会社大连东都建材有限公司、上海建工材料工程有限公司第三构件工厂生产的 PC 构件产品通过了该协会的品质认定。一般来说，60m 以下的建筑使用 PC 构件，超过 60m 以上的建筑，使用 PC 构件的，需要交通建设省审查批准。日本的超高层住宅建筑都使用了 PC 部材，能够节省工期并降低成本。

日本预制建筑协会这种促进行业自律、行业发展的组织模式，值得我国借鉴。该协会成立 50 多年来，在促进 PC 构件认证、相关人员培训和资格认定、地震灾难发生后紧急供应标准住宅、促进高品质住宅建造、建筑质量保险和担保等方面，发挥了积极作用。我国建筑产业现代化的发展，可以吸收借鉴日本预制建筑协会的经验，尽量避免走弯路。

5. 政策与制度的变迁

第二次世界大战后，日本国土受到极大的破坏，住宅的数量严重不足。当时，政府制定了一系列与住宅建设相关的法律法规，用来解决这一大社会问题。

根据《日本的住宅政策与各时期的社会动向年鉴》得知，1948 年日本成立了建设省，1950 年颁布了一部重要的建筑法律《建筑基准法》。同年，针对商业银行和一般金融机构难以提供长期、低息的住宅建设资金和购房贷款的问题，根据《住宅金融公库法》，日本政府成立了专门的政策性住宅金融机构"住宅金融公库"（现为住宅金融支援机构），为建房和购房的单位和个人提供低息贷款，并实行固定利率（贷款利率低于国家财政投资及贷款的利率），还贷期限也较长（一般为 35 年）。住宅金融公库的资金来源主要为国家财政投资和贷款所得。次年又颁布了《公共住宅法》，日本住宅公团（现为都市再生机构）于 1955 年成立。"公库""公营""公团"的三套班子奠定了公共住宅制度的基础。

所谓公共住宅是由各地方政府或公共团体出资，为解决低收入家庭的安居问题而建设的低租金的租赁住宅。住房问题是各国政府非常关注的国计民生问题，尤其在公共住宅方面，政府的主导作用不可或缺。日本的公共住宅约占日本住宅总量的 10%，主要有三种供应形式：公营住宅（占公共住宅总量的 47.4%）、公团住宅（占公共住宅总量的 33%）、公社住宅（占公共住宅总量的 19.6%）。公营住宅由地方政府负责建设和管理，只向本地区低收入者提供廉价租赁住宅；公团住宅由国家层面行政法人（相当于我国中央政府所属的大型国有企业）的都市再生机构（原住宅整备公团）建设和管理，主要在都市圈和大城市开发建设租赁和分售的公共住宅；公社住宅由地方负责公共事业的企业建设和管理，向本地区提供租赁和分售住宅。日本的公共住宅政策制度，以公团住宅为代表，在质量、品质、性价比、节能环保等方面无一例外地体现着日本的国家产业政策导向，起到了市场杠杆的作用。

从 1952 年开始，日本实行"公营住宅建设三年计划"，持续了 5 期，共 15 年，为解决住宅严重不足问题做出了巨大的贡献。日本经济从 1960 年进入高速发展期，都市人口激增，家庭结构缩小，住宅市场需求旺盛。在此背景下，1966 年日本制定了《住宅建设计划法》，其目的在于明确包括民间开发在内的全国住宅建设发展方向和长远目标。在此法律制度下，作为前面 3 年计划的后续政策开始实行"住宅建设 5 年计划"，提供每 5 年新建住宅的户数和改善居住质量的指标，把它作为国家和地方政府的基本建设方针。自 1996 年，住宅金融公库为推行国家产业政策，引导市场，对开发和购买适应中老龄化需求的住宅和节能住宅采取更加优惠的贷款利息措施。另外，20 世纪 70 年代，政府主导实施了多项大型的技术开发项目。

1973 年，在全国范围内达成了一家一户的目标。同年末，因第一次石油危机爆发，新建住宅动工数锐减，住宅政策实行了"从量向质"的大转换。跨入 20 世纪 80 年代，"两阶段供给方式"、"百年住宅建设系统（CHS）"等新的住宅生产和供应方式开始应用到建设中，它们成为 1990 代以后的"SI 住宅"的基础。

20 世纪 90 年代后期，住宅政策开始重视节能一体环保，提出了"环境共生住宅""资源循环型住宅"的理念，进行了众多的试验性建设，一直持续到现在。到 2005 年止，"住宅建设五年计划"共实施了 8 期，持续 40 年，且一直以提高居住水平为宗旨做出了不懈努力，主要的成果指标是增加了人均居住面积。根据第八期（2001—2005 年）目标，到 2005 年为止，让总家庭数的 2/3 达到"诱导（推荐）居住面积水准"的同时，还要求室内面积为 100m²（集合住宅为 80m²）的住宅占全现有住宅的比例达 50%，室内面积为 50m²（集合住宅为 40m²）以上的住宅所占比例达到 80% 以上。

2006 年，在人口增量开始锐减，在现有住宅户数（约 5400 万户）已超过家庭数（约 4700 万户）的现实面前，日本住宅政策转向重视现有住宅的运用。为此，日本制定《居住生活基本法》，根据其精神制定了从 2006 年到 2015 年以"住宅性能水准""居住环境水准""居住面积水准"为目标的"居住生活计划"。

5.1.4 标准和规范

日本在建筑工业化方面的标准规范主要集中在 PC 和外围护结构方面，包括日本建筑学会编制的《预制钢筋混凝土结构规范》（JASS10）、《预制钢筋混凝土外墙挂板》（JASS14），同时还包含在日本得到广泛应用的蒸压加气混凝土板材方面的技术规程。

规范的主要技术内容包括：总则、性能要求、部品材料、加工制造、脱模、储运、堆放、连接节点、现场施工、防水构造、施工验收、质量控制等。除建筑工业化相关规范之外，日本预制建筑协会还出版了 PC 相关的设计手册，此手册近年经中国建筑工业出版社引进并在国内出版。相关技术手册包含 PC 建筑和各类 PC 技术体系介绍、设计方法、加工制造、施工安装、连接节点、质量控制与验收、展望等内容。日本的钢结构和木结构住宅在主体结构设计中采用与普通钢结构、木结构相同的设计规范。

5.2 技术分析

5.2.1 实现工法

从 19 世纪末开始，混凝土结构开始普及，日本一直在努力追求其施工合理化。他们认为预制装配式建筑分为两种，即预制组装工法（PCa）和预应力混凝土结构。在预制组装工法中，均为高强度和高质量的混凝土部品，可以实现定型化构件的批量生产。而在预应力混凝土结构中，混凝土构件形成预压应力，并采用压接方式来进行拼接。

1. 预制组装工法（PCa）

（1）预制组装工法的涵义

预制组装工法（PCa 工法），为区别于预应力混凝土结构（Prestressed Concrete），一般称为 PCa 工法。预制组装工法将建筑商品化、部品化、构件化分解，将现场建造的方式转变为以现场装配组装为主，通过部品和构件的工厂化生产和现场装配，从而实现建造房屋就像汽车零部件组装成汽车一样，彻底改变了以现场湿作业为主的建造方式。

（2）预制组装工法发展历程

预制组装工法的原型是 1907 年美国人 Thomas Conllins 发明的，一般在现场进行的平打竖立工法。1956 年日本住宅公团运用近似方法开始试验建设二层集合住宅，1960 年开始进行中层集合住宅的研究，1961 年采用纯剪力墙平打竖立工法建设 4 层集合住宅取得成功。1964 年，公团设立大批量生产试验场，开发使用水平钢模板、蒸汽养护的工厂制作技术。从此，预制组装工法真正成为工业化主角。

1952 年，日本建筑学会制订了纯剪力墙结构设计规范，之后又制订了适应纯剪力墙 PCa 结构专门规范，为 PCa 工法的出台提供了设计依据。PCa 板之间通过钢板焊接或钢筋搭接等方法使建筑连为一体，以充分保证它的抗震性能。1967 年至 1974 年进行了一系列足尺结构试验，充分考证了 PCa 结构体系的抗震性能。经过几十年，这种 PCa 结构体系经历了数次大地震，没有出现因结构问题而损坏建筑的现象。

初期的预制组装工法住宅，继承了平打竖立工法的纯剪力墙结构，墙体和楼板都是平面构件，其在钢制的平台上制作，通过蒸汽养护，一天之内即可脱模，站立存放，非常适合工业化大量生产。为了提高效率、降低成本，公共住宅采用了标准设计。住户的开间以15cm 为模数调整，纵深则固定为 7.5m，因此建起来的住宅千篇一律、略显呆板。在经历了石油危机之后，人们对于住宅多样性的需求增加，公团于 1973 年颁布了公共住宅新标准设计系列。

20 世纪 80 年代以后的预制组装工法，从目的到方法都有了极大的变化，其对比结果见表 5-2。这一时期的日本，已基本解决了住宅数量不足的问题，但随着人口向大城市集中，城市集合住宅建设不断增加，而且建筑规模越来越大，劳动力慢性不足已经成为社会问题。因此，预制组装工法成为省力、保工期、保质量的重要手段，其重要性及必要性不断增加。高层住宅的预制组装工法与以前的纯剪力墙预制组装工法相比有了很大进步，已不再是成套的、固定的工法，而是根据项目时间、地点、建筑物特点等来进行梁、柱、楼板等各部位的工法选择。预制构件的形式也多为半预制组装工法，留出现浇部位以利于建筑的整体性，并且由于建筑规模大，单个项目中就有相当数量的预制组装工法构件，可将其分类归纳后进行工厂化生产，但规模较大的项目之间并无共通的标准。这一时期的另一个特点是预制组装工法已不再局限于钢筋混凝土结构，其也被广泛地应用于钢骨钢筋混凝土结构和预应力混凝土结构中。

预制组装工法变化对比　　　　　　　　表 5-2

时间	20 世纪 80 年代以前	20 世纪 80 年代以后
社会背景	住宅数量不足	劳动力不足
PCa 目的	大量建设；品质安定，标准化；降低成本；工业化	大规模建设；个性化建筑；短工期，高质量；省力化，文明施工
建筑规模	低层、中层	高层
结构形式	纯剪力墙	框架
结构种类	钢筋混凝土	钢筋混凝土；钢骨钢筋混凝土；预应力结构
PCa 范围	全 PCa	半 PCa，按部位选择工法
量与种类	小规模、多工程的集约	大规模、单工程的对应
生产体制	种类少、批量生产大	种类多、批量生产小

资料来源：日本建筑工业化考察报告。

2. 预应力混凝土结构

预应力混凝土是为了弥补混凝土过早出现裂缝，在构件使用（加载）以前，预先给混凝土一个预压力，即在混凝土的受拉区内，用人工加力的方法，将钢筋进行张拉，利用钢筋的回缩力，使混凝土受拉区预先受压。对于这种方式储存下来的预加压力，当构件承受由外荷载产生的拉力时，首先抵消受拉区混凝土中的预压力，然后随荷载增加，使混凝土受拉，这就限制了混凝土的伸长，延缓或防止裂缝出现。

近年来，在预制装配式结构中，工业化程度和建筑技术都达到了较高的水平，经常将上述两种方法合二为一，形成预应力组装工法。该工法强调构件与构件之间不需要连接的钢筋或钢材，只需通过钢索施加的预应力来保证建筑的强度和整体性，这种连接方法被称为压力连接，这种工法叫作"关节工法"。形象地说，结构如人体骨架，预应力钢索如人体的筋，形成的节点如人体的关节，既有力又灵活，不但对提高抗震性能有利，而且施加预应力的混凝土结构在耐久性方面也得到了很大提高。

图 5-4 是黑泽建设株式会社提供的一组该工法的照片。构件是在带张拉装置和蒸汽养护的长达百米以上的生产线上生产的，需要在良好的环境下存放，构件的运输除了陆路以外也经常采用水路。在吊装的照片中可以看到为穿插预应力钢索而预留的空洞，模板工程和钢筋工程在施工现场基本被省去。

预应力组装工法广泛应用于大型公共建筑，如大型运动场、大型仓库、集合住宅、单户住宅、学校等。图 5-5 为采用该工法的"公立函馆未来大学"，高达 20 多 m 的预制柱在工厂分节制作，现场以施加预应力的方式组装连接，其不需要现浇的接头。屋顶的梁和天花板同样采用预应力构件，既不需要模板，也不需要连接钢筋，构件笔直轻巧的线条和光洁的清水墙面，非常完美地展现了建筑的设计风格。

图5-4 预应力结构的构件组装

图5-5 公立函馆未来大学

5.2.2　集合住宅技术

1. 集合住宅的发展

第二次世界大战结束后,随着复兴工作的展开,城市开始大量供应集合住宅。1953年前后,社会经济水平有所提高,民间集合住宅一直向高层化发展。为了尽量在有限的宽度上布置更多同一朝向的住户,多采用外走廊的方式。户型的特点是开间小、进深大。它的构成由最初的DK(Dining Kitchen)扩大成nLDK,即以L(Living起居室)、D(Dining餐厅)和K(Kitchen厨房)为住宅的基本要素,以起居室为中心,布置各房间,连接多个起居室。同时,这种类型的住宅通过构件的标准化设计和工厂化生产降低了造价,使大量生产和普及推广成为可能,这在一定程度上解决了住宅紧缺问题。由于卧室面积和数量的可变性,使得不同户型被衍生出来,以满足不同家庭的需求,深受居民的青睐,这一形式直到现在仍为日本城市住宅的主流。

2. 集合住宅的设计特点

(1)日本都市集合住宅日趋高层化、大规模化。高低层的划分并没有明确的定义,一般3层以下称为低层,4~5层称为中层,6~19层称为高层,且20层以上的则称为超高层。从规模上划分,50户以下为小规模,50~200户为中规模,且200户以上为大规模住宅。日本是一个土地私有制国家,各种层数和规模的集合住宅可根据土地大小和所处位置来划分。

(2)设有集会所和会议室。方便召开集合住宅管理会议并为居民提供临时交际场所。

(3)绿化。绿化是构成自然舒适生活环境不可缺少的要素,也是集合住宅的组成部分。近年来,作为缓和热岛效应的对策,楼顶绿化和墙面绿化受到重视。《东京自然保护和恢复条例》规定,开发商既要确保20%的地面绿地面积(除建筑占地外),还要尽可能使楼顶绿化和墙面绿化达到可利用面积的20%。

以下将从走廊形式、剖面形式、阳台形式这三方面来介绍集合住宅的设计。

1)走廊形式

走廊的形式主要分为"梯间式""外廊式"和"内廊式",如图5-6所示。此外,还有以外廊式与内廊式结合起来的"双廊式"。

中层住宅多采用梯间式走廊,每户都可以设置前、后阳台,在采光、通风以及个人隐私的保护方面都比较有利。公营住宅以及初期的公团住宅大多都是没有电梯的中层建筑(5层左右),因此多采用梯间式。倘若设置电梯,一梯两户的电梯使用效率非常低,因此在民间的高层集合住宅中几乎不采用梯间式走廊布置。

外廊式集合住宅的电梯利用率则相对较高,也容易实现双向避难,因此中层住宅和高层住宅普遍采用这种形式。

内廊式由于走廊两侧的住户共用同一个走廊,在很大程度上可以提高电梯的使用效率、减少共用面积,适合于城市高密度的集合住宅。但由于日本内廊式住宅的防灾要求比外廊式严格很多,且内廊式在采光、通风以及保护个人隐私方面较差,因此实际采用内廊式的住宅比较少。

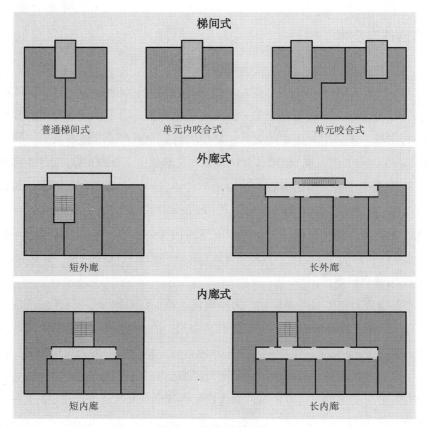

图5-6　走廊形式分类

双廊式是内廊式与外廊式的结合体，通过天井的设计改善了内廊式走廊的缺陷。双廊式的走廊面积与外廊式的没有差别，但是电梯的利用率却与内廊式一样高。日本在经济高度增长期间所建造的大规模超高层住宅大多采用双廊式。

2）剖面形式

根据住宅截面的不同，可以分为平层住宅和跃层住宅。平层住宅是指一住户只布置在同一层，这是集合住宅最普遍的布置形式。跃层住宅是指一住户布置在两层或两层以上，比起外廊式的平层住宅，不仅减少了共用面积，同时也提高了住户的居住性。由于户内配置楼梯，因此跃层住宅多适用于大家庭住户。

3）阳台形式

日本的集合住宅，无论是低层住宅还是高层住宅，一般都设有阳台，而且多数是从楼层的一端一直延续到另一端，成为日本特有的住宅外观。另外，阳台是火灾发生时的第二安全通道，可以穿过连续的阳台和软梯逃到下层。

3.集合住宅的结构种类

见表5-3，日本都市集合住宅的结构种类分为钢筋混凝土结构（RC）、钢骨钢筋混凝土结构（SRC）、高强度钢筋混凝土结构（H-RC）、钢骨混凝土结构（CFT）、钢结构（S）、木结构（W），其采用频率顺序是RC>SRC>H-RC>CFT、S、W。

日本集合住宅的结构种类和采用频率　　　　　　　　表 5-3

结构名称	简称	不同规模住宅采用的结构的频率			
		低层 ≤3	中层 4~11	高层 12~20	超高层 >20
钢筋混凝土结构	RC	多	多	少	无
钢骨钢筋混凝土结构	SRC	无	少	多	少
高强度钢筋混凝土结构	H-RC	无	无	少	多
钢骨混凝土结构	CFT	无	无	少	少
钢结构	S	多	少	少	少
木结构	W	少	无	无	无

资料来源：日本建筑工业化考察报告。

钢筋混凝土结构是集合住宅中最普遍采用的结构类型，其优点为：一是保温、隔声、抗震性能好，能维持住宅良好的居住环境和保证其独立性。二是刚度大，能避免或减小因强风、地震带来的摇动。三是具有优越的防火性能，不但本身是不燃材料，而且在火灾中仍可保持必要的强度，不产生倒塌或崩坏。其缺点为：一是截面积大、体积大，占去不少建筑空间。二是自重大，对抗震设计要求甚高的日本而言，自重大就意味着作用的地震力也大。三是由于不易变形，地震时易产生脆性破坏，导致建筑物瞬时倒塌。为了增加其变形能力，日本对其配筋量和配筋形式提出相当严格的要求。

5.2.3　可持续发展技术

1. 轻钢结构 OSB 板的蒙皮效应

轻钢结构的承重方式是通过轻钢主体骨架加定向结构刨花板（Oriented Strand Board，OSB）作为剪力墙承重。日本的轻钢结构的受力计算合理地考虑到 OSB 板的蒙皮效应，有效节省材料，避免造成不合理的浪费。

2. SI 技术

在日本，无论是商品住宅还是租赁住宅，在发售或出租时通常已包括室内的装修和设备，入住者不需要进行二次装修。住宅以这种高完成度的形式投入市场的方式，既是法律上的要求，又是出于确保质量和性能的需要，同时也是日本的商业习惯。在日本，不论是住宅，还是其他商业行为，提供半成品或购买半成品进行二次加工的情况相对较少。

目前，SI（Skeleton Infill）住宅已成为实现日本住宅长寿化的基本理念。该理念是指通过将住宅骨架与住户内的装修和设备等明确分离，从而延长住宅的可使用寿命。因为骨架寿命一般较长，而装修和设备老化较快，如不能改装设备与更新装修，建筑将不能继续正常使用。因此，将使用年限不同的骨架与装修、设备等一起建造，是缩短建筑物使用寿命的重要原因。

SI 住宅的核心思想来源于荷兰学者哈布拉肯教授在其著作《支撑体——大量住宅建设的一个选择》提出的敞开型住宅建设（Open Building）理论。理论的独特性在于提出了将工业化和住户参与适当融合的思想。他认为，欧洲住宅的单调性是由于对工业化技术的使用不当而造成的，应将住宅建设的过程向居住者开放并征求他们的意见，进而适当地运用工业化技术，以达到良好的效果。

敞开型住宅建设理论主要从城市肌理（Urban Issue）、支撑体（Supports）、填充体（Infill）三个层面来解释住宅环境要求，分别对应住宅建设中公（社会）、共（群体）、私（个人）的不同地位和要求。由于日本处于地震多发地带，人们对结构强度的关注度非常高，因而用骨架（Skeleton）一词取代了支撑体并沿用至今，见表5-4。

集合住宅的协议形成层面与居住环境的各种属性　　表5-4

层面	城市肌理	骨架	填充体
主体	社会	群体	个人
物质形态	街区	骨架	室内装修与设备
主要生产手段	土地处理技术	现场施工技术	工厂生产
主要使用者	近邻住民	建筑物居住者	家人
财产性质	不动产	—	动产
耐用性要求	长期	—	短期

3. KSI 技术

都市再生机构充分继承了从日本住宅公团时期以来的成果，开发了机构型SI住宅（I住宅），其设计的4个要素见表5-5。原来的公团住宅采用高低楼板来避免给排水配管带来的楼面高低差，但是复杂的结构体会影响建筑物的可使用寿命，为此KSI住宅采用的是平楼板，通过增加层高来解决这个问题。

KSI 住宅设计的4个要素　　表5-5

序号	要素	措施
1	高耐久性的结构体	通过降低混凝土的水灰比建造高耐久性的结构体
2	无次梁的大型楼板	减少户型设计上的障碍，采用空间可变性高的大楼板
3	将共用排水管布置在住户外面	增加改装时的户型空间的可变性
4	电线与结构体分离	采用吊顶内配线或薄形电线，将配线与结构体分离，有利于后期的修理和改装

4. 百年住宅建设系统

百年住宅建设系统（Century Housing System，CHS）是原日本建设省（现为国土交通省）于1980年作为"提高居住功能开发项目"中一个重要环节而被提出并致力开发的系统。百年

174

住宅建设系统是为了实现可持续地提供舒适居住生活的住宅而建立的，包括设计、生产、维护管理等全过程在内的思想体系，通过确保物理的耐久性和功能的耐久性，从而实现"无论何时都能享受到舒适优质的居住生活"，并将约100年的可持续长期使用寿命定为设想目标。

1988年，"财团法人优良生活"开始了"百年住宅建设系统认定事业"，并且一直持续至今，同时还制定了《百年住宅建设系统认定基准》。住宅开发企业根据认定基准，对自己的住宅商品和设计系统进行整理并提出创新建议，然后申请通过认定。《百年住宅建设系统认定基准》主要由以下6个要点组成：

（1）可变性原则

可对房间的大小及户型布置进行调整更换。将住宅的居住区域与厨房、厕所、浴室等用水区域分开，通过提高居住区域的可变自由度，居住者可以根据自己的爱好和生活方式进行空间分隔。

（2）连接原则

在不损伤住宅本体的前提下更换部品。将构成住宅的各种构件和部品等按耐用年限的不同进行分类，设计上应考虑好在更换耐用年限短的部品时，不让墙和楼板等耐用年限长的构件受到损伤，以此决定安装方法和采取修理的措施。

（3）独立、分离原则

预留单独的配管和配线空间。不把管线埋入结构体内，从而方便检查、更换或追加新的设备。

（4）耐久性原则

提高材料和结构的耐久性能。基础和结构应结实牢固，具有良好的耐久性，为提高其耐久性，可加大混凝土厚度，以涂装或装修加以保护，对木结构应采取防湿、防腐、防蚁等措施。

（5）保养、检查原则

建立有计划的维护管理的支援体制。应建立长期修缮计划和切实实行管理、售后服务以及有保证的维护管理体制。

（6）环保原则

应考虑好节能，积极选用可循环再利用的部品和建材，防止室内空气污染，做好环保计划。

2000年，日本在实行新的住宅性能表示制度后，百年住宅制度本身的价值有所降低，但它的上述类似原则已经以法律形式在新的住宅性能表示制度中固定下来，成为指导日本百年住宅建设的重要原则。其中，部品群划分和连接原则是百年住宅建设系统独有的思想和最大的特征。部品群划分是指将构成住宅的各类部品和构件，按一定的标准进行划分。以下列举出部品群划分的几个标准：

1）位置与空间上归纳为一体；

2）使用上或移动安置上归纳为单元；

3）按耐用年限不同划分；

4）按拆除后再循环利用的可能性划分；

5）按居住时的所有形态划分；

6）按施工组织、生产组织、流通组织进行划分。

对划分出来的部品群进行耐用性能（包括物理耐久性、机能耐久性、社会耐久性等）的综合指标设定，共分为 5 种类型见表 5-6。

部品群的 5 种类型 表 5-6

类型	内容
04 型	预计有 3~6 年的耐用性
08 型	预计有 6~12 年的耐用性
15 型	预计有 15~25 年的耐用性
30 型	预计有 25~50 年的耐用性
60 型	预计有 50~100 年的耐用性

资料来源：日本建筑工业化考察报告。

根据耐用性年限，对于部品群的连接与构造方式进行设计，将耐用年限长的部品群定为"优先"，将耐用年限短的定为"滞后"。部品群的连接与构造方式设计如图 5-7 所示。

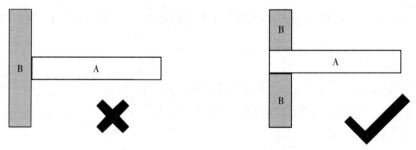

图5-7　部品群的连接与构造方式设计
A—耐用性长的部品群；B—耐用性短的部品群

5.2.4　减震与隔震

1.建筑的受灾与抗震技术的发展

日本是一个地震频发的国家，日本的每一个地方几乎都会发生一年数次的有感地震。日本处于地壳四个板块的交叉点，板块之间的相互挤压和运动使得地中蕴藏着巨大的能量，每隔一定的周期就会释放，从而引发地震，1923 年日本发生的关东大地震就是典型的例子。

但是，在日本频繁的地震中并不全是板块间地震，有相当一部分的地震是由内陆的断层活动引发。断层不容易被发现，它位于人们生活的陆地，而且发生地震时的震源浅，地面的震动强烈，1995 年日本发生的阪神大地震以及 2008 年我国的汶川大地震同属于这类地震。

表 5-7 总结了日本近一个世纪以来经历过的较大地震灾害，这些灾害促进了建筑抗震技术的发展。

近一个多世纪日本地震灾害以及建筑抗震基准的变迁   表 5-7

时间 地震名称 震级	损失统计	建筑抗震基准
1923.09.01 关东地震 7.9 级	地震后发生火灾，使得灾情扩大，死亡与失踪 14.2 万人以上，房屋全、半坏 25.4 万栋以上，烧毁 44.7 万栋以上	1924 年，日本制定了世界首部《建筑抗震基准》，设计水平振动系数为 0.1
1948.06.28 福井地震 7.1 级	死亡 3769 人，房屋全坏超过 3.6 万栋，半坏超过 1.1 万栋，烧毁 3851 栋，震后产生了长度为 25km 的断层	1950 年，日本制定了《建筑基准法》，采用的设计水平振动系数为 0.2
1968.05.16 十胜冲地震 7.9 级	死亡 52 人，伤 330 人，房屋全坏 673 栋，半坏 3004 栋，沿岸受到海啸袭击，浪高为 3~5m，导致钢筋混凝土结构建筑物大面积破坏	1970 年，对《建筑基准法》进行了修改，加强了对钢筋混凝土结构剪切强度的规定
1978.06.12 宫城县冲地震 7.4 级	死亡 28 人，伤 1325 人，房屋全坏 1183 栋，半坏 5574 栋，道路破损 888 处，山崩 529 处	1981 年，对《建筑基准法》的抗震规定进行了全面修改，出台新抗震基准
1995.01.17 阪神大地震 7.3 级	死亡 6432 人，失踪 3 人，受伤 4 万人以上，房屋全、半坏 24 万栋以上，全、半烧毁 6000 栋以上	2000 年，对《建筑基准法》的抗震规定进行了修改，出台了限界耐力计算的新设计法，引入了反应谱和地盘的增幅的概念

2. 隔震结构

隔震结构是指在建筑物的下部设置既能自由水平移动又能保持支撑建筑物重量的隔震层，地震时地面的震动通过隔震层被隔减，较少地传递给建筑物。隔震支撑体以叠层橡胶垫为主流，还有滑动型支撑、轨道型支撑、钢球型支撑等，如图 5-8 所示。地震时，建筑物与地面的相对位移集中在隔震层上，在此之间安装阻尼器，如图 5-9 所示。阻尼器能非常有效地吸收地震能量，避免过大的变形，使地震后尽快停止振动。

图5-8 叠层橡胶垫

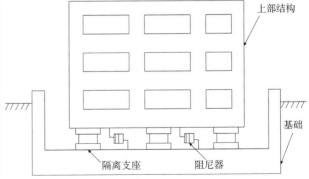

图5-9 日本建筑隔震设计方法

3. 减震结构

减震结构是指在建筑物中装设阻尼器，日语中称为"制振结构"，它的意思是控制"振动"，而不是"地震"，因为对象不仅是地震，还包括强风等给建筑物带来的振动。相比于隔震结构，减震结构成本低、工艺简单，目前在日本已经相当普及。

用于小规模建筑的阻尼器有黏性体阻尼器、摩擦型阻尼器等，用于比较大型建筑物的阻尼器有低屈服点钢阻尼器以及非拘束斜杆等，如图5-10所示。值得注意的是，阻尼器的数量要设计得当，若是较少，则没有明显的效果；若是较多，反而会使得加速度反应增大，起到相反的作用，阻尼器的设置如图5-11所示。

图5-10　低屈服点钢阻尼器示例　　　　　　图5-11　阻尼器的设置

4.轻钢结构的抗震技术

由于日本是一个多地震国家，其轻钢结构装配式住宅的抗震技术处于国际领先水平。除我国常用的刚性抗震技术以外，日本大量采用比刚性抗震效果更好的结构底座免震技术。2011年东日本特大地震后，虽然发现结构免震技术在这次地震中发挥了重大作用，大大降低了抗震烈度（一般能从9度降到4度），但该装置经受地震后不能继续使用。之后，由日本积水集团新研发出的墙体免震技术可多次重复使用，很好地解决了这一难题。

5.2.5　建筑节能

1.墙体保温技术

日本过去多采用外墙外保温的形式，但使用一段时间后，出现了严重的破损和脱离，破坏了住宅的保温性能和建筑立面效果。由于日本处于地震带，这对固定外墙附加材料极为不利。因此，日本住宅外墙保温形式由外保温转向内保温。目前，日本大部分的住宅所采用的是外墙内保温。外墙内保温技术已经非常普遍且成熟，施工方式有湿法和干法两种，湿法施工即在现场喷涂聚苯泡沫，干法施工是把在工厂生产出来的挤塑聚苯板于现场切割并粘贴在内墙壁、顶棚以及地板位置。而内保温形式容易出现冷桥结露问题，同时对内装修和内部设备管道走线产生影响。但由于日本的住宅一般都是经过精装修后才出售，这样在精装修时可以化解内保温对装修带来的不利因素。

2.新风换气技术

在日本，建筑外墙上都留有众多的方形或圆形通风口，排布整齐，非常显眼。这些通风口是为卫生间排风、厨房进排风、居室通风等设立的，日本的卫生间和厨房通风都是采用水平走向，直排室外，这与我国的做法有很大不同，因为日本的住宅出售时都是内部精装修，水平风管可以布置在吊顶内。另外，厨房和卫生间的排风采用水平排放，可以有效避免因垂直风道引起的上下"串味"现象。日本住宅对居室的通风换气非常重视，根据相关法令规定，为防止病态建筑综合征的出现，居室必须进行24小时换气。因此，在日本的住宅建筑中随处可见新风换气系统。日本的新风换气系统主要有两种形式，一种是负风压式（图5-12），一种是全热交换型（图5-13），根据区域气候的不同，设置不同的换气设备。在东京地区，这两种方式都有采用，而在北海道的寒冷地区，大多采用全热交换型的换气设备。

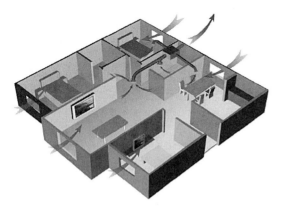 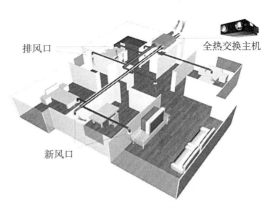

图5-12　负风压式新风换气系统　　　图5-13　全热交换型新风换气系统

3. 采暖系统

日本住宅的采暖系统以地板采暖为主，散热器采暖和暖风机采暖为辅。日本的地板采暖系统多为干式铺装地暖系统，即将预制轻薄型采暖片直接敷设在木龙骨上，再在采暖片上敷设地板或地砖。这种系统的优点是保证施工速度和质量，且散热量大、升温快，同时易于维修。采暖热源主要是燃气供暖炉和电能热源，便于调节和计量用热。

4. 轻钢结构的双层空气层保温与隔热

轻钢结构的墙体构造内、外双层空腔。冬天让双层空腔封闭，空腔内的空气就不会流通，起到双层空气热阻的作用，达到很好的保温效果（1个内空腔可产生3.9℃温差，节能约40%）。夏天，让内、外双层空腔上下开通，利用热空气往上走的热压通风原理，让热空气通过空腔排到屋顶外，达到节能的效果。

5.3　经济效益分析

5.3.1　降低成本

住宅工业化生产的目的之一是降低成本。住宅产业化在刚起步的时候，并不能在经济上带来太大的收益。前期投资比较大，包括工厂的修建、进行一系列的技术实验等。但从长远角度来看，如现在的日本，住宅已经较大规模地进行工厂化生产，并且技术也已经成熟，因此成本大大下降。除了资金成本以外，还需要考虑到建筑的施工成本以及人力成本。在日本的施工现场，工人们使用电脑控制设备，将预制构件吊装到指定位置，能准确、迅速且便捷地施工。

5.3.2　住宅商品化

　　工业化住宅除了可以降低成本外，带来的最大经济效益在于真正实现了住宅的商品化。早期的工业化住宅全部统一标准，规模、外形、户型、材料等都相对固定，给人以千篇一律、无可选择、廉价普及的感觉。20 世纪 70 年代之后，住宅市场渐趋饱和，再加上石油危机的冲击，住宅的需求急剧减少，住宅生产商为了追求与他人的差异，走商品化路线。在此背景下，"概念型商品住宅"应运而生。"概念型商品住宅"的外观风格、性能规格都是固定的，还包含许多具有个性的独立部品和设备，以此来吸引顾客、刺激市场。人们可以在住宅展示区选购自己喜欢的风格与样式，选定之后，由该生产商按顾客的土地大小进行户型设计，顾客就可以在自己的土地上看到所购买的意向住宅。这种以工业化住宅商品概念为本，通过具体的设计来满足各客户的意向和要求的手法被称为"设计商品化"。原来发包与承包的建筑行为变成了具备商流和物流的商业行为，使得住宅真正成为了商品。位于东京浦安的住宅公园就是典型的概念型商品住宅，如图 5-14 所示。

图5-14　位于东京浦安的住宅公园

5.4 案例展示

5.4.1 积水姑苏裕沁庭项目

日本积水住宅株式会社（Sekisui House，以下简称积水）在全世界范围内开发了大量低层独栋及联排别墅,均采用一体化装配式钢结构体系,使用先进环保的材料设备,提倡"以人为本"理念，致力于打造安心、安全、健康、舒适的居住环境。

积水姑苏裕沁庭项目（图 5-15）中的锦苑（东区）由高层住宅、联排别墅、配套服务用房、地下车库及门卫室等组成，地上总建筑面积约 15.6 万 m²。低层联排别墅部分为 16 栋 3 层、4 栋 2 层装配式钢结构体系，地上建筑面积约 2.1 万 m²。

图5-15 积水姑苏裕沁庭项目示意图

1. 全产业链工业化模式

联排别墅地上部分采用一体化装配式钢结构体系，其围护系统、隔墙、楼板、屋顶、机电系统及内装系统均采用工厂成品或半成品，现场装配集成。积水建有综合的工业化住宅生产基地，联排别墅所使用的钢结构零部件及外墙、内装饰材料均采用高度自动化的设备生产，还与室内装修的板材、内部装修设备等厂商合作，在工厂内形成完整的生产线。施工现场由自有专业工程公司进行安装及内装修施工，并提供后期维修保养服务。总体上看，从源头开始通过设计、材料采购、加工生产、专业安装及自有维修形成完善的工业化产业链，确保了自有开发理念在整个过程中的严格实施，为业主提供了优质、舒适的住宅产品。

本项目地上主体钢结构、外墙围护系统、内隔墙系统、楼板、屋盖及机电系统全部采用工厂成品现场集成组装，故其在主体结构和外围护结构预制构件、装配式内外围护构件、内装建筑部品等部分的评分均为满分。另外在创新加分项的标准化、模块化、集约化设计中都有一定程度应用，故获得此部分加分项。最终，本项目各单体的预制装配率达到 102%，充分体现了工业化全产业链的优势。

2. 装配式钢结构主体设计

主体钢结构部分采用积水自有的"β系统构造"（图5-16），即梁贯通构造体系，每个梁柱节点处均为单向抗侧力构造，且钢柱竖向无需严格对齐贯通，适用于低层钢结构体系。主体及非结构部分采用全装配、全干法的拼接工艺，结构主体通过 ETABS 分析软件计算，所有构件均满足承载能力、变形及稳定性的要求。

图5-16　"β系统构造"示意图

3. 抗侧力体系

钢柱与钢梁材质均为 Q235B，通过高强螺栓连接形成平面内抗侧力体系，两个方向的侧向力由该方向的平面内框架承担。参照《低层冷弯薄壁型钢房屋建筑技术规程》JGJ 227—2011 抗侧力构件及主次梁可根据需要灵活设置，钢柱通过螺栓与混凝土基础梁连接，钢梁上下翼缘上根据 75mm 模数的间距打满孔。钢柱按此模数进行布置连接，极大提高了设计及加工制作的效率。通过严格的抗震试验，验证了主体结构的整体性能以及柱梁节点的有效性，确保建筑在灾害发生时的安全性。此外，主体钢构件采用致密的电镀涂层，达到了 I 类环境中 20 年以上的防腐效果，同时结合超薄防火涂料提升了主体结构构件的耐久性（图5-17~图5-20）。

4. 楼盖体系

楼板采用 150mm 厚预制蒸压轻质混凝土（Autoclaved Lightweight Concrete，ALC）板简支于钢梁上，并于板间密缝拼接，端部通过 M10 螺杆与钢梁做限位构造连接。另外，在卫生间降板处，ALC 楼板搭接于梁下翼缘上的构造角钢上，每跨梁间板底都设置对角拉杆，以保证平面内的整体性，防止地震时板跨变形导致楼板脱落（图5-21~图5-24）。

5. 装配式围护体系

建筑外围护部分（图5-25）采用工厂预制生产的、兼顾强度和美观的新一代复合结构外墙板，运用独有的"高压真空挤压方式"将混凝土状的原料压挤成型，可达到一般混凝土的两倍强度，同时其外壁耐火时间超过 1h。外墙板分块用专用挂件连接于龙骨上，接缝用柔性胶处理，以消除温度变形及实现防水效果。

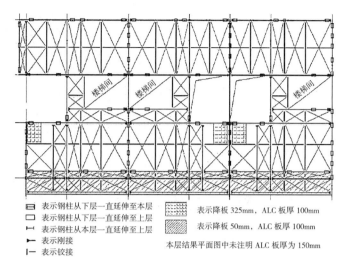

表示钢柱从下层一直延伸至本层	表示降板 325mm，ALC 板厚 100mm
表示钢柱从下层一直延伸至上层	表示降板 50mm，ALC 板厚 100mm
表示钢柱从本层一直延伸至上层	本层结果平面图中未注明 ALC 板厚为 150mm
表示刚接	
表示铰接	

图5-17 结构平面布置示意图

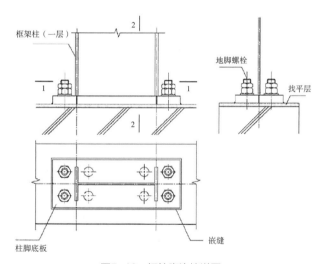

图5-18 钢柱脚连接详图

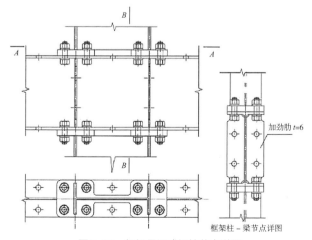

图5-19 钢梁贯通式梁柱节点详图

图5-20 钢柱、钢梁现场连接

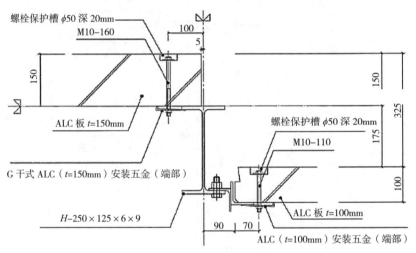

图5-21 ALC 楼板示意

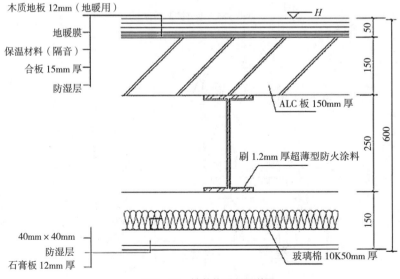

图5-22 楼盖体系断面详图

图5-23　楼板下表面拉杆布置

图5-24　楼板与钢梁连接节点

图5-25　装配式围护体系

外墙（图5-26）采用龙骨组合保温体系，即将高性能玻璃丝棉（保温材料）嵌入龙骨间，辅以防潮隔膜，在保证保温性能的同时，防止吸收水汽，其外墙节点详图如图5-27所示。墙内面层则为石膏板，方便现场确定点位并留洞。

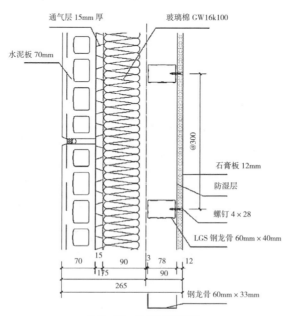

通气层 15mm 厚　　　　玻璃棉 GW16k100

水泥板 70mm

@300

石膏板 12mm

防湿层

螺钉 4×28

LGS 钢龙骨 60mm×40mm

70　15　90　3　78　12

175　　90

265

钢龙骨 60mm×33mm

图5-26　外墙构造详图

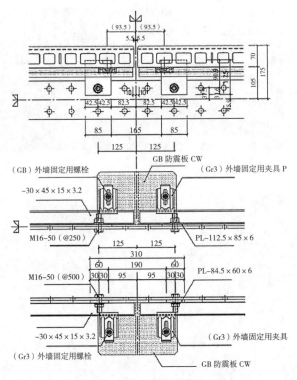

（GB）外墙固定用螺栓
GB 防震板 CW
（Gr3）外墙固定用夹具 P
$-30 \times 45 \times 15 \times 3.2$
M16-50（@250）
PL-112.5 $\times$ 85 $\times$ 6
M16-50（@500）
PL-84.5 $\times$ 60 $\times$ 6
$-30 \times 45 \times 15 \times 3.2$
（Gr3）外墙固定用螺栓
（Gr3）外墙固定用夹具
GB 防震板 CW

图5-27　外墙节点详图

6. 工业化集成内装

人一生中摄入最多的物质是空气，其占摄入物质总量的83%，因而良好的空气环境是保障健康的首要因素。项目室内装修中注重选用环保健康的建材，地板、墙纸、顶棚涂料使用甲醛释放量较小的 F 四星级建材，将甲醛等有害物质的释放降至最低，打造出健康、舒适的空气环境。内装采用一体化设计集成，竖向管线、线盒均嵌入墙体龙骨中，机电水平管线布置于吊顶内。现场与主体钢结构安装完成后，与龙骨及吊顶施工穿插进行，其屋顶与吊顶安装如图 5-28 所示。

图5-28　屋顶与吊顶安装

7. 一体化机电系统

本项目从设计制造阶段开始便积极推进减少碳排量的措施，实现所有建造流程中的环保目标。项目采用保温窗扇与热反射隔热双层玻璃，使全屋具备优异的气密性。同时，通过可高效过滤 PM2.5 的全热交换器系统（图 5-29），以 24h 小风量进行换气，将污浊的空气与热量一同排出，并对新风送气进行热量回收，可有效减轻空调负担，降低使用费用。采用温水地暖系统及先进的软水处理系统，保证健康的居住环境。

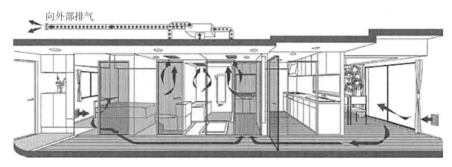

图5-29　24h新风系统

8. 总结

本项目通过前期的一体化集成设计、全产业链的成熟工业化部品件供应及专业安装，实现了全装配式节能环保住宅的快速、高质量实施，过程中有以下几点体会：

（1）前置的精细化设计与定位是关键，需在设计早期阶段确定材料及系统定位，并根据实际部品件进行集成设计。

（2）钢结构主体布置需大胆创新，根据建筑及装修功能要求适当调整，由两个方向的面内抗侧力"龙骨墙"体系分别承担各自方向的侧向荷载，同时，梁仅承担竖向荷载。楼盖采用干法密缝拼接，柱、梁布置具有了极大自由性，为建筑及装修的布置调整提供了最大自由度，有助于提高标准化、自动化加工及安装效率。

（3）健康舒适的室内环境永远是住宅的首要需求，需要通过环保的材料、工厂高效率的集成工艺及现场的专业安装等专业化分工达成。

（4）配套的成熟部品件是实现建筑高效率、高质量的重要补充。将钢结构住宅大范围推广，必须依赖于配套部品件的完善成熟。

（5）积极实施住宅保险制度，针对部品件、机电设备及房屋整体进行商业投保，能够有效提升维护质量和效率，改善居住体验。

5.4.2　东京本八幡的某超高层建筑

1. 基本结构

该建筑为框架结构，结构高度 144.2m，地上 42 层，标准层层高 3.3m，该超高层如图 5-30

图5-30 超高层全预制结构

所示。该建筑体型对称，外框投影边长41.4m，高宽比3.48。规整的平面与体型，较小的高宽比，是该结构利于抗震的基础。

2. PC框架的使用

内筒与外圈均为PC框架（PC柱、PC梁）。在内筒内侧有一榀钢框架（图5-31），由钢柱钢梁建造（仅作为机械升降停车库，基本不作为抗侧力体系）。

日本高层建筑普遍使用框架结构，剪力墙只在低、多层中使用，是因为日本人认为剪力墙相比框架而言抗震性能不明确。更重要的是，框架相比剪力墙能够承受更大的变形。在日本的规范中，框架结构的层间位移角（即楼层的水平位移除以层高）可以允许做到1/120，而国内为1/550，即日本认为地震时让建筑"适当摇摆以释放能量"要好过"硬扛"。配合好隔震减震技术，日本的框架结构可以做到高200m。

3. 减震柱的使用

减震原理：当地震来临，柔性建筑就开始晃动，所产生的能量全部被减震柱所吸收，以保护关键的柱、梁不被破坏。布置位置：内筒三跨PC柱的左右两跨，四周各两根，每层8根，从1层布置至29层，共计232根（图5-32）。

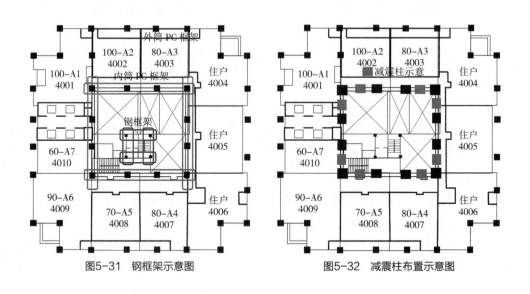

图5-31 钢框架示意图　　　　图5-32 减震柱布置示意图

内筒框架因刚度较大，将分配较大的水平作用（约60%~80%的地震、风荷载）。尤其是内筒角部变形较大，故将减震柱布置于此，可最大限度发挥其吸收能量、保护主体的功能。而只布置3/4高，是因为结构底部承担了主要的水平剪力与倾覆力矩。顶部虽然位移较大，但位移角参数能控制在有效范围内，不影响安全性，加上底部3/4处已有减震器参与工作，顶部加速度也能得到有效控制。

4.减震柱构造

上下两块对称的带翼缘钢板与梁可靠连接，中间是相对较软（屈服点低）的钢材。对于高层弯剪型结构，水平剪力最大一般出现在楼层中部，此处设置较低屈服点的钢材，可以充分发挥其承担剪力、变形耗能作用。可通过计算调整软钢厚度及尺寸，使其符合大震下的往复受剪变形要求。

5.其他防震安全措施

门框与门之间的变形空间：地震时即使门框变形，人们也能打开门逃生。

电梯防震感应控制：当监测到先行到达的地震纵波时，电梯防震感应立即启动，正在行驶的轿厢将停在就近的楼层，并在开门后停止运行。

强节点连接："强节点"是全预制的关键，只有做好了"强节点"连接，才能保证装配式建筑抗震性能不低于现浇建筑。

5.4.3 大阪钢巴足球场

大阪钢巴足球场建筑主体与基础均采用预制混凝土构件建造，屋顶采用钢架结构，在预制混凝土与钢架结合处运用了免震技术。地上建筑部分预制率达到了80%，基础部分预制率达到了90%。其结构设计断面如图5-33所示，基础全体配置如图5-34所示。

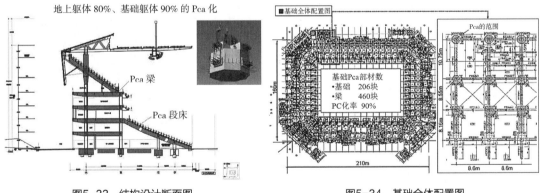

图5-33 结构设计断面图　　　　　　　图5-34 基础全体配置图

建筑基础部分使用的预制构件数量和构件配置图如图5-35所示。

施工人员按照预先设计好的模具进行柱墩基础整备，确保施工的精度。柱墩基础（图5-36）整备好后，精准吊装。柱墩安装完后，进行内部混凝土浇筑。

地上建筑主体部分的横梁与断梁均采用工厂预制，支撑柱则采用现场模板浇筑（图5-37）。

结构柱的浇筑标准尤为重要，关系到后期预制构件能否顺利吊装。因此，采用事先设计好的标准模具（图5-38）对钢筋进行固定，以免在混凝土浇筑的过程中出现位移。固定好后，还需用工具进行必要的校对，确保其合乎标准。

柱模构建好后，向内部浇筑混凝土。地面主体结构的施工流程如图5-39所示。

图5-35 建筑基础

图5-36 柱墩

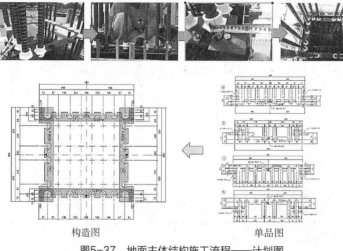

构造图　　　　　单品图

图5-37 地面主体结构施工流程——计划图

图5-38 结构柱模具

图5-39 地面主体结构的施工流程

支撑柱浇筑好以后，开始吊装横梁（图5-40）。

在预制梁接驳处，采用现场浇筑的方式进行连接（图5-41）。

图5-40 横梁的施工

图5-41 预制梁连接处现场浇筑

大型预制构件的标准化设计与生产，在实现快速建造的过程中发挥着至关重要的作用，如图5-42所示。

看台（图5-43~图5-45）也全部采用工厂预制、现场拼装的建造方式。

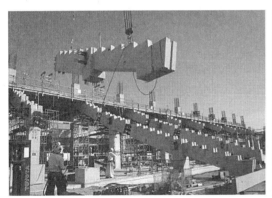

图5-42 PCa台阶施工情况

图5-43 主看台四楼的梁的施工情况

图5-44 上层看台处梁的施工情况

图5-45 VIP层的露台席位施工情况

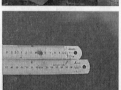

图5-46　免震装置

图5-47　钢架结合部位

在混凝土支撑柱与钢框架节点处设置免震装置（图5-46）。

钢架结合部位（图5-47）也采用了先期工厂一体化预制的方式，运至现场后再与各部连接。

至此，项目主体结构施工已基本完成。图5-48~图5-55为大阪钢巴足球场的施工进度。其中图5-48记录的是2014年6月10日现场施工进度状况，其建筑基础施工基本完成，开始浇筑承重柱。图5-55记录的是2015年7月29日施工进度状况，足球场基本施工完成。

大阪钢巴足球场从开始施工到竣工，仅用了22个月的时间，真正达到了缩短工期、降低成本的目标。实现这一目标的根本途径，就是采用预制化的施工方法。项目竣工之后，竹中工务店将采用预制化的施工方法与传统的一般施工方法进行了对比，发现仅在桩基整备阶段就可以节省16日的工期，缩减了85%的施工人员。PCa预制工法对设计阶段的要求较高，所有问题必须在设计阶段充分探讨。设计、施工与预制件工厂要对施工过程中的结合部、工法等事项共同确认解决。施工开始的同时，预制构件的生产也开始启动。

从大阪钢巴足球场施工案例可以看出，采用预制工法施工是实现快速建造、降低成本的有效途径。在当前国内人力成本日益增加、资源环境压力加大和建筑市场萎缩的大背景下，大力发展装配式建筑对于提高建筑企业的核心竞争力非常关键。尽管目前国内在推进装配式建筑方面还困难重重，特别是由于各方面配套滞后，导致装配式建筑的优势无法体现。但我

图5-48　2014年6月10日现场施工进度照片

图5-49　2014年6月24日现场施工进度照片

图5-50　2014年8月26日现场施工进度照片　　图5-51　2014年10月24日现场施工进度照片

图5-52　2015年1月21日现场施工进度照片　　图5-53　2015年3月24日现场施工进度照片

图5-54　2015年4月21日现场施工进度照片　　图5-55　2015年7月29日现场施工进度照片

们坚信，在国家和各地政府的积极倡导下，以及在广大从业人员的不断努力下，经过几年的探索与磨合，中国的装配式建筑产业与技术会日趋完善与成熟。

5.4.4　东京塔

日本装配式住宅体现在向更高的高度发展，2008年由五洋建造的东京塔是日本最具有代表性的预制装配式建筑案例，该项目层高超过50层，高度达332.6m。运送至工地内的预制构件如图5-56所示。

图5-56 运至工地内的预制构件

图5-57 梁的上排钢筋

梁的上排钢筋（图5-57）随预制构件在工厂绑扎好，在现场楼板安装完成后会有一层楼板钢筋锚入后浇混凝土板。

正式的楼梯（图5-58）采用装配式钢结构，其施工安装进度比楼层结构快两层，以便于施工人员上下通行，既节省了临时通道费用，又保证了施工的安全性。

在预制工厂提前预留好现场安装支撑预制柱（图5-59）所需的预埋件。

图5-58 装配式钢结构楼梯

图5-59 预制柱安装

日本是个多地震的国家，对抗震要求十分严格，本工程是一座50层的装配式超高层住宅，设置的柱抗震节点（图5-60）能有效减少地震带来的危害。

日本的外墙面砖做法（图5-61）与我国外墙外保温的做法通常不同，是随着预制构件在工厂完成后直接粘贴在预制混凝土构件上，以节省不必要的工序。

预制梁柱构件的节点（图5-62）采取现场后浇混凝土。同时，在工厂预制梁时预留好机电穿线的洞口（图5-63）。

在预制厂预埋好塔吊连接的预埋件（图5-64），其中每个埋件的8个螺丝都有很高的精准度。同时，每个螺栓与螺帽都用彩笔画上了斜线。

保温（图5-65）做在室内，是喷涂的发泡胶，这比我国北方常用的外墙粘贴保温板的做法容易施工，无需考虑外墙保温脱落，并且方便更新更换。

图5-60　柱抗震节点

图5-61　外墙面砖

图5-62　预制梁柱构件节点

图5-63　机电穿线的洞口

图5-64　连塔吊连接的预埋件

图5-65　保温

　　走廊墙体用混凝土反坎（图5-66），预埋了安装孔洞和连接铁件，圈梁下为墙体所需的预埋件。

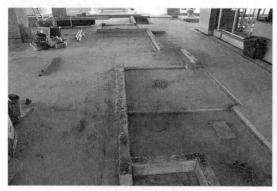

图5-66 走廊墙体混凝土反坎　　　　　　　　图5-67 挂机电管线的挂钩

挂机电管线的挂钩（图5-67）直接粘在预制楼板上，无需套管或桥架，并通过不同颜色的线来区分不同的功能。

使用镀锌定型支架固定地面管线（图5-68），软管与返梁的交接处设置了过渡垫块，以防止以后长期使用时因重力而导致变形。

这栋装配式住宅共50层（图5-69），所有的室内墙体安装、机电施工、装修施工衔接都井然有序。众所周知，装配式从节省资源和缩短工期方面都优于现浇建筑，但其中成本问题主要受制于规模化、工业化的发展状况，需要国内相关产业达到一定规模后方可解决这一问题。

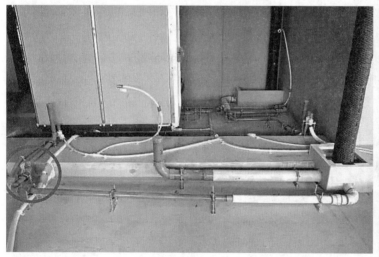

图5-68 地面管线　　　　　　　　　　　图5-69 50层装配式建筑

5.4.5 水田艺术博物馆

水田艺术博物馆（图5-70）坐落于日本的一所私立大学校园里，主要用于收藏和展览浮世绘（日本木刻）珍品，同时满足学校和社区的艺术品创作及生产。这些版画非常脆弱，对周边环境要求较高。同时，因为博物馆位于校园入口处，因此有显示器为校园提供信息。场地上的树木表示了建筑的高度，因此这个双层建筑有近一半体量位于地面标高之下。建筑两侧都有坡道，一个主要联系博物馆的交通，一个联系学校信息中心的交通。在这个建筑中，坡道替代了运货电梯。同时，两侧坡道的保护墙避免了阳光直射进入博物馆。该博物馆于2012年竣工。建筑限高9m，因此该双层建筑有近一半的体量位于地面之下。为使两个楼层均能直达步行道，建筑向地下挖掘了半个楼层，一条坡道向上通往画廊，另一条向下通往校园信息中心。位于东部入口和西部画廊休息室的空间与坡道空间共同形成了一个外围环境缓冲区，以避免阳光直射到画廊墙壁。

图5-70　水田艺术博物馆

L形的预制混凝土墙板（图5-71）排列包裹住建筑，52块独特的预制墙板，它们全都从同一个钢模具内浇筑而成。这些预制件的一侧有着不同长度和深度的凹处，当他们组合在一起，这些凹处就变成了一条狭长的缝隙。光从这个缝隙照射进来，连同流动的空气一起，在空间游走，为访客营造出"漂浮的世界"。

施工时每隔一天浇筑完成一块预制板，近4个月后，这些板被统一运送到校园进行安装，安装只用了3天的时间。板大约4英尺宽，10英寸厚，垂直方向的板最长有28英尺，水平方

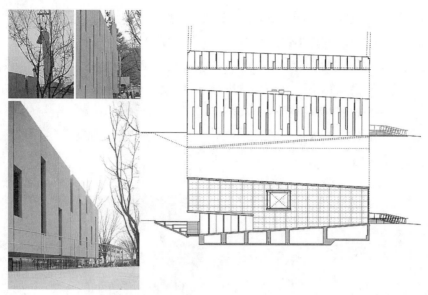

图5-71 预制混凝土墙板

向的板最长有 11 英尺。为了生产出两面外观都良好的墙板，采用侧边进行浇筑的技术，这种特殊的技术需要一个复杂的钢模具来完成。同时，还需要设计 1 英尺宽的面板来封住板的焊缝线，从而在板与板之间形成了一个个狭缝，以便于通风和光线照射。板上涂有染色剂，以隐藏预制混凝板斑驳的特点，如图 5-72 所示。

图5-72 预制混凝土结构

5.4.6　日本中银胶囊大楼

日本中银胶囊大楼（图 5-73）位于日本东京新桥，占地 3091.23m²，共 13 层，兼具办公与居住功能。该大楼（图 5-74）建立于 1972 年，虽于 2010 年失修，但纽约时报仍赞誉其具有华丽完美的建筑结构。胶囊大楼是日本设计师黑川纪章的成名之作，采用工厂预制建筑部件并在现场组装的方法。在紧凑的内部空间里，各种生活家电、家具有序放置，一应俱全。所有的家具和设备都单元化，统一收纳在 2.3m×3.8m×2.1m 的居住舱体内。胶囊大楼由钢架和钢筋混凝土构建而成，其内部楼梯、地板以及电梯井道均由预制混凝土打造。此外，以胶囊体这一新颖外观呈现的居住空间共由 140 块预制模块构成，每个独立模块均可随意拆除而不影响整体的稳定性。

图5-73　中银胶囊大楼

图5-74　中银胶囊大楼

5.4.7　马格利特微型住宅

日本东京马格利特微型住宅（图5-75）于2014年竣工，犹如"监狱般"的独特造型，再以占地45.61m² 之势现身于东京市中心，一切看似不可思议，实属情理之中。这栋微型四层房屋位于人口密集的街区，因房主极其简化的要求标准，设计者在这样一个狭窄的工作空间里果断采用混凝土预制构件和预制钢结构，以轻质的建筑材料、简单的作业方式和快捷的建造速度成功地避免了传统建设过程中可能存在的问题。

图5-75　马格利特微型住宅

5.5　经验借鉴及启示

5.5.1　日本住宅产业化兴起与发展的原因

1. 时代背景

20世纪50年代是日本战后的混乱时期，大量的城市住宅在战火中烧毁，大量的侨民和旧时军人陆续回到日本，住宅不足成为当时日本最严重的社会问题，如何在短期内向社会提供大量的住宅成为首要问题。

2. 物质基础

当时建筑材料由土、木等自然材料转向使用钢材、水泥、金属、塑料等人工材料。自然材料以现场加工成形为主，随着人工材料的增多，现场以外的预制成型力度加大，许多工作集中于固定的工厂，建立工业化生产流程，在改善工作环境、提高质量、降低成本等方面均取得了良好的效果，这在物质层面上为日本住宅产业走向工业化奠定了基础。

3. 组织保障与技术基础

1955年日本住宅公团成立，从一开始就提出工业化方针，以住宅需求为背景，组织起学者、民间技术人员共同进行建材生产和应用技术、部品的分解与组装技术、商品流通、质量管理等产业化基础技术的开发。日本住宅公团在住宅产业化组织、技术攻关等方面起到了主导作用。而且，日本住宅公团向民间企业大量订购工厂生产的住宅部品，向建筑商大量发包以预制组装结构为主的标准型住宅建设工程，由此达到高速度、高质量地建设公共住宅的目的，用以解决住宅不足的矛盾。与此同时，还培养一批领跑企业，并以它们为核心，向全社会普及建筑工业化技术，日本也因此向住宅产业化方向迈出了第一步。民间企业在初期仅仅是执行者，按住宅公团的设计生产定购的部品。当民间企业生产和管理体制成熟之后，转向自主开发，一方面向公团推荐新的部品，另一方面向公共住宅以外的民用住宅大量提供住宅部品，并逐渐取代公团成为研究开发的主角，公团也随之转变角色，开始制订民间技术审查认证制度，由以自主开发为主转向以广泛采用民间技术为主。

4. 相关配套产业及产业地位的确立

在 20 世纪 50 至 60 年代的大量需求时期，随着众多的钢铁、化学、家电等企业相继加入住宅产业中来，住宅的工业化生产也逐渐从幼稚走向成熟，形成了社会经济的新兴产业。1968 年，当日本住宅年新建户数达到 100 万户规模时，时任日本建设部官员的内田元亨先生在杂志上发表了题为《住宅产业——经济成长的新主角》的论文，正式提出了"住宅产业"的概念，从而确立了住宅产业在社会产业结构中的地位。

5. 政策法规

政策法规配套齐全，金融支持到位，日本政府制定了一系列方针和政策，出台了若干住宅计划，辅之以金融杠杆和财政政策，引导日本住宅产业化的发展。

5.5.2　日本装配式建筑的发展经验

1. 政府主导

日本的装配式建筑通过大规模的公营住宅和政府公团进行发展，政府相关部门组织研究和推出相应的技术指导以及规范标准。利用强制手段推进工业化进程，成本不是衡量手段，而是通过品质及质量进行考核，并且随着效率优势的突出表现和技术体系的不断成熟，不断助力于商品房的市场化发展。

2. 内装工业化

日本的住宅产业链非常完善，不但主体结构的装配化程度高，日本在内装构件部品制作方面也不断形成成熟发达的住宅产品体系，内部装修工业化及主体结构工业化协调发展，形成了完备的体系。

3. 标准规范完善齐全

日本集合建筑拥有齐全完善的规范标准，体现在周围围护结构和 PC 构件加工方面，有蒸压加气混凝土板材方面的技术规程、预制钢筋混凝土外墙挂板、预制钢筋混凝土结构规范。同时，PC 相关的设计手册通过预制建筑协会进行出版发表。

4. 协会、社团发挥重要作用

预制建筑协会在日本成立 50 多年来，一直积极致力于促使高品质建筑产品的建造、督促 PC 构件认证、促进建筑品质担保和保险，以及资格认定和相关人员培训、地震等自然灾难形成后如何紧急供应标准房屋，在装配工业化进程中发挥积极作用。

5. PC 构件的使用

日本建筑业采用 PC 构件建造主体结构，在多层住宅中同时采用大量木结构房屋、钢结构集成住房、模块化建筑，从而完成多层住宅的高度集成化和产品化。同时，注重 PC 构件的加工，日本 PC 构件的加工通常由具备设计、加工、现场施工及工程总承包资格的承包商完成，几乎不存在 PC 构件加工企业独立存在的情况。产品工艺方面企业多数采用台模固定，制造方面注重于效率和质量提高，不盲目追求生产规模、生产速度。日本的 PC 构件企业限于市场需求和生产规模，为获得合理利润，注重提高技术含量及质量，采用提高附加值的方法获利。

6. 结构分离

日本的集合建筑中，管线、主体结构、装修完全分离，所有管线从地面垫层中及结构体中脱离，有利于修理、维护、改造室内管线，建筑寿命得到有效延长。

5.5.3 对我国的借鉴与思考

1. 关于发挥政府引导作用的思考

日本建筑业采用纵向管理体制，由中央政府和各地方政府垂直管理。国土交通省作为住宅产业化国家主管部门，主要负责有关建设施工、不动产、宅基地、劳动资材等基本政策的制定，具体行业规范和标准的颁布以及负责国土规划、开发等工作。日本住宅产业在战后近 60 年里得到快速发展，其原因不仅仅是市场经济竞争的结果，也是政府引导的结果。

日本发展住宅产业主要涉及两个政府部门，分别为经济产业省和国土交通省，这两个政府部门从不同角度引导住宅产业的发展。经济产业省从调整产业结构角度出发研究住宅产业发展中的问题，一般通过课题形式，以财政补贴来支持企业进行新技术的开发。而国土交通省则注重于从住宅生产工业化和技术方面引导住宅产业发展，其设立了专门进行住宅方面工作的机构及组织。

日本现有的住宅大体上可分为两大类，一类是公营住宅，即在国家的资助下，由地方政府和公共团体建造的住宅；另一类是私营住宅，由私人或民间企业集资建造的住宅。第二次世界大战后，为了加快解决住房短缺与劳动力不足、经济发展的矛盾，日本政府建立了由国家和地方政府财政支持的公有住宅供应体系，其中包括公营住宅和公团住宅，这为日本推进住宅产业化发展、实施部品化和标准化提供了机遇。

日本政府管理部门高度重视推动住宅产业标准化工作，1969 年制订了《推动住宅产业标准化五年计划》，1970 年制订了《住宅性能标准》，这是企业实现住宅产品大批量社会化、商品化生产的前提。20 世纪 70 年代中期是日本住宅从"数量"向"质量"转变的关键时期，1974 年 7 月建立优良住宅部品认定制度。该认定是一项极具权威的制度，也是推动住宅产业和住宅部品发展的一项重要措施。政府强制要求经过认定的住宅部品应用于政府和民间住宅中，这对建设大量优良品质住宅提供了强有力的支撑，并很好地满足了当时市场由量转质的需求。1979 年相关部门又提出住宅性能测定方法和住宅性能等级标准。1999 年日本推出确保住宅品质促进法，此举直接促使日本住宅开发企业致力于绿色住宅的开发。

从最初的保证居者有其屋，到追求建材品质、住宅品质，再到追求开发一百年住宅，直至目前提出建造二百年住宅，日本政府相关部门通过完善的法律体系，推行一系列法规政策和规范标准，为日本住宅产业化生产提供了重要的引导和规范作用。

我国应该以政府为主导，协会、社团发挥重要作用。政府相关部门设置专门的装配式建筑发展研究以及督导机构，形成国家层面上的政策，政府从中起到主导作用，从而推广和发展装配式建筑。国内建筑业相关社团以及协会应该统筹合作，社团以及协会内部应该成立专门的装配式建筑发展研究部门，甚至成立装配式建筑专门的社团和协会。相关社团协会应该以国家政策文件为指导，以专业知识为依托，积极致力于推广和研究装配式建筑，为发展装配式建筑建言献策，培育人才。

国家陆续修订、出台了《装配式混凝土结构连接节点构造》G310—1～2 标准图集，以及国家规范《装配式建筑评价标准》GB/T 51129—2017、行业规范《装配式混凝土结构技术规程》JGJ 1—2014 等一系列装配式建筑相关的标准规范。加强装配式建筑标准规范的完善力度，使之渐渐形成标准和规范系统，规范装配式建筑发展，保证建造标准。同时，国家提倡有法可依，创建法治社会。健康发展装配式建筑在法律层面上应寻求支持，国家应该致力于装配式建筑的相关立法工作，制定相应的法律、法规、政策、条例，保证装配式建筑发展有法可依。

2. 关于我国住宅产业链问题的思考

20 世纪 70 年代初，我国进行了住宅产业的规模化尝试——"三化一改"，即设计标准化、构配件生产工厂化、施工机械化和墙体改革，其目标是实现"三高一低"，即实现建筑工业化的高质量、高速度、高功效和低成本。在技术方面，采用了大板楼技术。该技术存在较多缺点，最突出的问题是在使用两三年后外墙出现大面积渗水，房屋的保温、隔热、隔声等性能不优良，同时外观单调跟不上审美的发展，致使工业化住宅建设停滞不前。虽然暴露出来的问题以技术问题为主，但从深层次上来说，当时我国并不具备真正大规模开发工业化住宅的条件，不具备开发工业化住宅的产业链条和产业基础，这其中也包括缺失建筑及部品化技术和标准保障体系。

产业链上单一技术的攻破以及单一产品的生产并不是制约住宅产业化发展的难题，住宅产业化的关键问题在于缺少关键共性连接技术以及新型建筑部品和材料的应用标准和规范，因此很难将各预制构件和部品集合成一个高品质的整体住宅。成本和产业链不配套一度被认为是最主要的制约因素，但目前看来，产业链不健全、不配套的问题更为关键。因此，我国应着力调整建筑管理体制、开发机制和建筑技术创新制度，以建筑设计为龙头，以工业化设计为支撑，推动工业化部品的应用标准与应用规范建设，统筹规划与协调建筑业、房地产业、建材制品加工业的发展，以打造完整配套的建筑工业化产业链条。

据报道，2007—2009 年，万科分别推出了 5 万 m²、20 万 m²、80 万 m² 的住宅产业化项目，但万科要在 5 年内完成住宅产业化进程，目前存在诸多挑战。首先是成本问题，以制作构件的钢模为例，其成本远高于木材。我国的人工成本相对便宜，推行住宅产业化后，每平方米的造价比传统方式高出 350~500 元，按万科一年 500 万 m^2 的开发量计算，将会增加 20 亿左右的开销。原万科董事长王石坦言，目前万科推广住宅产业化主要是依靠传统项目摊薄其成本，如果住宅产业化能够达到一定的数量，成本就可以下降，另外随着人工成本的逐步提高，湿作业方式的成本也在提高，大规模的住宅产业化的高效率和住宅的高品质，将使其优势越发突出。推进我国住宅产业化进程的主要制约因素在于产业链协作的不顺畅，这其中包括没有建立标准体系的纽带、产业链各个环节缺乏配套协作、从业人员整体素质达不到产业化的要求等原因。例如，万科住宅项目曾出现的漏水问题就是由于工人施工粗放，技术水平和责任心不能满足住宅产业化对施工的要求所致。为尽快解决这些问题，日本的经验值得我们借鉴，如发挥大集团作用，发挥政府的引导作用，利用我国大规模的保障房建设机遇推进住宅产业化等。经过多年的发展，再论我国的住宅产业化，其发展时机已经成熟。同时，发展低碳经济也要求推进住宅产业化的进程。

3. 关于我国住宅工业化与技术发展的思考

总体来看，西方发达国家的住宅工业化生产方式的转化过程，经历了第一次住宅工业化时期的"住宅建设的工业化阶段"和第二次住宅工业化时期的"住宅生产的工业化阶段"两个发展阶段。

中华人民共和国成立以来，中国住宅工业化发展经历了从起步与创建、到探索与停滞、再到转型与发展的演变过程。从国内外住宅工业化演进与发展经验来看，改变住宅建设的生产方式是我国亟待解决的问题。我国住宅产业化正进入全面推进的关键时期，应着力推动我国住宅工业化从"住宅建设的工业化阶段"向"住宅生产的工业化阶段"转变。住宅产业化的核心是用工业化生产方式来建造住宅，住宅工业化生产问题是制约我国住宅发展的关键要素。

从当前我国住宅工业化生产所面临的问题来看，住宅工业化关键技术研发与实践的中心工作是要解决好我国住宅工业化生产及技术的五大问题：

（1）加快健全我国住宅工业化生产的制度和技术机制。

（2）大力推动住宅工业化的部品化工作。

（3）重点引进及开发先进住宅建设体系。

（4）加强住宅工业化生产关键集成技术攻关。

（5）积极促进我国集合住宅工业化生产的试点项目建设。

在树立住宅生产工业化基本理念的正确认知前提下，要抓好住宅工业化的住宅体系及集成技术的转型换代与技术创新工作，通过住宅工业化生产的技术转型来促进我国住宅生产方式的根本转变。

4. 实现我国建筑工业化的措施建议

建筑工业化，首先应从设计开始，从结构入手，建立新型结构体系，包括钢结构体系和预制装配式结构体系，让大部分的预制构件，包括成品和半成品，实行工厂化作业。

（1）要建立新型结构体系，减少现场施工作业。结构体系应符合建筑工业化的发展方向。多层建筑应由传统的砖混结构向预制框架结构发展，高层及小高层建筑应由框架向剪力墙或钢结构方向发展，施工上应从现场浇筑向预制构件、装配式方向发展，建筑构件、成品、半成品等应以工厂化生产制作为主。

（2）要加快施工新技术的研发力度。主要应在模板、支撑及脚手架的施工上有所创新，减少施工现场的湿作业，重点突破清水混凝土施工、新型模板支撑和悬挑脚手架安装等施工难点。同时，在新型围护结构体系上，应大力发展和应用新型墙体材料。

（3）要加快新技术的推广应用力度，减少施工现场手工操作。在积极推广住建部建筑业10项新技术的基础上，加快新技术的转化和提升力度，其中包括提高部品的装配化、施工机械化的能力。应积极提倡预制装配式结构和新型多层装配式结构体系，鼓励采用预制钢筋混凝土柱、预制预应力混凝土梁、板等，并通过钢筋混凝土后浇部分将梁、板、柱及节点连成整体的框架结构体系，以减少构件截面，减轻结构自重，便于工厂化作业和快速施工。

（4）在建筑工业化过程中，应高度重视建筑工业化与新能源融合发展，建筑工业化与信息化融合发展，自动控制和智能建筑融合发展，让高品质住宅以及其他类型装配式建筑成为人与自然、建筑与自然、城市与环境和谐共生的桥梁。

6 新加坡装配式建筑案例分析

6.1 装配式建筑发展概况

6.1.1 装配式建筑发展历程

新加坡是世界上公认的能够较好解决国民住宅问题的国家，其住宅多采用装配式施工技术，大部分为塔式或板式多高层预制混凝土结构。新加坡住房政策和装配式建筑发展理念促使其工业化得到了前所未有的推广。装配式施工技术主要应用于住宅建设，经过 20 多年的快速发展，新加坡已成功建成 15~30 层不等的单元化装配式住宅，该住宅主要由政府开发，数量占全国住宅的 80% 以上。

建筑工业化的基本思想最初形成于 20 世纪 20~30 年代的欧洲，第二次世界大战后开始在各国迅速发展。新加坡建国初期，政府面临住房、就业和交通三大难题，其中住房问题最为突出，当时全国有 40% 的人口居住在棚户区。1960 年 2 月，新加坡成立了建设局，开始全面负责公共住房的建设，为居民提供可支付的住宅及配套设施。经过近半个世纪的努力，新加坡共建设了近 100 万套住宅，95% 的新加坡人拥有自己的住房，实现了"居者有其屋"，因此成为了世界上住房问题解决得非常成功的国家之一。具体而言，新加坡的建筑工业化在住房建设中主要经历了以下三个阶段的发展：

1. 第一次工业化尝试

为解决"住房荒"的问题，新加坡建设局于 20 世纪 60 年代开始尝试推行建筑工业化，用工业化的施工方法进行住宅建设。1963 年，为了研究大板预制体系在当地的适用性，弥补传统建筑方法低效率的缺点，新加坡建设局与当地一家承包商签订了一份建设 10 栋、每栋 10 层、每层以标准三室为单位的建设合同，合同中明确要求采用法国"Barats"大板预制体系，该体系是法国在 20 世纪 60 年代制定的大板住宅建筑体系，曾被多国采纳和学习。从理论上讲，该体系的应用不仅可以提高建设效率，而且建设成本可比传统的建设方法低 6%，但实际上 16 个月只完成了 2 层，其余 8 层最终由承包商采用传统的建设方法完成，项目的实施结果与预期目标相差甚远，新加坡的第一次建筑工业化尝试以失败告终，失败的原因主要在于当地的承包商缺乏预制经验。

2. 第二次工业化尝试

1973 年，为了加快住宅建设速度，减少劳动力使用数量，新加坡建设局签署了一份要求在 6 年内建设完成 8820 套公寓住宅、价值为 8200 万美元的建设合同，合同要求采用丹麦的"Larsen & Nielsen"大板预制体系，这标志着新加坡第二次工业化尝试的开始。新加坡在引进预制技术、发展建筑工业化的过程中充分发挥后发优势，以采用 20 世纪 70 年代得到广泛应用的丹麦大板预制体系为主，放弃了法国的大板预制体系。另外，汲取了第一次的失败经验，建设局并没有将此次建设任务委托给当地的承包商，而是委托给了一家当地和丹麦合资的建设企业。由于处于建筑工业化的发展初期，承包商为此还专门建立了一个预制混凝土构件的生产工厂，最终该项目的实际建设成本比使用传统建设方法的建设成本高 16.7%。

然而，由于承包商的施工管理方法不适应当地条件，加之 1974 年石油价格上升引起了建筑材料价格螺旋式上升，导致承包商财务危机加重，在开工不久后就进行了项目清算，最终合同终止。从这两次建筑工业化失败的尝试中，可以总结出以下三点主要经验：

（1）建筑工业化不一定适合所有的工程项目

推行建筑工业化的主要目的是加快建设速度和提高建筑质量。工业化方法的选择取决于劳动力工资的高低、建筑材料的特性、工程项目的类型和规模等。劳动力工资低，可以避免采用机械化程度高、设备初始投资大的生产线。设计复杂、规模大的工程项目应提高工业化程度。

（2）建筑工业化需要大量可建设的工程项目来降低单位建设成本

推行建筑工业化需要为预制构件的生产工厂和生产设备投入大量的资金，这些投资增加了建设项目的建设成本，因此需要大量可建设的工程项目，通过实现规模化经济，以降低各建设项目的单位建设成本。新加坡传统建设方法的建设成本在 20 世纪 60~70 年代已处于世界较低水平，如果没有大量可建设的工程项目来降低单位建设成本，建筑工业化生产方式将很难超越传统的建设方法。

（3）建筑工业化最重要的是要保证预制构件生产和组装工作计划的协调

由于国外承包商并不熟悉当地的建筑行业，尤其是当地的施工条件和施工习惯，并且建筑工人缺乏装配式施工的经验，对在工业化生产过程中影响施工进度的因素掌握不够全面，导致生产设备在建设过程中产生间断性闲置，从而降低了生产设备的使用效率，增加了建设成本，阻碍了建筑工业化生产方式在实际中的应用。

3. 第三次工业化尝试

尽管第一、二次工业化尝试都以失败而告终，但为了提高新加坡建筑行业的技术水平和劳动生产率，新加坡建设局最终决定仍应用工业化生产方式来生产住宅。1982 年，建设局进行了第三次建筑工业化尝试，开始在公共住宅项目中推行大规模的工业化生产。为了寻求适合新加坡本土国情的工业化生产方式，新加坡建设局分别和澳大利亚、法国、日本、韩国以及新加坡国内的承包商签订了 6 个住宅项目的建设合同，要求采用预制梁板、预制大型隔板、现场现浇墙板和预制卫生间及楼梯、现场现浇梁板和预制混凝土轻质隔墙等不同的建筑体系，总计生产 6.5 万套住宅，其数量相当于新加坡建设局 1982—1987 年五年计划新建住宅数量的30%。这些项目全部采用全预制结构体系或半预制结构体系，广泛使用预制混凝土构件，如预制梁、框架柱、墙、板、楼梯等。由于预制构件标准化程度高，显著提升了建设项目的生产效率，与运用传统的建设方式建设相似规模的项目相比，这些项目的建设时间从 18 个月缩短为 8~14

个月。同时，在建设成本方面也具有明显优势。

通过第三次工业化尝试，新加坡对工业化生产方式进行了全面总结，在结合本土建筑具体情况的基础上，决定采用预制混凝土构件，如预制梁、外墙、楼板及走廊护墙，并配套使用机械化模板体系，新加坡的建筑工业化由此开始稳步发展。另外，随着工业化项目的完成，新加坡建设局把重点从大规模的工业化生产转向低量灵活的预制加工，大量的本土预制混凝土构件生产商开始出现，越来越多的预制混凝土构件被应用到建设局的公共项目中。随着预制技术优越性的显现，工业化生产方式逐渐在全国推广。

6.1.2　装配式建筑政策环境

在装配式建筑发展方面，新加坡政府发布实施并修订了一系列相关政策，例如：

1.《可建造性实践守则》（2017 版）

《可建造性实践守则》（2017 版）内容主要包括：介绍、范围、定义、法定要求、可建造性设计分数要求、可建造性设计分数要求的提交程序、可建造性设计评估系统（BDAS）、可施工性分数要求、可施工性分数要求的提交程序、可施工性评估系统（CAS）其他要求。

自 2001 年起，建设局已经为所有建筑项目实施了可建造性立法，以提高建筑环境部门的生产力并减少对外国工人的依赖。多年来，逐步提出了采用可建造性设计的强制性要求。该立法已经改变了行业内的一些设计实践，如转向平板设计、预制结构、预制墙以及采用更多可复制的组件尺寸。

2011 年，建设局引入了施工人员的可施工性要求，以采用更加节省劳动力的技术和方法来提高施工期间的生产率。这将有助于确保建筑师和工程师在上游设计阶段启动的生产力概念在下游施工阶段由施工人员通过节省劳动力的施工过程来实现。为了加快建筑环境部门的生产力提升，特别是考虑到外国工人供应的大幅度减少，建设局在 2013 年进一步提高了可建造性设计得分和可施工性得分的最低标准。同时，可建造性设计要求得以加强，从而推动了行业在构建组件和设计参数方面采用更高程度的标准化。

展望未来，需要通过行业设计和建造更多具有可建造性的建筑，并开发更多：高效的劳动技术和建筑方法，将生产力提升到更高的水平。因此，在 2014 年和 2015 年，除了进一步提高最低分之外，建设局还要求采用关键生产力组件，包括行业范围的标准尺寸和特定类型开发的组件。此外，还规定了具体的生产技术，以此作为政府销售土地计划（GLS）下开发项目的土地销售条件。这有助于为行业采用制造和装配设计（DfMA）方法铺平道路，将施工现场作业尽可能多地移至工厂，以减少现场工作。虽然多年来该行业取得了良好的进展，但仍需要在这一势头的基础上继续努力，加强在制造和装配设计中应用预制技术，进一步完善可建造性立法框架，以实现建筑生产率的提高。

2.《建筑控制法（可建造性和生产力）条例》（2015 版修订第 2 号）

此修订旨在向业界公布将于2015年12月1日开始实施的《建筑控制法（可建造性和生产力）条例》（2011 版）中新的可建造性要求具体如下：

（1）新项目将提高最低可建造性设计分数（B分数）和最低可施工性分数（C分数）；

（2）厢式预制装配系统（PPVC）的修订要求和新的认证要求；

（3）修订的可施工性评估系统包括分配给建筑、机械、电气和管道组件的最大可施工性评分的变更。

2014年11月，建设局提高了最低可建造性标准，并强制采用标准组件和建筑系统，如预制楼梯和非承重干式墙。同时，政府销售土地计划规定了最低预制水平，并将预制浴室单元和厢式预制装配系统的最低采用率作为采用制造和装配设计的标准，以鼓励非现场施工。建设局于2014年3月宣布，2015年将进一步提高最低B分数和C分数要求。此外，建设局还修订了可建造性规则、可建造性设计评估系统和可施工性评估系统，以提高建筑生产率。具体如下：

（1）2015年12月1日及之后提交规划许可的所有总建筑面积在2000m² 及以上的新建项目的最低B分数提高3分。随着这一增长，所有新建项目的最低B分数将达到与2014年11月1日以来部分国际项目相同的水平。同样，2015年12月1日之后提交规划许可的所有总建筑面积为5000m² 及以上的新建项目的最低C分数将提高3分。

（2）为了促进更高的标准化并进一步提高生产部件的使用率，必须强制执行表6-1的标准。

强制执行标准

表6-1

适用的开发类型	采用的强制性项目
所有项目	用于现浇混凝土楼板的焊接网
	用于空调系统的预制和绝缘管道
普通住宅的非承重部分和商业住宅的居住部分	装配式家庭住宅（包含住宅设计）
酒店项目	典型的标准楼层为3.15m、3.3m、3.35m、3.45m、3.5m或3.6m

（3）PPVC的修订要求和新验收框架

PPVC施工现场完成的最低精加工和配件水平已经过微调，以提高PPVC施工可实现的更高生产率标准。PPVC系统将受到新的验收框架（PPVC认证委员会（PPVC MAS））的约束。PPVC系统必须首先被建筑创新专家委员会（BIP）接受，然后才能通过PPVC MAS认证。有关PPVC的更多详细信息，请参照6.3.1。

（4）可施工性评估系统的修订

可施工性评估系统经过精心调整，更加注重更具影响力的生产性建筑方法和技术，以及有助于提高项目效率的施工方法。主要变化包括分配给建筑、机械、电气和管道组件的最大可施工性评分以及虚拟设计和构造要求的调整。

3.《建筑控制法（可建造性和生产力）条例》和《建筑工程实践守则》的修订

此次修订向业界发布了《建筑控制法（可建造性和生产力）条例》（2011版）的变化以及对《建筑工程实践守则》（2017年5月1日起生效）的改进。2015年12月，建设局提高了最低可建造性标准，并要求强制应用预制生产技术，如用于现浇混凝土楼板的焊接网和用于所有空调系统的预制和绝缘管道。同时，建设局修订了可建造性规则并增强了可建造性设计评估系统。为促进预制构件的生产和使用，规定任何在 2017 年 5 月 1 日及之后根据非政府销售土地计划的国有土地上的工业建筑应满足预制系统的最低使用水平见表 6-2。

最低预制水平　　　　　　　　　　　　　　　　表 6-2

最低预制水平	5000m² ≤建筑面积< 25000m²	建筑面积≥ 25000m²
结构系统	25%（20%）	40%（35%）
墙体系统	45%（35%）	60%（50%）

注　　括号中的数字表示在 2014 年 11 月 1 日至 2017 年 5 月 1 日销售的非政府销售土地计划的现有要求。

4. 可建造性设计评分

可建造性是指在保证建筑物质量的前提下，使施工更加快速、经济和有效。由于新加坡劳动力短缺，导致建筑业生产效率过低，工程质量也难以保证。为了提高建筑业的竞争力与生产效率，新加坡政府决定进行一系列根本性的改革。2000 年开始，新加坡政府决定对所有新建项目实行《建筑可建造性评分规范》，并于 2001 年 1 月 1 日起正式执行。该规范制定了可建造性设计评价体系，包括可建造性设计评分值计算方法。该体系将"可建造性"定义为"建筑容易建造的程度"，其目的是为了让施工变得更加简易，且能有效减少工人数量，并提高生产效率。该体系以设计阶段为切入点，旨在为引导新的施工技术方向制订一套评分体系。新加坡规定新建项目必须满足最低的计分要求，以此推动预制技术的使用和建筑工业化的发展，见表 6-3。

新建工程可建造性评分最低要求　　　　　　　　表 6-3

建筑种类	可建造性评分最低要求		
	2000m² ≤建筑面积< 5000m²	5000m² ≤建筑面积< 25000m²	建筑面积≥ 25000m²
有地权住宅	73	78	81
普通住宅	80	85	88
商业建筑	82	87	90
工业建筑	82	87	90
学校	77	82	85
公共机构及其他类型	73	79	82

建设局在 2001 年的第一版评分标准中，将清水隔间墙、预制结构的设计、标准化的轴线间距和层高等作为设计师的得分点，以提高建筑的可建造性。设计师需从不同的结构形式中选择可行性最高的设计方案，核心的得分因素分别为：

（1）标准化、模数化：包含轴线的重复性、结构中采用尺寸的合理性、构件接头的统一性等。

（2）简单化：简单化的结构系统或预制构件安装系统，将有助于提高建筑可建造性得分。

（3）集成化：设计时最大程度地考虑将预制构件合并成组件，如预制卫生间等。

新加坡采用可建造性评分体系，并不只是为了对建筑设计和结构设计进行评分，承包商的管理模式和水平、施工质量等因素也被列入体系中。该评分体系的分值系数主要来源于节约劳动力的指数，即"省工指数"，这个指数通过长期的资料分析和经验积累所得。对于在新加坡参与投标的外国建筑企业，建设局会结合相应的可建造性评分体系来综合考量，同时也会参考各国的评分体系，对本国的标准进行完善。2013年，建设局对评分标准进行修订，增加了不同用途建筑可建造性设计的最低得分，未达到最低得分要求的设计将不被建设局审核通过。此外，实行可建造性评分体系的目的是为了促进可建造建筑的广泛应用，以节省劳动力和提高施工质量，并非牺牲设计的多样化和创造性来换取可建造性。实际而言，有特色的设计同样可得到较高的可建造性分值。因此，实行该体系的目的也并非单纯地推行装配化，现浇结构也可能会得到较好的分值。十多年来，可建造性制度对新加坡建筑业生产率的提高起到了明显的作用，促进了新加坡住宅工业化的发展。

5. 对提高生产力所使用的工具或者施工方法采取奖励计划

奖励计划的引入，是建设局为了鼓励施工企业采用先进技术、先进施工设备和施工方案所采取的奖励政策。由于劳动力日益紧缺，建设局鼓励施工企业进行改革创新，使企业在施工过程中最大限度地提高施工效率，以达到工业化模式，从而减少对工人的依赖。奖励计划倾向于对设备采购方面的奖励和补助，如企业购买并使用悬臂式升降机以代替传统脚手架进行高空作业，再如采用全自动的洗车设备代替工人对工地进出车辆进行清洗等。在该项计划中，企业最高可获得20万新元的奖励。

6.2 新加坡高层建筑预制体系

随着建筑行业的战略升级，预制生产技术已成为提高可建造性的关键手段之一。在过去的几年里，建筑从业者通过将预制混凝土构件与现浇混凝土构件相结合，有效地利用了预制混凝土构件的优势，以满足不同的设计要求，提高质量、成本效益和生产力水平。由于主要使用预制混凝土构件，现场作业大大减少，从而提供了更安全的工作环境。

然而，预制装配项目的管理与传统建设相比有较大区别，仅仅采用传统的设计和施工方法并不能充分发挥预制的优势。成功实施的关键在于规划和理解预制混凝土构件的设计、生产、运输、安装之间的密切关系，换句话说，设计单位、预制构件生产商、业主和施工单位之间的良好合作是至关重要的。因此，需要对预制混凝土构件使用过程中的突出问题进行分析，并提出采用预制外立面系统的现浇楼板或预制楼板作为高层住宅开发的可建方案。

6.2.1 预制框架体系

在制定项目整体计划时，项目小组成员必须全面考虑如何选择建筑方案。其中，建筑框架的确定主要通过两个步骤来实现，一是评估项目目标，二是选择目标的最优路径。由于项目所用的建筑框架会列明规划要求和建造方法，因此在制定前，必须充分考虑若干因素，如

图 6-1 所示。不同的建筑体系各有优缺点,因此不可能规定任何体系比其他体系好。通常,可以使用不同概念的混合来实现最佳的项目结果。在当地,建筑的主流形式是预制混凝土构件与现浇构件的组合。然而,预制混凝土构件的使用范围可能因项目而异。一般而言,采用预制承重立面楼板体系是高层住宅开发的一种可建且简单的建筑方案,楼板系统可采用现浇混凝土楼板、全预制板或半预制板,再与预制外墙组合。该系统具有很大的灵活性,来适应内部布局的变化、提供更大的净空间和可观的效益,以实现更高质量的墙饰面。大部分的构件连接工程可以在内部完成,从而创造了一个更安全的工作环境。

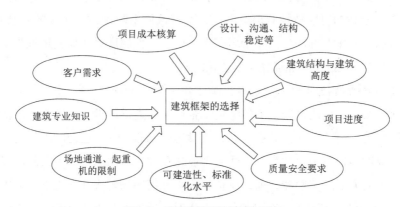

图6-1 影响建筑框架选择的因素
(资料来源:BCA,Buildable Solutions for High-Rise Residential Development)

1. 设计理念

主承重系统由楼板组成,楼板由建筑外围护结构(以预制承重墙为主)支撑。本质上,设计理念是最大限度地利用建筑构件,如外墙和隔墙,以改善楼层布局及空间利用率。作为建筑围护结构的预制立面墙板可以支撑来自楼层的竖向荷载,这种设计方法能够减少对其他结构构件的需求,从而提供一种经济的解决方案。此外,这些外立面可以设计成非承重墙板,以抵抗或转移来自其他结构构件的部分荷载。简而言之,预制外墙板的使用既实用经济,又能表达建筑的性能优势,如良好的隔声和防火性能等,如图 6-2 所示。

根据建筑物的布局、跨向和稳定性要求,柱、梁和剪力墙等预制构件也可用于承受楼面的荷载和侧向力。而阳台板、楼梯、垃圾槽、花盆箱和空调壁架则是建筑系统的非承重部分。

2. 建筑物的稳定性

建筑的整体稳定性主要由用现浇钢筋混凝土建造的核心墙承担,如楼梯墙、电梯核心墙等。这些核心墙通常可以被预制成各种形式,包括 L 形、U 形、盒形等,加之适当的连接,能够达到建筑物的结构横向稳定。由于采用预制板作为楼板体系的建筑框架刚性较低,因此,将核心墙和其他承重构件组装,以达到建筑结构横向稳定所需的刚度,如图 6-3 所示。

为了将水平荷载从外墙转移到核心墙,楼板可用作膜片。对于预制板系统,通常采用灌浆或混凝土填缝与连接拉杆相结合的方法,来保证楼板单元与稳定部件之间有足够的连接。对于半预制板体系,通过在现浇钢筋混凝土浇筑层内加筋,可以实现整个楼板的隔振作用。

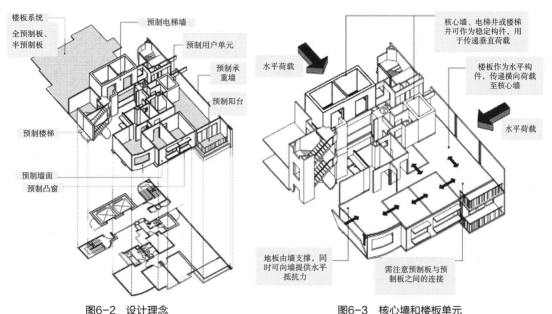

图6-2　设计理念
（资料来源：BCA，Buildable Solutions for High-Rise Residential Development）

图6-3　核心墙和楼板单元
（资料来源：BCA，Buildable Solutions for High-Rise Residential Development）

3.楼板系统

现浇楼板和预制板是适合高层住宅开发的高效楼盖体系，其中预制板又分为全预制板和半预制板，这些楼板系统使业主能够有一个平坦的顶棚，它们对水平分隔和内墙位置没有过多限制，从而提高了设计的灵活性，两种系统均可满足6~7m跨度的典型钢筋混凝土截面。除费用外，楼板的制作主要取决于下列因素：

（1）模数协调：采用现浇楼板系统时，房间尺寸不是主要问题，而对于预制楼板系统，模数协调将使其标准化程度提高，从而降低工程成本。

（2）建筑专业：如果可以选择，大多数设计人员将坚持使用他们熟悉的系统，从以前的项目中进行材料和设备的部署，以尽量降低成本。

（3）通道限制：若工地邻近住宅，则宜使用预制楼板，可减少环境污染、噪声、瓦砾、尘埃等。

（4）起重机能力和用法：预制系统需要使用起重机进行安装，安装一个楼板平均需要20分钟至一个小时。为了尽量减少工地操作和起重机的使用，合理的解决方案是尽量增加楼板的尺寸和重量，从而减少所需的面板数量。然而，有必要考虑起重机的成本问题。

此外，两种楼板系统的优缺点见表6-4，各楼板系统特征如下：

两种楼板系统的优缺点

表6-4

板类型		优点	缺点
现浇楼板		底面平坦；不需要梁；可以部署简化和高效的模板系统；连接简单；不需要隔膜的特殊规定	需要模板支撑；房间格局难更换
预制板	全预制板	楼板平整，装饰效果好；不需要模板；快速安装	连接复杂；需注意防水和隔膜；楼板施工需要规划和协调

板类型		优点	缺点
预制板	半预制板	楼板平整，装饰效果好；模板使用量小；良好的防水和水平隔膜作用；连接细节简化；在顶层中包含各种其他施工做法	更多的支撑要求；操作空间有限；预制板不能叠筑

（1）现浇楼板系统

现浇楼板系统本质上是一种钢筋混凝土楼板，由钢筋混凝土柱或墙直接支撑，柱或墙之间没有中间梁，如图 6-4 所示。

板厚：楼板的最小厚度可通过适当的设计方法确定。局部板厚通常在 150~250mm 之间，这取决于跨度、开口位置、荷载集中程度和声学要求。在楼板设计中，柱周围的冲切剪力是一个重要的考虑因素，布置局部钢筋或专用剪力钢筋可减少平均板厚。

地坪差：当地坪差很小时，如果楼板跨度不大，在局部区域可提供水平楼板拱脚，以改变板厚。楼板整个底面需要尽可能地保持平整，以贯穿整个建筑楼板。对于更大的跨度，出于经济原因，可以在顶层的落差处加入隐藏梁。另一种选择是，潮湿地区的路牙石可能更经济和实用，这样便不需要加厚板来保持整体平整。

楼板开口：机械、电气和管道设施的楼板开口是常见的，尤其是厨房和浴室区域。由于这种开口会降低其承载能力，因此在楼板的分析和设计中考虑这些开口是很重要的。隐藏的梁可以连接周围的大开口，以加强楼板，在可能的情况下，开口应尽量远离结构墙和柱。

使用性能要求：由于用于住宅开发的楼板可能小于 250mm，因此考虑预期荷载和施工荷载下的挠度是很重要的。考虑到其他建筑构件的相对刚度，如非结构墙和楼板饰面，挠度应在可接受的范围内。

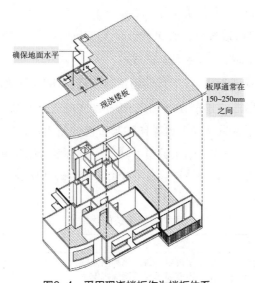

图6-4　采用现浇楼板作为楼板体系
（资料来源：BCA，Buildable Solutions for High-Rise
Residential Development）

悬臂结构：楼板可设计成悬臂，支撑在预制墙或柱上，若悬挑跨度过大，预制墙或柱需要被加固，或者整个悬臂板区域可以与支撑梁一起预制，如图6-5所示的预制阳台。

隔声隔热：在大多数情况下，楼板比梁板系统的板更厚，这将有助于提高建筑的隔声、隔热性能。

（2）预制板系统

适合住宅开发的预制板主要有两种类型，即全预制板和半预制板。这些楼板系统可以根据房间的大小进行定制，以满足起重机的可用容量和现场通行的限制。它们的设计跨度为一个或两个方向，由梁、现浇带或承重墙支撑，如图6-6所示。预制板本质上是叠合楼板结构的下部，它的设计目的是作为一个永久模板，现浇加固在结构顶部。其粗糙的顶面使结构顶面上的剪力传递成为可能，而沿板边的钢筋则将剪力传递给支撑结构。

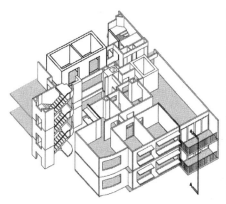

图6-5　预制阳台图

（资料来源：BCA，Buildable Solutions for High-Rise Residential Development）

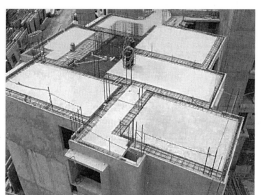

图6-6　加筋现浇带连接预制板

框架布置：由于预制楼板需要在跨尾直接支承，框架布置需要包含能够传递竖向荷载的单元网格，如墙壁、梁或加筋现浇带。早期必须进行设计协调，以确定墙壁的位置，此外使用的楼板应模块化或标准化，以节省规模。预制楼板的设计多样化，可以满足不同楼层在局部地区的差异。

预制构件的重复使用：构件尺寸模块化和标准化，可减少预制构件生产的复杂性。例如，不同单元类型的卧室、浴室、厨房和庭院区域可以标准化。非标准化的构件设计只需稍加修改即可。

优化尺寸：对于预制板，应考虑安装起重机的最大起重量、运输方式及其局限性。应首先选择适应房间大小的楼板，以尽量减少连接和提高生产力。如果要求整个房间尺寸的楼板宽度大于3.5m，可以采用现场预制。

板厚：采用适当的设计方法可确定预制板的最小板厚。全预制板厚度为150~250mm，这取决于跨度、开口位置、荷载集中程度和声学要求。半预制板一般厚度为75~125mm，根据设计要求，现浇顶板厚度为75~100mm。

楼板开口：对于预制板，可以在制造过程中预留孔洞，如果孔洞较大，可采用角钢或现浇梁来加固楼板系统。

4. 外墙系统

预制外墙可分为承重墙和非承重墙，如图6-7所示。

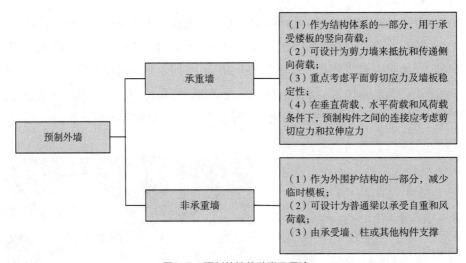

图6-7　预制外墙的种类及用途
（资料来源：BCA，Buildable Solutions for High-Rise Residential Development）

标准化：在外墙设计方面，可以设计一套标准化的构件模具，以提高生产效率和标准化程度。标准化设计可减少预制构件的生产时间和成本，非标准化构件可以通过对标准化构件进行适当修改，以最大限度地使用模具。不同形式的预制外墙如图6-8所示。

墙板尺寸：在选择墙板尺寸时，应考虑起重机的扬程和起重能力，楼板重量一般限制在4~6t，最大不超过10t。为节省预制成本，在满足现场运输和吊装的情况下，应使墙板尺寸最大化，

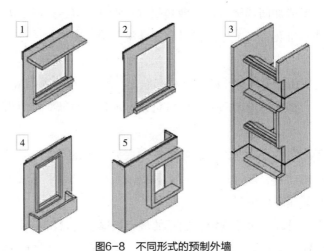

图6-8　不同形式的预制外墙
1—空调壁架；2—窗台装置；3—凸窗；4—外立面配种植箱；5—窗台单元
（资料来源：BCA，Buildable Solutions for High-Rise Residential Development）

通常采用层高与梁宽之比作为墙板尺寸，一般为 3m×3m。承重外墙的厚度视其结构、性能及用途而定，一般为 150~185mm，非承重外墙的厚度一般为 100~125mm。预制墙板的吊装如图 6-9 所示。

　　墙板形状和表面处理：矩形墙板有利于吊装和施工，但其他形状如曲面墙板也可用于墙体施工。对于半径在 6m 以上的曲面墙板，可采用水平浇筑，因此不需增加过多成本。而半径较小的墙板，则需垂直筑造（图 6-10），但这种浇筑方式将增加更多的成本。图 6-11 为不同形状的墙板。

图6-9　预制墙板吊装　　　　图6-10　曲面墙板垂直筑造　　　　图6-11　不同形状的墙板

　　一般情况下，预制墙板可分为封闭式和开放式。封闭式墙板更加坚固且易于操作，但开孔部位面积不宜过大，以免在吊装过程中出现裂纹。在无外力支撑开孔部位的情况下，需要加设钢筋，以便后期安装。相较于封闭式墙板，开放式墙板则更加灵活。此外，在安装过程中，应考虑墙板的整体稳定性，避免出现局部受力不平衡的现象。由于在实际施工过程中构件很难精确安装，因此墙板的边角应设计成圆角，而不是尖角。在表面处理方面，高层住宅建筑则更倾向于采用简单的漆面处理。

　　凸窗开口处理：应在凸窗的顶部和侧面设计滴水线，以防止雨水进入，如图 6-12 所示。

　　预制窗墙板：窗户一般采用铝合金建造，并固定在外墙板上。由于窗框和墙板之间的缝隙容易渗水，因此可在墙板预制过程中安装外窗框。该方法将窗框与外墙板集成，从而避免了现场灌浆和密封胶的使用，提高了整体防水质量。预制窗墙板如图 6-13 所示。

6.2.2　构件连接方式

　　由于预制或半预制结构的整体稳定性在很大程度上取决于其连接方式，因此需要考虑这些连接在将建筑构件之间的力转移到核心墙和基础上的有效性，如图 6-14 所示。为保证结构的整体性，应提供构件连接的详细说明。

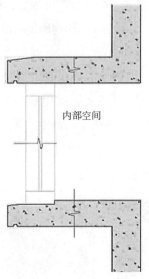

内部空间

图6-12　凸窗滴水线

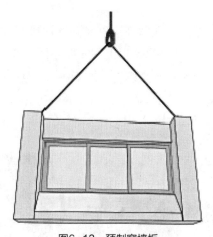

图6-13　预制窗墙板
（资料来源：BCA，Buildable Solutions for High-Rise
Residential Development）

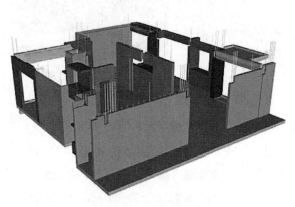

图6-14　预制构件组合
（资料来源：BCA，Buildable Solutions for High-Rise
Residential Development）

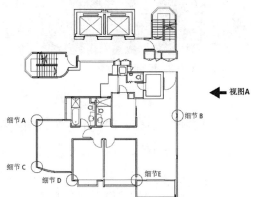

视图A

细节A
细节B
细节C
细节D
细节E

图6-15　预制墙板的典型使用实例
（资料来源：BCA，Buildable Solutions
for High-Rise Residential Development）

　　连接件的细节部分应满足预制构件生产、运输和安装方面的要求以及建筑的整体要求。一般来说，与预制框架和骨架系统相比，预制外立面墙体系统的楼板连接细节相对简单。从本质上讲，需要考虑楼板和立面墙体之间的联系以及各个楼层之间的联系。本节将重点介绍一些在私人住宅项目中使用的连接方式。

　　1. 预制墙板之间的垂直连接

　　预制墙板之间的垂直连接通常采用现浇连接方式。该连接方式可以通过使用直接锚定在面板内的分布式回路来提供。对于承重的立面墙体构件，应设置竖向连结杆，并设计其传递剪力，以保证整体的稳定性。预制墙板的典型使用实例如图 6-15~ 图 6-21 所示。

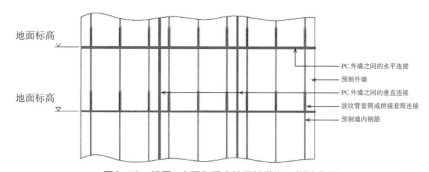

图6-16　视图A水平和垂直墙面接缝以及拼接布局
（资料来源：BCA，Buildable Solutions for High-Rise
Residential Development）

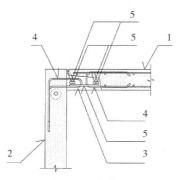

图6-17　细节A
1—PC水平墙；2—PC竖直墙；3—现浇混凝土节点；
4—PC墙内钢筋；5—垂直连结杆
（资料来源：BCA，Buildable Solutions for High-
Rise Residential Development）

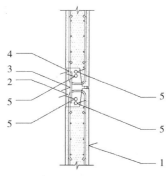

图6-18　细节B
1—PC墙；2—现浇混凝土节点；3—现浇钢筋；4—PC墙
内钢筋；5—垂直连结杆
（资料来源：BCA，Buildable Solutions for High-Rise
Residential Development）

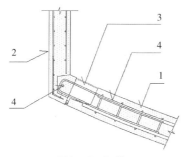

图6-19　细节C
1—PC窗台梁；2—PC墙；3—现浇混凝土节点；4—PC
墙内钢筋
（资料来源：BCA，Buildable Solutions for High-Rise
Residential Development）

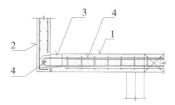

图6-20　细节D
1—PC凸窗梁；2—PC墙；3—现浇混凝土节点；4—PC墙
内钢筋
（资料来源：BCA，Buildable Solutions for High-Rise
Residential Development）

2. 预制墙板与楼板之间的连接

预制墙板之间水平接缝处的连接通常采用销钉连接，特别是承重墙。墙板内的核心孔是使用专用的拼接套筒或波纹管套筒形成的，这些洞连同垂直的连结杆在墙安装后用灌浆填充。预制墙板与楼板之间的连接通常采用起动杆架桥连接，如图6-22所示。

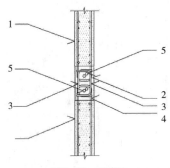

图6-21 细节E

1—PC 墙；2—现浇混凝土节点；3—现浇钢筋；4—PC墙内钢筋；5—垂直
连结杆

（资料来源：BCA，Buildable Solutions for High-Rise Residential Development）

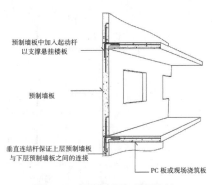

图6-22 预制墙板与楼板连接

（资料来源：BCA，Buildable Solutions for High-Rise Residential Development）

预制墙板与楼板之间的连接主要有以下几种类型：

（1）预制墙板与楼板的连接如图6-23、图6-24所示。

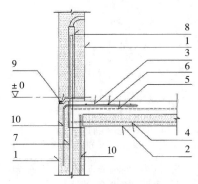

图6-23 预制墙板与楼板的节点大样

1—PC墙；2—半预制板；3—现浇混凝土；4—PC板内钢筋；5—
现浇钢筋；6—PC墙内钢筋；7—竖向连结筋；8—波纹管套筒；
9—密封胶；10—PC墙内起动杆

（资料来源：BCA，Buildable Solutions for High-Rise Residential Development）

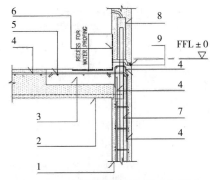

图6-24 PC墙与楼板之间的防水详图

1—PC墙；2—全预制板；3—现浇混凝土；4—PC墙内钢筋；
5—现浇钢筋；6—防水系统；7—垂直连结杆；8—波纹管
套筒；9—密封胶

（资料来源：BCA，Buildable Solutions for High-Rise Residential Development）

（2）承重内墙与楼板的连接如图6-25~图6-27所示。

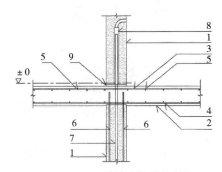

图6-25 PC内墙与现浇楼板连接

1—PC内墙；2—现浇楼板；3—现浇钢筋；4—现浇板
内钢筋；5—现浇板内钢筋；6—PC墙内钢筋；7—PC
墙竖向连结筋；8—波纹管套筒；9—注浆接头

（资料来源：BCA，Buildable Solutions for High-Rise Residential Development）

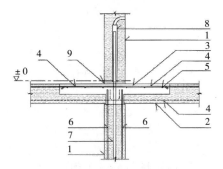

图6-26 PC内墙与全预制板连接

1—PC内墙；2—全预制板；3—现浇混凝土；4—PC板内钢筋；
5—现浇钢筋；6—PC墙内钢筋；7—PC墙垂直连结杆；8—波
纹管套筒；9—注浆接头

（资料来源：BCA，Buildable Solutions for High-Rise Residential Development）

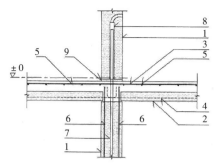

图6-27　PC内墙与半预制板连接

1—PC 内墙；2—半预制板；3—现浇混凝土；4—PC 板内钢筋；5—现浇钢筋；6—PC 墙内钢筋；
7—PC 墙垂直连结杆；8—波纹管套筒；9—注浆接头
（资料来源：BCA，Buildable Solutions for High-Rise Residential Development）

（3）非承重内墙与楼板的连接如图 6-28、图 6-29 所示。

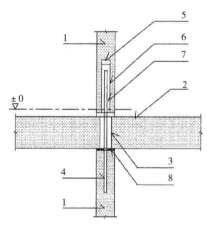

图6-28　PC隔墙与全预制板之间的内部隔断

1—PC 隔墙；2—全预制板；3—波纹管套筒；4—PC 隔墙钉杆；5—泡沫塑料；6—PVC 管；7—不收缩灌浆；8—压缩泡沫
（资料来源：BCA，Buildable Solutions for High-Rise Residential Development）

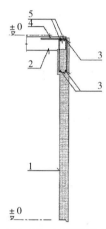

图6-29　下悬墙详图

1—PC 墙；2—现浇楼板；3—PC 墙内钢筋；4—PC 墙起动杆；5—现浇钢筋
（资料来源：BCA，Buildable Solutions for High-Rise Residential Development）

3. 预制楼板之间的连接

楼板除了承受竖向荷载外，还要承受水平荷载。为了防止楼板之间的移动，必须将各预制构件连接起来，形成一个完整的楼板。与采用浇筑体系的复合预制板一样，采用现浇钢筋混凝土结构也可以达到同一目的。对于预制楼板，采用灌浆和混凝土接缝，结合连结杆将有助于实现结构完整性，并起到隔膜作用，如图 6-30~ 图 6-36 所示。

6.3　新加坡预制技术

6.3.1　PPVC 技术

1. PPVC 概念及优势

PPVC 技术，新加坡官方全称"Prefabricated Prefinished Volumetric Construction"，即"厢

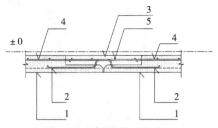

图6-30 全预制板之间连接

1—全预制板；2—PC 板底部钢筋；3—现浇混凝土节点；4—
PC 板顶部钢筋；5—现浇钢筋
（资料来源：BCA，Buildable Solutions for High-Rise
Residential Development）

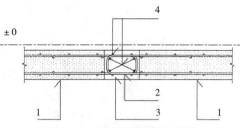

图6-31 现浇带连接全预制板

1—全预制板；2—PC 板内钢筋；3—现浇带；
4—现浇钢筋
（资料来源：BCA，Buildable Solutions for
High-Rise Residential Development）

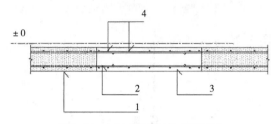

图6-32 加筋现浇带连接全预制板

1—全预制板；2—PC 板内钢筋；3—加筋现浇带；4—现浇
钢筋
（资料来源：BCA，Buildable Solutions for High-Rise
Residential Development）

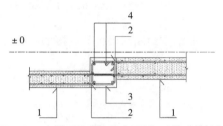

图6-33 加筋现浇带连接全预制板（楼面落差）

1—全预制板；2—PC 板内钢筋；3—加筋现浇带；4—现
浇钢筋
（资料来源：BCA，Buildable Solutions for High-Rise
Residential Development）

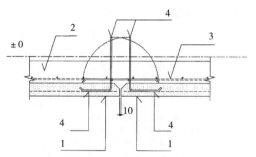

图6-34 半预制板之间连接

1—半预制板；2—顶层现浇结构；3—现浇钢筋；4—PC
板内钢筋
（资料来源：BCA，Buildable Solutions for High-Rise
Residential Development）

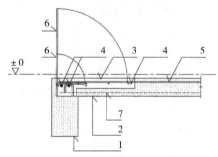

图6-35 PC梁与全预制板连接

1—PC 梁；2—全预制板；3—现浇混凝土；4—现浇钢筋；5—PC
板内钢筋；6—PC 梁内钢筋；7—PC 板底层钢丝网
（资料来源：BCA，Buildable Solutions for High-Rise Residential
Development）

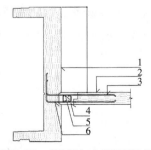

图6-36 凸窗梁与全预制板连接

1—PC 梁；2—全预制板；3—PC 板内钢筋；4—现浇混凝土；5—现浇钢筋；6—PC 梁内钢筋
（资料来源：BCA，Buildable Solutions for High-Rise Residential Development）

式预制装配系统"（又称"预制预装修厢式建筑"或"3D 模块化建筑"，以下简称 PPVC），是将整间房间，在预制工厂进行加工，完成结构与装修（包括地面、墙面、吊顶等）部分并形成独立模块后，进行现场吊装的建筑技术（图 6-37），这是建筑产业化时代变革的新技术，建造更加精细化，就像造汽车一般造房子。

图6-37 现场组装PPVC模块

PPVC 具有以下优势：首先，大大提高建筑生产力。PPVC 的最大精要，以"快"蔽之。根据官方预测，该技术可提高约 50% 的建筑效率，大大减少工人数量，降低人力成本。其次，大大减少环境污染。因其生产主战场由施工现场转至工厂，施工过程中面临的噪声及粉尘污染也将得到改善。

2. PPVC 接受框架

（1）PPVC 最低要求

PPVC 表面装饰和构件安装的最低工厂生产率应满足表 6-5 的要求，任何变更都需要取得建设局的批准。

PPVC 最低工厂生产率   表 6-5

装饰或构件	最低工厂生产率
地面装饰	80%
墙面装饰	100%
油漆	100%（底漆）
窗户和玻璃	100%
门	100%
衣柜和橱柜	100%（允许衣柜门和橱柜门现场安装）
机电管道	100%（允许设备现场安装）
插座和开关	100%

（2）接受框架

为了确保所使用 PPVC 系统的可靠性和耐用性，建设局联合监管机构及行业专家建立了 PPVC 接受框架，以确保设计和材料能够满足最低标准。接受框架主要分为两大部分，包括建筑创新委员会（BIP）对 PPVC 系统的评价，以及行业协会对 PPVC 生产商的认证。建筑创新委员会由来自建设局、道路交通局、公共事业局、国家环保机构、新加坡民防部队等 10 个法定机构的技术部门组成。具体认证流程如图 6-38 所示。

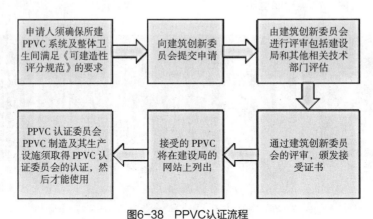

图6-38　PPVC认证流程

（资料来源：应洁心，中新工程建设管理体制对比研究 [D]，2017）

1）PPVC 的供应商和制造商首先要确保他们的 PPVC 系统和整体卫生间满足《建筑可建造性评分规范》最低工厂生产率的要求，然后由建设局和行业专家组成的评审小组对系统的材料和质量进行评审。评审后，建筑创新委员会秘书处再将申请资料交到该委员会其他技术部门进行评价，被建筑创新委员会接受的 PPVC 系统会收到接受证书。

2）为了促进 PPVC 认证体系更加完善，PPVC 认证委员会（PPVC MAS）由新加坡混凝土学会和新加坡钢结构学会共同提出。取得接受证书的生产商需取得 PPVC MAS 的认可。目前，新加坡只有 17 家企业具有 PPVC 生产资格。

（3）PPVC 提交认证申请时，需要提交的清单主要包括以下 7 个方面的内容：

1）PPVC 系统的概述，包括工程造价、工期的改进、系统的特色、工厂生产的材料比例、现场组装的方法、项目记录。

2）建设局评价，包括结构设计要点、生产质量等。

3）道路交通局评价，包括路线规划、车辆类型、路面保护等。

4）人力资源部评价，包括完整的操作细节、工作流程等图示说明。

5）公共事业局评价，包括浴室，卫生间，水电安装等。

6）新加坡消防局评价，包括消防安全等。

7）国家环保机构评价，包括污水排放、噪声控制等。

3. PPVC 在新加坡的发展

2014 年 11 月，新加坡政府首次强制要求使用 PPVC 技术来建设 Yishun Avenue 4 综合发展项目，如图 6-39 所示。之后，政府开始大力推广 PPVC 技术。截至 2018 年，在政府销售土地计划下，共有 14 个 PPVC 技术项目，目前大约一半的政府销售土地都采用 PPVC。另外，在接下来两年里，35% 的组屋，也将采用 PPVC 技术。

图6-39 Yishun Avenue4外观图

图6-40 学生宿舍

在监管审批方面，PPVC已获得新加坡所有技术机构的认证。目前，PPVC在新加坡已有5家供应商，同时南洋理工大学已向新加坡土木工程有限公司发出合约邀请，拟承建该校的学生宿舍工程，如图6-40所示。华联企业还将樟宜机场皇冠假日酒店（图6-41）的扩建部分委托给Dragages公司，该企业预计，尽管使用PPVC比传统的建筑方法成本稍高，但却能使人工减少75%，以及工期缩短40%。此外，CDL将成为亚洲首个采用PPVC技术建造大型住宅项目的开发商（图6-42），该项目由8栋10~12层的大厦组成，预计使用3300个预制模块，共建造636套公寓。

图6-41 皇冠假日酒店

图6-42 行政公寓

4. PPVC技术难度等级

PPVC技术难度等级如图6-43所示。

（1）左上角（第二象限）

秦始皇修建阿房宫时就已经达到第二象限的水平，该阶段门窗、砖瓦、梁柱等都是在"工厂"生产后通过水渠运送到施工现场。目前，发达国家只有极少数（甚至可以忽略不计）建筑的建造水平仍然处于第二象限。

（2）右上角（第一象限）

目前，发达国家80%~95%的建筑建造水平已经达到或超过第一象限，即采用"湿连接"的"等同现浇"技术或"干连接"技术来建造装配式混凝土建筑。

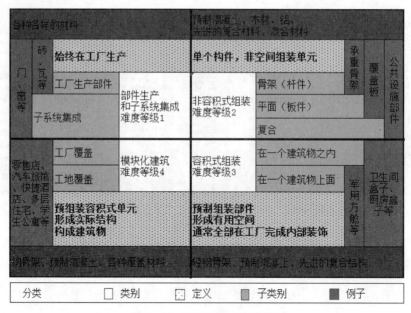

图6-43 PPVC技术难度等级

（3）右下角（第四象限）

该阶段预制构件属于小众产品，主要有：①居住类盒子建筑，如盒子卫生间（图6-44）、盒子厨房（图6-45），主要用于单身公寓、学生公寓、快捷酒店、单位宿舍等。②机房，如通信机房（图6-46、图6-47）、水泵机房、发电机房等。

图6-44 盒子卫生间

图6-45 盒子厨房

（4）左下角（第三象限）

该阶段预制构件属于高端产品，目前全球只有极少数企业可以采用PPVC技术建造装配式建筑，发达国家约有5%~20%的建筑建造水平已达到第三象限，如图6-48、图6-49所示。

图6-46 制造中的通信方舱

图6-47 运输中的通信方舱

图6-48 安装中的PPVC建筑

图6-49 安装好的PPVC建筑

6.3.2 DfMA 技术

1. DfMA 的概念

DfMA 是 Design for Manufacture and Assembly 的缩写，即"制造和装配设计"，以下简称 DfMA，一个来自制造业的技术词汇。由于轮船、飞机、火车、汽车等与房屋建筑相近的制造业，百年来通过产业化变革，取得了突飞猛进的发展。所以美国斯蒂芬·基兰和詹姆斯·廷伯莱特在《再造建筑——如何用制造业的方法改造建筑业》一书中特别强调"要通过学习制造业的成功经验来改造建筑业"。

杰弗里·布斯罗伊德和彼得·杜赫斯特于 1977 年得到美国国家科学基金的资助，领导开发了 DfMA 系统（方法论及数据库）。1980 年布斯罗伊德·杜赫斯特有限公司成立并将公司商标注册为 DfMA®。DfMA 面向制造及装配的产品设计，是指在产品设计阶段，在考虑产品外观、功能和可靠性等前提下，通过提高产品的可制造性和可装配性，从而保证以更低的成本、更短的时间和更高的质量进行产品设计。其中，"可制造性"即制造工艺对构件的设计要求，确

227

保构件容易制造、制造成本低、质量高等；"可装配性"即装配工艺对产品的设计要求，确保装配效率高、装配不良率低、装配成本低、装配质量高等。DfMA 的核心和宗旨是"我们设计，你们制造，设计充分考虑制造的要求"、"第一次就把事情做对"；DFMA 技术具有四大优点：产品设计修改次数少、产品开发周期短、产品成本低和产品质量高。

DfMA 技术可作为一套指导方针，旨在确保产品的设计有利于制造和组装。其指导内容主要包括以下三个方面：①作为并行工程研究的基础，为设计团队在简化产品结构、减少制造和装配成本、量化改进方面等提供指导；②作为研究竞争对手产品的基准工具，可以量化制造和装配的难度；③作为成本工具，控制成本，帮助协商达成供应合同。

2. DfMA 系统

在新产品设计阶段应用 DfMA 能大幅降低供应链与生产成本，改善质量，更快将产品推出市场。通过将现有产品与竞争对手的产品进行对标，有助于供应链商务谈判，并提升其生产效率，为市场提供更优的产品和更低的价格。

DfMA 逐渐发展为以计算机为基础，通过减少零部件以实现节省制造与装配成本的系统，其主要通过以下三大途径来降本：①设计降本，简化产品。通过分析装配环节，寻找构件数量减少的最大机会，通过简化设计减少构件数量，同时减少生产工艺环节，实现全面成本降低。②材料及工艺选择降本，计算产品成本。通过选择不同的工艺和材料可以找到材料成本节省的机会，直接通过生产环节降本。③商务降本，计算供应商成本。通过计算供应商部品部件的制造成本，取得与供应商谈判价格时的主动权，以更合理的采购价格降本。

为了解决 DfMA 技术的基本设计问题，必须要为装配确定主要构件。这些构件形成了制造与装配评估基线，包括理论构件数量和设计效率的数学公式，可以针对不同的设计来量化成本。DfMA 试图通过降低成本和增加产品质量（一种价值形式）来提升产品的价值。因此，在建筑业推行 DfMA 能够有助于减少项目持续时间、减少项目成本与提高项目质量。事实上，DfMA 技术为装配式建筑生产和组装之前的设计分析建立了系统程序，如图 6-50 所示。

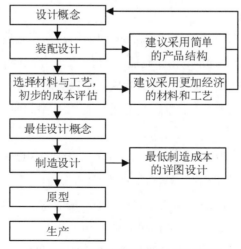

图6-50 装配式建筑应用DfMA技术程序

3. DfMA 在新加坡的发展

DfMA 技术引领市场超过 30 年，到目前为止，有超过 850 家全球大公司应用 DfMA 技术及其软件，包括汽车、电子、航空等多种产业。由于缺少人力、材料、场地等资源，新加坡政府几十年来一直力推"装配式建筑"。目前新加坡是亚洲国家中 DfMA 的倡导者，并在 10 多年前将 DfMA 引入建筑设计与施工领域，且很快就取得了可观成绩。近年来新加坡政府规定使用 DfMA 技术的项目变得越来越普遍。新加坡 2018 年 1 月至 2019 年 12 月期间预计进行的建筑招标的项目数量和工程金额见表 6-6，这些项目按照不同的 DfMA 技术和结构类型做了分类。到目前为止，新加坡大约 15%~20% 的建筑公司已经采用 DfMA 技术。至 2020 年，应用 DfMA 技术的项目计划增加 40%。

招标项目数量   表 6-6

金额 预制技术	≤ S\$40 mil	S\$40 mil < X ≤ S\$85 mil	S\$85 mil < X ≤ S\$150 mil	S\$150 mil < X ≤ S\$300 mil	> S\$300 mil	合计
PPVC	2	3	12	13	4	34
木结构	5	1	2	0	0	8
钢结构	17	1	0	4	4	26
多技术混合	1	3	2	2	5	13
合计	25	8	16	19	13	81

6.3.3 模块化技术

模块化建筑是全球领先的建筑体系，能有效地节约成本、减少工期，并提高建造效率约 25%~50%。模块化建筑可分为永久性模块化建筑与非永久性模块化建筑两大类。永久性模块化建筑（PMC）是指一旦建成，在任何形式上都几乎类似于传统现浇建筑的永久性建筑。非永久性模块化建筑（NPMC）是指使用模块化技术来构建的可移动结构，如移动教室、展示厅、临时医疗诊所等。与永久性模块化建筑项目一样，非永久性模块化建筑须按照当地的建筑规范建造，但非永久性模块化建筑可以根据需要进行改造。永久性和非永久性模块化技术都是在工厂里预制功能性建筑单元，然后将独立的"模块"运送到现场进行安装。

1. 永久性模块化建筑

根据模块化建筑研究所的数据，目前大部分建筑都开始使用模块化建筑技术，该技术在每个应用市场都具有独特的优势。最常用的永久性模块化建筑包括以下几类：

（1）多用户住宅项目，如公寓、酒店、宿舍等，如图 6-51 所示。使用该技术可以更好地控制建筑质量、缩短工期、提高入住率和投资回报率。

（2）学术机构，如图 6-52 所示。无论是简单的教室还是宽敞的学生宿舍，永久性模块化技术都可以在短短 90d 内满足学校的建设需求，使学校能够迅速开学，并容纳任何数量的学生。

（3）医疗设施，包括各科室诊所、住院部等，如图 6-53 所示。

图6-51　永久性模块化公寓

图6-52　永久性模块化教学楼

图6-53　永久性模块化医院

图6-54　永久性模块化办公楼

（4）行政或商业建筑，如图 6-54 所示。永久性模块化技术可建设小型企业设施或企业总部的办公楼和行政空间，无论是办公室、会议室，还是用于分区的开放空间，它都可以对其内部空间进行定制和改装。

（5）机构项目，如图 6-55 所示。永久性模块化技术可广泛用于教会、消防站、警察局、监狱或其他非营利性的公共项目。

（6）零售业和商业项目，如图 6-56 所示。餐馆、杂货店、零售店等可通过永久性模块化技术实现快速建设，使这些项目尽早投入使用。

2. 非永久性模块化建筑

非永久性模块化建筑功能齐全，且可以在一天内部署完成，因此常用于临时搭建或可移动的项目，如：

（1）用以安置快速增长的学生人群的临时教室和大学校园附加设备。

（2）临时实验室、医院救助站等。

（3）根据办公需求所建造的可移动办公模块，如移动会议室。

（4）称重站、收费站以及其他具有特殊功能的建筑。

图6-55　永久性模块化警察局

图6-56　永久性模块化商场

（5）应急设施和救灾建筑等，如在发生自然灾害的情况下，迅速为受害者和救援人员搭建的紧急医疗诊所、设备仓库和临时住房等。

无论是永久性还是非永久性模块化建筑，都具有蓬勃发展的趋势，因为相较于现浇建筑而言，模块化建筑更具竞争力。且由于各建设参与方已经意识到了模块化建筑高回报和高需求的优势，因此模块化建筑行业正在快速稳步发展。

6.4　案例分析

6.4.1　新加坡樟宜机场皇冠假日酒店扩建二期工程

1. 项目概况

新加坡樟宜机场皇冠假日酒店扩建二期工程是新加坡本地首个使用 PPVC 技术建造的五星级酒店。项目由新加坡最负盛名的事务所 WOHA（同样是酒店一期的设计者）设计，并由 OUE 集团选择 Dragages 作为项目承包商。Dragages 将预制建筑理念融入了项目的整体构思，这与新加坡政府正在推行的建筑政策理念相一致。整个酒店高 10 层，包含楼板层和架空层，由 243 套房间组成，建筑面积 $10000m^2$，历时 18 个月建成。

该项目结合了各国结晶，其结构系统源于澳洲的模块化建筑技术，其深化设计和生产都在上海优必公司完成，而上海优必公司由汽车行业的企业家和管理者投资经营，用最工业化的理念和管理思路打造了项目的最终落地，正应验了 19 世纪建筑大师柯布西耶的"像造汽车一样造房子"的梦想。

2. 技术分析

根据 PPVC 的建造方法，酒店的 243 套房间分别在工厂预先制造，预制好的模块单元运到工地后，再进行组装。由于 PPVC 是在工厂生产，不仅建造过程更安全，质量更有保障，精度更高，而且能够有效减少废弃物的产生。PPVC 技术特别适用于楼板面积小、交通严格管控、摆放施工设备空间有限的施工地段。相比传统的 PC 技术，施工节点大大减少，装配率和施工效率更高。

承包商把酒店的主体部分和外幕墙部分包给了优必集团，该集团完成了整个项目的结构、水暖电和内装修的深化设计，其模块产品生产和产品验收均在优必上海工厂完成。"优必"致力于运用创新的专利建筑技术，能够为房地产开发项目提供更快、更经济和可持续的预制建筑解决方案，他们自主研发了"优必 RUSH"系统，应用该系统的建设项目较传统建设项目可缩短工期约 50%~60%，能够节省 75% 的现场工人施工时间。同时，优必将大量的组装工序和人员施工过程在工厂内进行整体控制，大大提高了施工场地安全性。

3. 工艺流程分析

（1）生产制造

酒店的结构箱体（图6-57）由零部件组装成板墙，再由板墙和结构柱、梁组装成完整的箱体，一系列的生产由流水作业完成。

图6-57 酒店的结构箱体

装修工位采取流水作业方式，建筑产品的工业化理念也通过该作业方式实现。工业机器的使用解放了人力，工业化生产的理念改变了传统建筑必须在现场施工的理念，赋予了建筑"产品"的概念，使建筑产品的制作步骤清晰而有条不紊。该项目由新加坡建设局审批和评估，如图 6-58 所示。

图6-58 新加坡建设局审批和评估现场

最终，酒店依照英国标准和新加坡标准设计，遵守新加坡现行房屋规范，整个生产周期为 4 个月，由优必上海工厂完成全部构件的生产工作，然后用时一个月运抵施工现场，港口吊装如图 6-59 所示。

（2）快速安装

通俗而言，PPVC就像"搭积木"一样地盖房子。酒店客房被划分成完整的套房空间，每一个单元即是一个完整的产品，而这就是PPVC技术的显著长处，能够极大地减少人力。

由于本项目位于机场附近，樟宜国际机场日吞吐量巨大，为了不影响交通，施工仅在夜间进行，施工时间为晚上9点至次日早晨5点，白天的工地现场十分安静，没有传统的脚手架和往返运输的车辆，也没有漫天的灰尘，更没有传统的工地办公室和工人宿舍。现场吊装施工如图6-60和图6-61所示。吊装层俯瞰如图6-62所示。当地政府人员参观工地现场如图6-63所示。

图6-59 港口吊装

图6-60 吊装现场（一）

图6-61 吊装现场（二）

图6-62 俯瞰吊装层

图6-63 当地政府人员参观工地现场吊装情况

通过夜间施工、白天停工的施工模式，历时 26 天，皇冠酒店扩建二期工程矗立在天际之下，如图 6-64~ 图 6-66 所示。PPVC 技术的使用让该工程的建造不需要传统建筑的附属设施，也不影响周围的交通。项目基地四周紧邻交通要道，对于项目本身而言，选择传统建造方式几乎不可能。因此，特殊的地理位置，使得采用 PPVC 技术和模块化建造方式是解决此问题的唯一途径。

图6-64　主体吊装完毕

图6-65　一期工程与二期工程

图6-66　外幕墙安装完毕的二期工程

图6-67　公寓外观图

皇冠假日酒店扩建项目的造价为 8200 万新币，相比传统的建筑方法，尽管使用 PPVC 技术成本略高，却能使建造所需的人力减少 75%，工期缩短 40%。

6.4.2　帕克格林行政公寓

1. 项目概况

帕克格林是一个行政公寓住宅式开发项目，包括一栋 17 层和四栋 18 层高的住宅楼、一个地下停车场以及邻近 Rivervale Link、Buangkok Drive 和 Sengkang East Road 的公共设施。该项目由 NTUC Choice Homes 开发，并由 Tiong Seng Contractors Pte Ltd 进行设计和建造，占地面积 17000m²，建筑面积 51000m²，建筑高度 55.5m，其外观如图 6-67 所示。

2.设计理念

根据项目目标和评估结果,该开发团队采用了楼板系统与预制立面墙体相组合的方式,用于建造项目的主要部分,如图6-68所示。预制外立面被广泛用作承重构件,以支撑楼板的荷载。此外,由于大部分现场工作可在室内完成,因而无需外部脚手架系统,如图6-69所示。预制构件的等轴测距如图6-70所示。

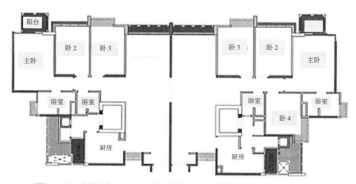

图6-68 楼板布局及预制构件位置(灰色代表预制构件位置)
(资料来源:BCA,Buildable Solutions for High-Rise Residential Development)

图6-69 无外部脚手架的施工现场
(资料来源:BCA,Buildable Solutions for High-Rise Residential Development)

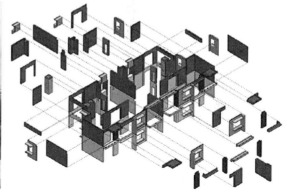

图6-70 预制构件的等轴测距图
(资料来源:BCA,Buildable Solutions for High-Rise Residential Development)

3.施工注意事项

每层建筑施工周期约为8天,具体施工流程如图6-71所示。

预制安装 → PC连接 → 金属模板 → 钢筋 → 机电工作 → 板铸件

主要支承墙、柱　　　　　　　　　　　　平板支撑

图6-71 每层建筑的施工流程
(资料来源:BCA,Buildable Solutions for High-Rise Residential Development)

项目的整体施工进度主要取决于外墙等关键构件的吊装方式和安装速度。尽管搬运成本较低，但由于受到起重机起重能力和运输方式的限制，本项目中墙板的最大重量被限制在 6t 以内。预制墙板的吊装如图 6-72 所示。

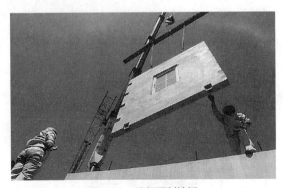

图6-72　降低预制墙板
（资料来源：BCA，Buildable Solutions for High-Rise Residential Development）

图6-73　翡翠酒店外观
（资料来源：BCA，Buildable Solutions for High-Rise Residential Development）

6.4.3　新加坡翡翠酒店

1. 项目概况

翡翠酒店是一座 31 层带地下停车场的建筑，位于 Bukit Batok 中心，毗邻 Bukit Batok 地铁站和 HDB 公寓。此建筑由 Sim Lian PTE. LTD. 开发，并由 Sim Lian Construction CO.（PTE.）LTD. 进行设计与建造。该项目占地面积 8705.5m²，建筑面积 30489.25m²，容积率为 3.5，建筑高度 120m。其外观如图 6-73 所示。

2. 设计理念

由于受项目施工现场通道小、工作空间有限、临近地铁站等限制，项目团队最初决定采用由现浇砖墙柱支撑的现浇楼板系统。相比使用砖墙，预制外墙的使用被发现是一个更好且可行的选择，因此该团队最终选择使用预制外墙，以便在建筑外部实现更好的墙壁饰面，既可以缩短工期、也可以减少噪声。建筑布局如图 6-74 所示，预制立面的等距视图如图 6-75 所示。

图6-74　建筑平面布局图（灰色代表预制元素位置）
（资料来源：BCA，Buildable Solutions for High-Rise Residential Development）

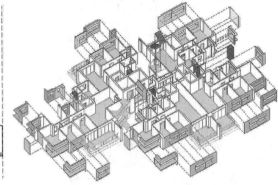

图6-75　预制立面的等距视图（灰色代表预制元素位置）
（资料来源：BCA，Buildable Solutions for High-Rise Residential Development）

3. 施工方法及顺序

建筑采用了金属模板，每层的建造周期约为 10 天，预制构件的组合使用，例如墙板与楼板的结合，将需要在规划中纳入预制面板安装的相关要求。在此项目中，团队采用了简单的现场浇筑和复杂的外立面浇筑方法，预制构件的生产和交付进度根据现场的进度来规划和协调。施工顺序如图 6-76 所示。非承重预制外墙的安装如图 6-77 所示。

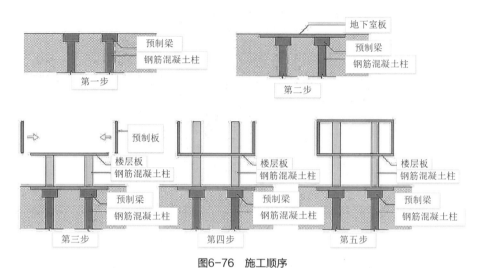

图6-76　施工顺序

（资料来源：BCA，Buildable Solutions for High-Rise Residential Development）

图6-77　非承重预制外墙的安装

（资料来源：BCA，Buildable Solutions for High-Rise Residential Development）

　　该团队将现浇柱与非承重预制外墙的组合作为建筑的外围护结构，如图 6-78 所示。舍弃外砖墙的概念，预制外墙的使用能够获得更好的墙饰效果。在良好的场地平面规划及协调下，预制外墙的浇筑及交付工作与楼板施工同步进行。同时，本项目将预制外墙作为现浇柱的整体模板，不仅缩短了工期，也提高了建筑质量。

图6-78　建筑外围护结构
（资料来源：BCA，Buildable Solutions for High-Rise Residential Development）

6.4.4　NEWTON.GEMS 公寓

1. 项目概况

　　NEWTON.GEMS 公寓由两栋 30 层高的住宅楼组成，共 190 个单元，位于牛顿路与林肯路的交叉处，由 Great Eastern Life Assurance 公司开发，并由 Shimizu Corporation 进行设计与建造。该项目占地面积 9754.10m^2，总建筑面积 28818.97m^2，建筑高度 120m。其外观与设计图如图 6-79 所示。

图6-79　NEWTON.GEMS公寓外观与设计图
（资料来源：BCA，Buildable Solutions for High-Rise Residential Development）

2. 面临的挑战

施工场地被私人住宅围绕，且紧邻皇家酒店，导致该项目建筑物为直线型造型，长宽比约为4，高宽比为8.15，如图6-80所示。除了复杂的细长建筑设计，场地的限制也给项目带来了许多挑战，具体包括以下两方面：

（1）场地通道限制

该场地通道狭窄，可利用的通道约6~8m，如图6-81所示。

（2）对当地社区的潜在环境干扰

由于"夹在"附近的住宅和酒店之间，需要考虑噪声、灰尘等环境影响因素。传统的金属模板系统在固定、现浇混凝土浇筑、模板敲击等过程中会产生较高的噪声，可能会限制工作时间，影响施工进度。

图6-80　项目实景图
（资料来源：BCA，Buildable Solutions for High-Rise Residential Development）

图6-81　场地通道
（资料来源：BCA，Buildable Solutions for High-Rise Residential Development）

3. 设计理念

考虑到场地的限制和设计的复杂性，该项目将预制混凝土构件与现浇构件相结合。为了在现场以最小的工作空间完成最大的工作，本项目所需的预制构件尽可能在工厂预制完成。预制外墙的应用可避免外部脚手架的使用，如图6-82所示。

由于预制过程中产生的废弃物较少，且预制构件在安装过程中噪声较小，有助于减少对邻近住户的干扰。其主要技术有：

（1）垂直预制混凝土构件

在建筑物内部采用现浇柱和剪力墙，围护结构采用柱、剪力墙、凸窗、楼梯等预制承重构件以进一步提高建筑稳定性（图6-83），其他垂直构件，如预制电梯墙、开孔的墙板、预制垃圾槽等与现浇结构结合施工。

图6-82　无外部脚手架
（资料来源：BCA，Buildable Solutions for
High-Rise Residential Development）

图6-83　带有承重垂直构件的凸窗
（资料来源：BCA，Buildable Solutions for
High-Rise Residential Development）

（2）水平预制混凝土构件

建筑水平构件几乎全是预制的，如预制梁、全预制板、半预制板等。通过墙与梁组合形成封闭的窗面板来加固楼板，以承担建筑的横向荷载，如图6-84所示。其他水平构件如阳台、壁架栏杆、下悬梁、遮阳壁架、楼梯平台也均是预制的。

（3）建筑表面形状

外部垂直承重构件采用凹形，以达到遮阳作用，如图6-85所示。外部构件如凸窗、横梁等通过设计凹形模具进行生产，避免现场垂直浇筑带来的不便。

图6-84　非承重墙与梁组合形成封闭的窗面板
（资料来源：BCA，Buildable Solutions for High-Rise
Residential Development）

图6-85　异形预制凸窗、遮阳壁架
（资料来源：BCA，Buildable Solutions
for High-Rise Residential Development）

4. 其他施工细节

根据楼板平面布置和起重机的功能限制（最大起重12t、半径20m）优化预制构件尺寸。由于除部分剪力墙和内部现浇柱外，几乎整个建筑都使用了预制构件，因此起重机的合理配置也至关重要。本项目共使用4台起重机，每栋楼安置两台，如图6-86所示。除安装预制构件外，起重机也可用于现场浇筑墙体或柱，每层楼的施工周期约为6~8天。同时，预制吊装与现场作业两项活动可错开进行，如当一栋楼进行预制构件安装时，可将不需要起重机的现场作业安排至其他区域进行，以确保不同作业顺利进行。

在本项目中，大部分构件均为预制构件，以减少现场浇筑作业。该方法可在构件安装完成后直接使用，如当楼板安装完成后便可立即使用。构件安装顺序通常是垂直构件安装完成后来支撑水平构件。除部分非结构性构件外，大部分预制面板均采用湿连接方式，以提高防水性要求。预制构件在生产时提前预留孔洞，因此后期机电工程便不再需要浇注管道，消除了钻孔作业损坏管道的风险。

图6-86 起重机的安置
（资料来源：BCA，Buildable Solutions for High-Rise Residential Development）

6.4.5 交织大厦

交织大厦占地约8万 m²，整体呈六角形分布，该项目共有31栋楼，每栋楼高6层，以横向错位的方式叠加，因此每栋楼相当于悬空24层楼，楼与楼中间构成了一个巨大的通透庭院，交织出来的空间形成了空中花园、私人和公共屋顶，如图6-87、图6-88所示。该项目由大都会建筑事务所合伙人奥雷·舍人设计，该设计所采用的层次叠砌架构法，与俄罗斯传统建筑的风格与特色类似。

图6-87 交织大厦外观图

图6-88 交织大厦俯瞰图

项目设计了7个分段预制重型脚手架（图6-89），以达到同时施工的目的。与传统的脚手架系统相比，预计生产效率提高了115%。同时大量使用预制构件，包括门窗、楼梯、种植箱和双层板（图6-90）。与现浇施工相比，预制构件使生产效率提高约80%。另外，项目还在施工过程中采用各种模板，如水平模板和垂直钢模板，与传统的木模板相比，预计也可提高约80%生产率。

图6-89　重型脚手架

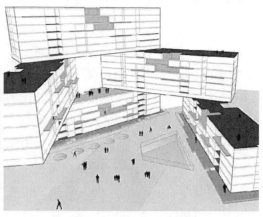

图6-90　灰色部分为预制构件

6.5　经验借鉴及启示

1. 国家主导并制定合适的行业规范

新加坡的建筑工业化主要通过其组屋计划得以实现和发展。新加坡建设局既是政府机构，又是房地产经营企业，全权负责所有的公屋房产及其规划、建设、租赁和管理业务，不仅可以强制征地进行公屋建设，而且可以得到政府强大的财政支持，有效解决了建筑工业化发展初期成本较高的问题，从而使新加坡的建筑工业化得以顺利发展。

新加坡建设局还制定了行业规范来推动建筑工业化的发展。考虑到预制是增加建筑设计可建造性的主要方法之一，建设局于2001年规定建筑项目的可建造性分值必须达到规定的最低分，建筑规划才具备获得批准的条件，以此来推动预制技术的使用和建筑工业化的发展。早在1992年，新加坡建设局就开始推广建筑业的可建性设计，该推广在公共部门取得了巨大成功，其建筑设计的可建造性与以前相比提高了很多，建筑质量因此得到改善，现场生产率也显著提高。通过该体系可以客观计算出建筑设计的可建性分值，分值越高的建筑设计，其劳动力生产率越高。建筑设计的可建造性分值是由结构体系、维护体系和其他可建造性特征三部分的分值汇总求和得到。除此之外，如果使用预制浴室、预制卫生间，可以得到加分。其他可建造性特征主要包括标准化的梁、柱、门窗以及其他预制构件的使用。其中，每部分的分值由建屋发展局直接给出。最后，通过对三部分可建造性分值的求和，便可得到建筑设计的总可建造性分值。分值越高，其可建造性越强，建筑质量和劳动力生产率也越高。

2. 对有预制经验外资承包商的经济支持

在建筑工业化的发展初期，为了使合同条款对有预制经验的外资承包商更有吸引力，新加坡建设局为承包商对工厂和现场设备的部分投资提供免息融资，这些贷款由金融机构的需求债券作为担保，可在合同期限的最后一年内偿还。另外，在部分预制合同中，建设局还同意按商定的剩余价值购买外资承包商的预制工厂和设备，这些经济政策为新加坡引进工业化建筑方法、发展建筑工业化起到了良好的支持作用。

3. 模块化设计作为装配式设计基础

建筑产业化是建立在标准化之上的，这就需要对住宅户型进行模数化设计，这样有利于装配式预制构件的拆分、构件尺寸的选取和节点的设计。此外，规定建筑层高、墙厚、楼板厚度的模数不仅有利于预制构件的设计生产，且能够节约材料和减少生产耗时。

4. 工业化建筑方法的本土化

新加坡在建筑工业化的发展历程中一直都很重视工业化建筑方法的本土化。建设局一方面对承包商进行严格审查，要求他们有预制经验，另一方面要求他们必须结合新加坡的具体情况重新建造预制系统，并保证结构的安全，而且对于建筑品质的所有结构部分，必须符合建设局所规定的微差限额。另外，鉴于新加坡的气候较热，并经常有暴雨，建设局在重点考虑装配式建筑的强度和稳定性的基础上，格外考虑了装配式建筑的不漏水性，建设局在20世纪80年代的六个工业化建筑项目的合约中规定，承包商必须保证房屋有10年的防漏性。正是通过这些工业化建筑方法的本土化，新加坡的建筑工业化才得以快速发展。

从新加坡工业化住宅发展的经验来看，在推进工业化住宅发展的初期，政府必须在行业规范、标准制定、试点推广、经济优惠政策和密切联系本国实际吸收国外先进经验等方面起到主导作用，以便更好更快地实现工业化住宅建设的可持续发展。

7 德国装配式建筑案例分析

7.1 发展概况

7.1.1 发展历程

德国以及欧洲其他发达国家装配式建筑起源于19世纪中叶，主要的推动原因有以下两方面：一是社会经济因素，当时欧洲各国正处于快速城市化时期，而城市化的发展需要以较低的造价快速建设大量住宅、办公、厂房等建筑。二是建筑审美因素，建筑及设计界摒弃古典建筑形式及其复杂的装饰，崇尚极简的新型建筑美学，尝试新建筑材料（混凝土、钢材、玻璃）的表现力。这些国家在雅典宪章所推崇的城市功能分区思想指导下，建设大规模居住区，促进了建筑工业化的应用。

1844年英国人艾萨克·查尔斯发明了硅酸盐水泥，1845年德国弗兰兹发明了人造石楼梯，即德国的第一个预制混凝土（Precast Concrete，简称PC）构件，至此德国开启了装配式建筑的历史。1850—1870年，随着德国流动砂浆配方的确定，装配各种房屋的PC构件得到大量的生产，如预制瓦、装饰线条、立柱、栏杆。1890年，德国工程师C.F.W Doehring发明预应力混凝土，从而大大提高了装配式建筑构件的刚度和抗裂性能。1912年，德国工程师John.E.Cozelmann用钢筋混凝土预制了多层建筑的所有装配式构件，并为此申请了专利。

为克服大型建筑壳体屋盖的难题，1907年建筑师Jean-Martin Folz用PC构件装配建成柏林国家图书馆的穹顶。1922年，工程师Powers Field为满足德国波恩光学工厂的需求，采用短钢杆混凝土构件拼结出一个半球形网格屋顶。1925年在德国耶那天文台以及莱比锡和巴斯尔的市场建筑上采用了钢筋混凝土圆壳屋顶，其中，巴斯尔市场的屋顶跨度超过60m、厚度约9cm。德国这种新兴的装配式屋顶结构，引起了当时各国工程界广泛的关注。

德国最早采用PC构件装配成的住宅，是于1926—1930年间在柏林利希藤伯格-弗里德希菲尔德建造的战争伤残军人住宅区。如今该项目的名称是施普朗曼居住区，如图7-1所示。该项目共有138套住宅，为2~3层的装配式建筑，采用了现场预制混凝土多层复合板材构件，构件最大重量达到7t。此后，装配式PC构件也被大量用到军工需要的场所。特别是战后的20世纪50~60年代，东德地区和西德工业区建造了大量多层PC构件装配式住宅楼。

随着装配式住宅产业化的不断发展，1960年德国F.J.Sommer建筑机械公司开始PC构件边模的批量化生产。20世纪60年代末，德国Filigran公司发明了钢筋桁架叠合楼板，并大量应用于多层装配式住宅楼。1978年，高性能钢纤维混凝土构件在德国北部地区装配建筑中得到大量应用。20世纪80年代中期，德国Royal Palace公司为了满足高端客户的要求，推出了

图7-1　德国最早的预制混凝土建筑——柏林施普朗曼居住小区

NLT重型木结构装配式住宅楼。20世纪90年代，德国各种板类、框类、桁梁类等装配式PC构件的流水线生产设备得到了工业化发展。

随着现代工业技术的发展，目前德国房屋可以像机器生产一样成批成套地制造，再将预制好的构件运输到工地进行装配。纵观德国装配式住宅的工业化发展历程，大致经历了以下三个阶段：

第一阶段（1945—1960年）：这一阶段是工业化形成的初期阶段，该阶段的重点在于建立工业化生产（建造）体系。由于战争的破坏、城市化的发展以及难民的涌入，导致东、西德地区的住宅极度短缺，这为预制混凝土构件的发展提供了绝佳的机会。在这一时期，德国各地出现了各种类型的大板住宅建筑体系，如劳斯（Cauus）体系、组装板（Plate Assembly）体系、劳森娜&尼尔森（Larsena&Nielsen）体系等。这些体系可采用框架体系和非框架体系，主体结构构件有预制混凝土楼板和墙板。特别是组装板体系在德国得到了广泛应用，德国拜耳集团在勒沃库森最早建立的4层染料厂中就采用了该体系的板式结构，它由T型板组装而成，其墙板、楼板的宽度均为1.5m，楼板跨度为15m。

第二阶段（1960—1980年）：这一阶段是工业化的快速发展期，该阶段的重点在于提高住宅的质量和性价比。由于经济的发展，日益增长的生活水平使得人们对住宅舒适度提出了更高的要求，加上产业的深化发展与专业工人的短缺，进一步促进了建筑构件的工业化生产。在这一时期，除了住宅建设外，德国的中小学校以及大学也得到了广泛建设，使得柱、支撑以及大跨度的楼板（7.2m/8.4m）在装配式框架结构体系的应用中逐渐成熟，特别是西德地区工业厂房以及体育场馆的建设使得预制柱、预应力特型桁架、桁条和顶棚得到了装配应用。

第三阶段（1981年至今）：这一阶段是工业化发展的成熟期，该阶段的重点是进一步降低住宅的能源和环境负荷，发展节能住宅。众所周知，德国是世界上建筑能耗降低幅度最大的国家，近几年致力于零能耗装配式建筑的工业化。从大幅度的节能到被动式建筑，德国都采取了装配式住宅来实施，装配式住宅与节能标准相互之间得到充分融合。德国预制装配式住宅协会（DVHA）会长巴拉克·斯科特认为：德国装配式建筑工业化的实践证明，利用工业化的生产手段是实现装配式住宅与建筑达到低能耗、低污染、资源节约、提高品质和效率的根本途径。

当然，我们也可以从另一个角度来看德国装配式建筑的发展。预制混凝土构件在德国的发展历史和三个领域的发展密切相关，包括混凝土材料的发展、装配式建筑的需求发展以及人们对混凝土材质审美观念的发展，在过去的一个世纪，预制混凝土构件的种类和形式也随之得到飞速的发展。

1. 预制混凝土构件的发展伴随着混凝土材料的发展

1824 年 10 月 21 日，英国泥水匠约瑟夫·阿斯谱丁在利兹获得英国第 5022 号"波特兰水泥"专利证书，从而一举成为流芳百世的水泥发明人，但该水泥的稳定性无法得到保证。直到 1844 年，英国艾萨克·查尔斯·约翰森对其进行了本质性的改良，奠定了今天硅酸盐水泥的发明。图 7-2 以大事记的方式说明了德国预制混凝土构件的发展历史。

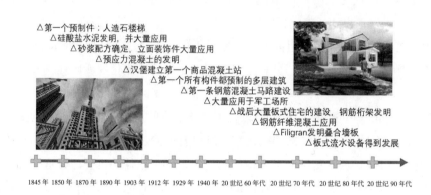

图7-2 德国预制混凝土构件的发展历史

1845 年，德国生产出了人造石楼梯，即德国的第一个预制混凝土构件，开启了德国预制混凝土构件的历史；

1850 年，德国制造的第一批硅酸盐水泥大量应用于水泥管的制造中；

1870 年，随着流动砂浆配方的确定，房屋立面的装饰线条、立柱、栏杆等装饰构件和屋面的混凝土预制瓦得到大量生产；

1878 年，普鲁士州颁布了有关硅酸盐水泥的规范；

1890 年，德国工程师 C.F.W Doehring 申请了预应力混凝土专利；

1903 年，德国汉堡建筑公司 Juergen Hinrich Magens 建立了世界上第一个商品混凝土搅拌站，首次为可运输的"商品混凝土"申请了专利；

1907 年，柏林国家图书馆的穹顶采用预制混凝土构件建造；

1912 年，John E. Cozelmann 用钢筋混凝土预制了多层建筑的所有构件，并为此申请了专利；

1929 年，德国修建了第一条钢筋混凝土马路；

1930 年，德国成功研发了用于地下工程的有缓凝要求的混凝土；

1940 年，预制混凝土构件大量用于军工需要的场所；

1948 年，德国在西德修建第一座预应力混凝土桥梁；

1954 年，商混搅拌运输车的发明代替了传统运输工具，商混站消耗了全国 50% 的水泥；

20 世纪 50~60 年代，东德和西德战后建造了大量多层预制板式住宅楼；

20 世纪 60 年代末，德国 Filigran 公司发明了钢筋桁架，同时也发明了钢筋桁架叠合楼板；

20 世纪 70 年代，钢纤维混凝土得到大量的应用；

20 世纪 80 年代中期，德国 Filigran 公司发明了预制钢筋桁架叠合墙板；

20 世纪 90 年代，板式预制构件的流水线设备得到了迅速发展。

2. 装配式建筑的需求促进了预制混凝土构件的发展

装配式建筑的需求对预制混凝土构件发展的促进作用主要表现在以下三个方面：

（1）预制房屋方面。预制房屋最早出现在中世纪，那时人们主要使用木材来预制房屋和围护结构，至今在德国仍能看到木结构外露的特色民居。20 世纪 20 年代，德国包豪斯强化房屋功能块，使得采用预制混凝土构件来建造房屋成为可能，这也为联邦预制房屋协会在随后的 80 年中不断壮大成员企业奠定了基础，这些企业均为家族私营企业，它们能够敏锐地适应市场需求，通过协会形成合力，不断开发新的房屋体系来适应人们日益增长的需求。预制混凝土构件的应用也顺应了预制房屋对品质、效率以及功能提升的需求。例如，随着 20 世纪 80 年代双面叠合墙板的发明，很多房屋的地下室纷纷采用叠合板体系，建造速度大大加快。随着具有复合功能的预制墙体的出现，以及人们对节能要求的不断提高，除了如今活跃在预制房屋市场上的高品质木结构房屋之外，还有大量全预制的混凝土排屋和别墅。

（2）预制多层住宅方面。随着第二次世界大战后经济的复苏、战后的重建以及外国劳工的引入，住房需求迅速增加，传统的别墅式多样化住宅无法满足当前的发展速度，因此单一标准化的预制板式多层住宅被大量设计和建造，极大地促进了预制混凝土构件设计、生产和施工产业链的扩展，这也使得之后的产品以及生产设备的升级换代成为可能和必然。

（3）预制公共建筑及工业建筑方面。随着人们生活质量的提高以及工作本身的需求，公共建筑也处于不断发展的过程中。随着钢筋桁架叠合楼板的出现，大多办公楼式的公共建筑采用无梁楼盖式的板柱结构体系。建筑师对这类建筑的立面进行特殊设计，可彰显出这类办公楼的美观大气，预制构件的大量使用使得桁架叠合楼板体系在设计、生产和施工中的应用研究得以提升。同时，公共停车楼的大量建设也促进了预制梁柱以及大跨度预应力双 T 板的应用。而在工业建筑方面，预制混凝土结构的使用一直得到延续，期间也出现了材料组合的多样化，如预制柱与木结构预制梁的结合、钢结构与混凝土的结合等。

3. 预制混凝土构件的表现力与建筑美学的发展

随着新材料和新工艺的不断出现，建筑师们在建筑的表现力方面有了更多的选择，很多以前无法实现或者实现代价太高的想法，现在可以通过由新工艺制成的预制混凝土构件来实现。预制清水混凝土构件越来越多地进入人们的生活中，纤维混凝土的发展也使得灵活多样的薄壳式 GRC 产品受到建筑师的青睐，透光式混凝土构件也应用于各大建筑场所。同时，高强混凝土的应用使得预制混凝土工艺不仅在结构体里得以应用，也能够应用于多样的立面、摩登家具，甚至日常生活中用来攀岩的墙体、滑轮运动场地、文具等方面。在基础材料研究扎实、工艺设计经验丰富、功能与美学并重的德国，建筑师和工业设计师们利用混凝土预制这一方式不断给人们创造出生活的美感。

7.1.2 发展现状

1. 德国装配式建筑的定义

德国联邦统计局（Statistisches Bundesamt）统计数据中有装配式建筑（Fertigteilbau）一项，该德文词字面直译为"预制构件建筑"。德国联邦统计局将装配式建筑定义为：一座建筑，当其外墙或内墙采用了楼层高度的或房间宽度的承重预制构件时，称为装配式建筑。但并没有对采用装配式预制构件的比率作出限制。

2. 装配式建筑企业及从业人员和营业额情况

根据德国国家统计局统计，2015年1~11月，德国建筑企业共2817家，从业人数145335人，营业收入25770百万欧元。其中装配式建筑企业74家，从业人数7078人，营业收入1384百万欧元。2015年从事建筑预制装配式构件生产的就业人数及其营业额分别占建筑行业相应指标的份额为5.12%和5.37%。

3. 德国装配式建筑占建筑总量的比例

根据德国联邦统计局统计数据，德国居住建筑和非居住建筑装配式占比见表7-1与表7-2。

德国批准建造的装配式居住建筑的历年统计数据 *　　　　　　　　　表 7-1

年份	居住建筑									
	建筑	建筑体积		住宅					居住面积	预算造价
				住宅套数总计	一栋建筑中住宅套数					
					1～2套		3套以上			
	数量	1000M²	%	数量	数量	%	数量	%	1000M²	百万欧元
1999	32491	23886	10.6	39562	35064	14.4	3887	2.9	4517	5534
2000	24690	18447	9.9	29889	26516	13.2	3368	3.3	3460	4269
2001	20732	16039	10.0	25650	22296	12.9	3080	3.7	2977	3688
2002	21140	16372	10.5	25320	22805	13.3	2354	3.3	3028	3823
2003	23053	17817	10.3	27149	24766	12.9	2319	3.3	3307	4151
2004	19939	15486	10.1	23661	21381	12.8	2046	3.0	2866	3603
2005	19065	14859	11.0	22569	20249	13.9	2220	3.4	2778	3491
2006	19198	15018	10.8	22337	20516	14.1	1456	2.1	2786	3586
2007	12964	10339	10.7	15810	13842	14.6	1408	2.5	1948	2499
2008	12307	9609	10.4	14415	13132	14.9	1107	1.9	1800	2407
2009	12229	10133	10.6	15500	12952	14.4	1851	3.0	1881	2622

年份	居住建筑									
	建筑	建筑体积		住宅					居住面积	预算造价
				住宅套数总计	一栋建筑中住宅套数					
					1～2套		3套以上			
	数量	1000M²	%	数量	数量	%	数量	%	1000M²	百万欧元
2010	13305	10743	10.5	16275	14055	14.8	1386	2.1	2027	2866
2011	15711	12546	10.1	18943	16444	14.8	1738	2.0	2367	3443
2012	15201	12477	9.8	18554	15951	14.9	1957	2.0	2359	3553
2013	16009	13454	9.8	20624	16899	15.3	2753	2.3	2543	3918
2014	16147	13315	9.5	21149	16909	15.8	2802	2.2	2544	4013

注　＊统计数字为新建建筑，％值为占新建建筑总量。
（资料来源：德国联邦统计局）

德国批准建造的装配式非居住建筑历年统计数据＊　　　　表 7-2

年份	非居住建筑				
	建筑	建筑体积		建筑使用面积	预算造价
	数量	1000m²	%	1000m²	百万欧元
1999	15746	119214	52.7	18386	10441
2000	14493	111622	50.2	16760	9742
2001	12629	108990	48.2	16003	9038
2002	10581	92238	48.3	13603	8771
2003	9417	84486	48.1	12009	7272
2004	9585	83940	50.7	11608	6288
2005	9486	77159	46.9	10755	5742
2006	9948	97205	50.9	12741	7323
2007	9731	108042	50.8	13876	7945
2008	10368	126628	50.8	15862	9190
2009	8963	83432	43.1	11465	6960
2010	9593	82077	42.7	10916	6212
2011	10121	97800	45.7	12361	7296
2012	9505	97954	46.2	12610	7960
2013	9151	94509	46.9	12151	7782
2014	8698	88034	47.1	11082	7197

注　＊统计数字为新建建筑，％值为占新建建筑总量。
（资料来源：德国联邦统计局）

由统计数据可见，德国从 1999 年至 2014 年，居住建筑中采用了装配式建造技术的占比为 9.5%~11%，平均值为 10.29%；非居住建筑中采用了装配式建造技术的占比为 42.7%~52.7%，平均值为 48.08%。

综合分析数据和资料可以看出，装配式建筑是指建造中采用了大型预制构件的建筑，但对装配率没有硬性规定。虽然近年来非居住建筑中采用装配式技术的建筑占比达到 48.08%，但从事建筑预制装配式构件生产企业的营业额仅占建筑行业营业额的 5.37%。

4. 第二次世界大战后德国装配式住宅建设

第二次世界大战结束以后，由于战争破坏和大量战争难民回归本土，德国住宅严重紧缺。德国用预制混凝土大板技术建造了大量住宅建筑。这些大板建筑为解决当年住宅紧缺问题做出了巨大贡献，但今天这些大板建筑不再受欢迎，许多缺少维护更新的大板居住区已成为社会底层人群聚集地，导致犯罪率高等社会问题的发生，深受人们的诟病，成为城市更新首先要改造的对象，有些地区已经开始大面积拆除这些大板建筑。

5. 德国装配式住宅建设现状

与常规现浇加砌体建造方式相比，预制混凝土大板技术造价高，建筑缺少个性，难以满足今天的社会审美要求，1990 年以后基本不再使用。混凝土叠合墙板技术发展较快，应用较多。目前，德国的公共建筑、商业建筑、集合住宅项目大都因地制宜地根据项目特点选择现浇与预制构件混合建造体系或钢混结构体系建设实施，并不追求高装配率，而是通过策划、设计、施工各个环节的精细化及优化过程，寻求项目的个性化、经济性、功能性和生态环保性能的综合平衡。随着工业化进程的不断发展与 BIM 技术的应用，建筑工业化水平不断提升，德国在建筑上采用工厂预制、现场安装的建筑部品愈来愈多，占比也愈来愈大。

各种建筑技术、建筑工具的精细化不断发展进步，包括钢结构、混凝土结构、木结构装配式技术体系的研发和实践应用。在小住宅建设方面，装配式建筑占比最高，各州 2015 年预制装配式小住宅（独栋和双拼）在新建建筑中所占比例总体平均达到 16% 左右，如图 7-3 所示。2015 年 1 至 7 月开工建设的住宅中，预制装配式建筑为 8934 套。这一期间独栋或双拼式住宅新开工建设总量较 2014 年同期增长 1.8%，而预制装配式住宅同比增长 7.5%。可见，装配式建筑在小住宅建设领域受到市场的认可和欢迎。

6. 德国装配式住宅发展趋势

当前德国的建筑业追求绿色可持续发展，注重环保建筑材料和建造体系的应用，追求建筑个性化和设计精细化。由于人工成本较高，建筑领域不断优化施工工艺，加大建筑施工机械的使用，减少手

图7-3　德国各州2015年预制装配式小住宅（独栋和双拼）

工操作。建筑所使用的建筑部品大量实行标准化、模数化，强调建筑的耐久性，但并非单一地追求大规模的工厂预制率。德国装配式住宅的发展趋势主要体现在以下几个方面：

（1）在现场施工作业方面实现工具化和工厂化。德国 GMP 建筑事务所总裁冯·格康博士认为工具改变世界。从对"工具"的关注到"工具化"的转变，是住宅建筑领域设计思路逐渐变化的开始。例如，装配率是衡量工业化建筑采用工厂生产的建筑部品的装配化程度，其指标也是反映装配式建筑的工具化程度。同时，工厂化指主要结构构件、部品在工厂里进行生产的预制体系化发展。工厂划分为专用体系和通用体系。专用体系是基于定型的构件或生产方式所建立的承载体系，缺少通用性和互换性；通用体系指预制构件、配套制品等，其产品更加产业化和工业化。

（2）在生产方式方面实现产业化。产业化是机械化程度不高和粗放式生产方式升级换代的必然要求。其业态以提高装配式的劳动生产率和装配式住宅的整体质量，降低成本、物耗与能耗为发展方向。

（3）实现装配式建筑的工业化。发挥工厂生产的优势，用现代化的制作、运输、安装和科学管理的大工业生产方式代替传统的、分散的手工业生产方式来建造房屋或建筑。装配式建筑全行业、产业链的现代化，本义来讲就是要实现生产、供应等的工业化。例如预制率对装配式住宅与建筑的要求及界定：只有最大限度地采用预制构件才能充分体现装配式住宅与建筑工业化的特点和优势，而过低的预制率则难以体现，如果低于 20% 的预制率基本上与传统现浇结构的生产方式没有区别，因此，低预制率很难实现装配式建筑的工业化。

（4）在建造技术的选择方面，办公和商业建筑的建造技术以钢筋混凝土现浇结构，配以各种工业化生产的幕墙（玻璃、石材、陶板、复合材料等）为主。多层住宅建筑以钢筋混凝土现浇结构和砌块墙体结合，复合外保温系统、外装以局部涂料辅以石材、陶板等为主。联排及独立住宅则包括砌体、木结构、少量钢结构等常规建造体系，以及工业化生产预制砌体、预制木结构等全精装修产品。工业厂房、仓储建筑成本控制严格，以预制钢结构、混凝土框架结构，配以预制金属复合保温板、预制混凝土复合板为主。

（5）在建造体系的选择方面，经济性、美观性、功能性、环保与可持续性以及施工周期等方面的综合考虑是选择建造体系的关键。大部分装配式建筑，由于重复使用大量相同的构件，给人以单调、廉价的感觉。但通过精细化设计，利用预制装配式构件，也能够建造出个性鲜明且具有较高审美水平的建筑。

7. 德国预制构件主要应用领域

当今德国预制构件主要应用方向可以概括如下，见表 7–3。

7.1.3 政策制度及标准

1. 政策制度

德国在装配式住宅与建筑工业化方面走在国际前列，并取得了突出的成就。推动这一浩大艰巨的产业工程，不仅需要产业界建筑设计与工程技术层面的解决方案，更重要的是各级

德国预制构件主要应用方向 表 7-3

工业建筑及设施		地下工程及隧道工程	
大量的预制梁柱、围护墙板、排水沟构件、内隔墙、预应力楼板等		叠合板式地下车库、地下管道、检查井、隧道管片等	
道路及桥梁建设		住宅、酒店及办公楼	
排水设施、路牙、防撞护栏、消声墙、预制大型箱梁、箱涵、管涵等		叠合墙板、楼板、三明治夹芯墙体、保温夹芯墙体、实心墙体、楼梯、平台、阳台等	
风力发电塔		铁路建设	
预制发电塔机身等		轨道板、枕木、电路架等	

政府建立完善的法律、法规、政策以及有效的资助机制。

早在 20 世纪前，德国将与建筑活动相关的法规全部包含于《警察法》中，城市规划建设及建筑工程的管理由建筑警察审批，并采用建筑工程监理制度。第二次世界大战后，德国为了应对战后重建的巨大挑战，将建筑技术法规从州警察法规中独立出来，成为州级建筑技术法规，其中规定了建筑工程的具体要求。联邦层面的建筑模式法规和建筑技术规定是各州制定技术法规的模本。在之后几十年间，德国先后颁布了《联邦建设法》《土地利用法令》《城市发展促进法》《建筑节能法》《建设规划和建设许可法》等，这些法律是装配式住宅技术法规与建筑工业化政策规划的依据。

到了 21 世纪，可持续建设成为人们关注的焦点。装配式建筑因其节能效果好、环境负荷小而受到推崇，装配式住宅模式与装配式建筑工业成为推动现代建筑持续发展的主要动力。联邦政府依据德国宪法的规定，制定与修订了相关法律法规，要求新建的装配式建筑必须符合可持续建筑认证标准。装配式建筑在设计、生产、施工等方面必须进行经济、生态和技术的可持续评估。这些法律法规使得德国建设装配式住宅与发展建筑工业化有法可依、有章可循。此外，德国在发展装配式住宅及建筑工业化方面还制定了以下策略：

（1）基础发展策略。2010 年 7 月，德国政府发布了《德国 2020 高技术战略》报告，并于 2011 年 11 月特别提出把德国"工业 4.0"作为《德国 2020 高技术战略》的重心，将装配式建筑归纳于"工业 4.0"的创新战略范畴，其目标是将装配式建筑工业的供应、制造、销售信息数据化和智慧化，最后实现快速、有效、个性化的产品供应。这充分说明德国建筑工业在德国整体制造业发展战略中的基础性作用，是保持德国可持续发展的基础性战略。

（2）节能标准策略。德国在制定装配式建筑节能标准和研发节能技术时，主要考虑到三个方面的因素：温室气体的排放量指标、装配式建筑的热工指标和预制构件的生产耗能。最新的节能规范要求各预制构件在生产过程中的能耗不能超出最高能耗标准。

（3）生态认证策略。德国积极发展低能耗和超低能耗装配式建筑，以零能耗、零排放装配式建筑为未来目标，运用市场机制，提高全民节能意识和节能的实效性。其中，开展"绿色装配式住宅（GPH）"建筑标准和装配式建筑节能证书的认定工作就是一项重要举措。例如，德国装配式建筑研究所（GABRI）致力于生态装配式房屋的研究和设计，为德国装配式生态房屋颁发证书，并建立了德国装配式生态房屋的数据库网站。

（4）经济激励策略。该策略包括房产税改革、财政资助、国家银行系统提供低息贷款资助 GPH 技术的应用、修改租金条例等，如国家复兴银行给予绿色装配式建筑贴息贷款。德国重建信贷机构推出了新的"减排二氧化碳 GPH 项目"，为其提供低息贷款服务。同时，在"现场咨询"资助项目中，政府在资金上鼓励个人和企业投资绿色装配式住宅项目。房屋所有者可以享受工程师的咨询服务，如咨询如何更经济实用地采取 GPH 措施等，其中大部分的咨询费用由政府承担。

（5）公众宣传策略。德国政府非常重视宣传，通过各种宣传手段来增强公众的 AH 意识和 GPH 理念。2010 年城市规划建设局专门成立了新型建筑规划小组，其主要工作包括新建装配式房屋对于 GPH 有关供暖和保温、节电装置和照明、太阳能发电、风能等可再生能源以及电热耦合装置的应用，向业主、投资者、银行和房屋使用者宣传、解释 GPH 的经济效益及其为地产营销带来的促进作用。

（6）组织示范策略。利用示范项目来展示装配式建筑和 GPH 改造工作所取得的巨大成果，这些成果极大地促进了 GPH 建筑标准的推广和认知工作。德国政府鼓励对既有的低劣落后房屋与住宅区实行强制报废措施，设定了清晰的衡量标准进行绿色装配式技术改造，并设立了专门的基金来推动旧房改造。从 2012 年起，德国各地政府选择分布在东德罗斯托克、茨维考与西德波恩、菲林根等地区的 123 个住宅区的 8300 座老房屋进行 GPH 改造，将其改造成装配式住宅，以起示范作用。

2. 德国装配式建筑的标准规范

德国建筑业标准规范体系完整全面。在标准编制方面，装配式建筑首先需要满足通用建筑综合性技术要求，即无论采用何种装配式技术，其产品必须满足其应具备的相关技术性能，如结构的安全性、防火、防水、防潮、气密性、透气性、隔声、保温、隔热、耐久性、耐腐蚀性、材料强度、环保无毒等，同时也要满足其在生产和安装方面的要求，预制构件需要出具满足相关规范要求的检测报告或产品质量声明。单纯结构体系，主要需满足结构安全、防火性能、允许误差等规范要求，而有关建筑外围护体系的装配式体系与构件最复杂，牵涉的标准最多。部分装配式建筑相关标准分列见表 7-4。

3. 德国装配式住宅节能标准

从大幅度的节能到被动式建筑，德国都采取了装配式建造方式来实施，这就需要装配式住宅建筑与节能标准相互之间充分融合。为此，德国达姆斯达特装配式住宅研究所（GDSPR）颁发了相应的节能标准，只有符合以下标准才可以被称为"符合节能标准的装配式住宅"：

部分德国装配式建筑相关标准 表 7-4

分类	标准	内容
预制混凝土及砌体构件	DIN 1045-3	混凝土，钢筋预应力混凝土机构
	DIN EN 13369	预制混凝土产品的一般性规定
	DIN 1045-4	混凝土，钢筋预应力混凝土机构
	DINEN 14992	预制混凝土产品 – 墙体
	DINEN 1520	带开放结构的轻集料混凝土预制件
	DIN EN 13747	预制混凝土产品楼板系统用板
预制钢结构	DIN 18800-1	钢结构建筑第 1 部分：设计和构造
	DIN 18800-7	钢结构建筑第 7 部分：施工和生产资格
	BFS-RL 07-101	生产和加工建筑钢结构
预制木结构	DIN EN 14250	木构建筑 – 对采用钉片连接的预制承重构件产品的要求
	DIN EN 14509	两侧带有金属覆层的承重复合板 – 工厂加工产品 – 技术要求
	DIN EN 408	木结构 – 承重木材和胶合木材 – 物理和力学性能的规定
	DIN EN 594	木结构 – 试验方法 – 板式构造墙体的承载能力和刚度
	DINEN 595	木结构 – 试验方法 – 检测框架式梁确定其承载能力和变形情况
	DIN EN 596	木结构 – 试验方法 – 板式构造墙体柔性连接的检测
	DIN EN 1075	木结构 – 试验方法 – 钉板连接
预制金属幕墙	DIN EN 14509	自承重式双面金属覆盖夹芯板 – 工厂制造产品 – 规格
	DIN EN 14783	适合室内和室外工程使用的、整面支撑的金属屋面板和墙面板，产品规格和要求

（1）GDSPR 的节能标准

1）全年采暖要求 ≤ 15kW·h/m²；

2）全年制冷要求 ≤ 15kW·h/m²；

3）最高热负载 ≤ 10W/m²；

4）每年主要能源消费量（主要用于采暖、热水、电力）120kW·h/m²；

5）围护结构气密性指标，n50 ≤ 0.6/h（风机测试压力 5050Pah）。

（2）GDSPR 的节能设计要点

1）装配整体式建筑的外围护结构应按建筑围护结构热工设计要求确定保温隔热措施和建筑体形系数。外墙、屋顶、门窗、楼板、分户墙等围护结构的传热系数、窗墙面积比、遮阳系数以及外墙外饰面材料的色彩等要求应符合德国与欧盟现行的建筑节能设计规范、标准。

2）预制外墙板的保温材料及其厚度应按工程项目所在地的气候条件和建筑围护结构热工设计要求确定，并应符合下列要求：一是选用轻骨料混凝土可有效提高预制混凝土外墙板的保温隔热性能；二是采暖居住建筑采用复合外墙板时，除门窗洞口周边允许有贯通的混凝土肋外，宜采用连续式保温层，保温层厚度应满足所在地区建筑围护结构节能设计要求；三是宜采用轻质高效的保温材料，安装时保温材料重量含水率不应大于 10%，预制外墙板内采用的保温材料可为：阻燃型容重大于 $16/m^3$ 的膨胀聚苯乙烯（EPS）、挤塑聚苯乙烯（XPS）、岩棉、玻璃棉等；四是无肋复合板中，穿过保温层的连接件应采取与结构耐久性相当的防腐蚀措施，如采用铁件连接时宜优先选用不锈钢材料并考虑连接铁件对保温性能的影响；五是预制混凝土外墙板有产生结露倾向的部位，应采取提高保温性能或在板内设置排除湿气的孔槽；六是装配式混凝土构件的热工参数与其生产和养护过程有关，生产企业应提供不同构件材料的导热系数，带有门窗的装配式混凝土外墙板，应分别提供墙板和玻璃的传热系数，选用装配式混凝土构件用于建筑外围护结构时，应按照相关节能标准验算复合保温层厚度及相关热工参数。

3）带混凝土边肋或窗肋的装配式混凝土外墙板，其平均热阻应分别计算主断面和混凝土边肋热阻，并按面积加权平均。

4）采用夹心外墙板时应充分考虑连接钢筋所产生的热桥对复合外墙板传热系数的影响，应根据当地节能设计要求选择带肋或无肋构造。穿透保温材料的连接件宜采用非金属材料。当采用钢筋（丝）桁架来连接内外两层混凝土板时，计算平均传热系数应乘以 1.2~1.3 的修正系数。

5）结构性热桥部位的传热阻可采用基本传热计算方法，其结果不应小于德国《建筑节能法》规定的最小传热阻。

6）装配式混凝土外墙板与梁、板、柱相连时，其连结处宜采取措施保持墙体保温的连续性，连接处的保温材料应选用不燃材料。

7）带有门窗的装配式混凝土外墙板，其门窗洞口与门窗框间的密闭性不应低于门窗的密闭性。

7.2 技术分析

德国的装配式住宅与建筑主要采用剪力墙板、梁、柱、楼板、内隔墙板、外挂板、阳台板等构件，其构件预制与装配建设已经进入工业化、专业化设计，标准化、模块化、通用化生产，其构件部品易于仓储、运输，可多次重复使用、临时周转并具有节能低耗、绿色环保的永久性能。目前德国推广装配式产品技术、推行环保节能的绿色装配已有较长的经历和较成熟的经验，并建立了完善的绿色装配及其产品技术体系。

7.2.1 DIN 设计体系

德国装配式建筑"DIN 设计体系"颁布于 1990 年 11 月，由建筑与土木工程标准委员会以及德国钢结构委员会联合制定，其体系已逐步纳入德国的工业标准。它在模数协调的基础上实现了部品尺寸、连接等的标准化和系列化，使德国装配式住宅部品部件的标准日趋成熟通用，其市场份额达到 80%。该体系的设计原则有：

1. 设计理念

"DIN 设计体系"要求从局部到整体的模块组合。首先将卧室、次卧、客厅、厨房、卫生间等按照设计需求并结合相关模数尺寸制定成一系列功能性模块。功能性模块组成后再组装成 A、B、C、D 等一系列户型，即户型模块。户型模块确定后再进行自由拼装完成单元模块，最后由不同的单元模块组合到一起形成各种建筑单体。

2. 模数协调

设计中应遵守模数协调的原则，做到建筑与部品之间、部品与部品之间模数协调，以及部品的集成化和工业化生产，实现土建与装修在模数协调原则下的一体化，并做到装修一次性到位。

3. 建筑规范

以简单、规则为原则，避免刚度、质量和承载力分布不均匀，采用大空间的平面布局方式，满足住宅灵活性和可变性要求。充分考虑设备管线、结构体系关系以及结合楼板现浇，优化套型模块的尺寸和种类。优先采用叠合楼板，楼板与楼板之间、楼板与墙体之间采用混凝土后浇以保证整体性。

4. 结构原则

建筑体型、平面布置及构造应符合抗震设计的原则和要求，应遵循受力合理、连接简单、施工方便、少规格、多组合的原则，承重墙、柱等竖向构件宜上下连续，门窗洞口宜上下对齐，成列布置，不宜采用转角窗。

5. 节能设计

预制外墙的保温材料及厚度应满足相关规范，宜采用轻质高效保温材料。穿透保温材料的连接件宜采用玻璃纤维、预制混凝土等非金属材料，保证热工性能不削减。带门窗的预制外墙和门窗洞口与门窗框间的密闭性不应低于门窗密闭性，避免冬季冷风渗透。外墙与梁、板、柱相连时，连接处应保持墙体保温的连续性，避免形成冷桥，产生内部结露。

6. 设备管线规格

"DIN 设计体系"要求对机电管线进行综合设计，公共部分宜架空。预留沟、槽、孔、洞的位置遵循结构设计模数网格。卫生间宜采用同层排水，太阳能热水系统集热器等应考虑建筑一体化，做好预留。给水、采暖水平管应暗敷于地面垫层中，散热器挂件应预埋在结构体上，电气水平管线应暗敷于结构楼板叠合层中。分户墙两侧安装的电器设备不应连通设置，避免影响隔声效果。预制墙体上的开关、插座、弱电插座等应进行预留。

7. 质量控制

对质量的定义往往是双重的，因为不仅仅是生产质量和设计质量，往往更依赖于建筑师的工作质量。为了能够使建筑的预制取得成功，以上两点都必须考虑周全。这些原则看上去是对立的，因为只要生产质量提高，建筑就会变得更加标准化，而高质量的设计就会不可避免地降低生产效率。

8. 成本控制

"DIN 设计体系"要求装配式住宅比传统住宅的现场施工方法在成本控制上更加有效，这是因为装配式住宅概念中的成本有三个方面，即材料、劳动力和时间，从理论上讲，这三个方面各有不同程度减少，使成本相应降低。

7.2.2 AB 技术体系

AB 技术体系，即装配式建筑技术体系，主要包含预制混凝土大板体系、预制混凝土叠合板体系、预制钢结构建造体系、预制木结构建造体系等。

1.预制混凝土大板体系

在 20 世纪 20 年代以前，欧洲建筑通常呈现为传统建筑形式，套用不同历史时期形成的建筑样式，此类建筑的特点是大量应用装饰构件，需要大量人工劳动和手工艺人的高水平技术。随着欧洲国家迈入工业化和城市化进程，农村人口大量流向城市，需要在较短时间内建造大量住宅、办公、厂房等建筑。标准化预制混凝土大板建造技术能够缩短建造时间、降低造价，因而应运而生。

由于战后需要在短期内建设大量住宅，东德地区于 1953 年在柏林约翰尼斯塔进行了预制混凝土大板建造技术第一次尝试。1957 年在浩耶斯韦达市第一次大规模采用预制混凝土构件施工。此后，东德采用预制混凝土大板技术建造了大量的预制板式居住区。

1972—1990 年，东德地区开展大规模住宅建设，共完成了 300 万套住宅，预制混凝土大板技术体系成为最重要的建造方式。在此期间，采用混凝土大板体系建造了大量大规模的居住区和城区，如 10 万人口规模的哈勒新城（图 7-4）、柏林亚历山大广场大板住宅（图 7-5）、德累斯顿大板住宅（图 7-6）和柏林马尔占居住区（图 7-7）。在 1972 至 1990 年大规模住宅建设期间，东德地区共新建、改建 300 万套住宅，其中 180 万~190 万套用混凝土大板体系建造，占比达到 60% 以上，如果每套建筑按平均 60m² 计算，预制大板住宅面积在 1.1 亿 m² 以上。东柏林地区在 1963~1990 年间共新建住宅 27.3 万套，其中大板式住宅占比达到 93%。住宅建设工程耗费了东德大量财政收入，为节约建造成本和加快建设速度，德国设计开发出了不同系列产品，如 Q3A、QX、QP、P2 等。预制混凝土大板住宅项目大量重复使用同样户型的立面设计。

图7-4 哈勒新城大板住宅
（资料来源：卢求.德国装配式建筑发展研究 [J].住宅产业，2016（6））

图7-5　柏林亚历山大广场大板住宅
（资料来源：卢求．德国装配式建筑发展研究 [J].
住宅产业，2016（6））

图7-6　德累斯顿大板住宅
（资料来源：卢求．德国装配式建筑发展研究 [J].
住宅产业，2016（6））

图7-7　柏林马尔占居住区
（资料来源：卢求．德国装配式建筑发展研究 [J].
住宅产业，2016（6））

虽然大板建筑在今天饱受诟病，但在当时，大板住宅符合东德的社会意识形态，人人平等，整齐划一。采用预制混凝土大板技术建造的工业化住宅，功能基本合理，拥有现代化的采暖和生活热水系统以及独立卫生间，比未更新改造的 20 世纪初期建造的老住宅更舒适和方便。由于得到东德政府的大量财政补贴，这种工业化住宅的租金相对较低，受到当地居民的欢迎。大量新建居住区采用大板建筑，使得原有历史街区中的住宅吸引力下降，出租率低，租金无法支持建筑的维护，导致历史街区中的建筑逐渐破败。这种现象也导致政策制定者重新思考补贴政策，甚至开始尝试用预制技术进行老城区历史建筑的改造更新。

2. 预制混凝土叠合板体系

德国的建筑以多层建筑为主。现浇混凝土支模、拆模、表面处理等工作需要的人工量大、费用高，将预制混凝土叠合楼板、叠合墙体作为楼板、墙体使用，其结构整体性好，混凝土表面平整度高，节省抹灰、打磨工序，相比预制混凝土实体楼板、叠合楼板，其重量轻，运输和安装成本较低，外立面形式比较灵活，因而有一定市场。有资料显示，预制混凝土叠合板体系在德国建筑中占比达到50%以上。德国强制实施新保温节能规范，建筑保温层厚度要求在20cm以上。从节约成本角度考虑，采用复合外墙外保温系统配合涂料面层的建筑居多，如图 7-8 所示。

3. 预制钢结构建造体系

预制钢结构建造体系又包括预制高层钢结构建造体系和预制多层钢结构建造体系。

（1）预制高层钢结构建造体系

高层、超高层钢结构建筑在德国建造量有限，大规模批量生产的技术体系几乎没有应用市场。同时，高层建筑多为商业或企业总部类建筑，业主对个性化和审美要求高，不接受同质化、批量化、缺少个性的装配式建筑。此外，近年来高层、超高层钢结构建筑的承重钢结构以及为每个项目专门设计的幕墙体系，都是采用工业化生产、现场安装的建造形式。因此，

图7-8　复合外墙外保温系统配合涂料面层的建筑
（资料来源：卢求.德国装配式建筑发展研究[J].住宅产业，2016（6））

可以归纳到个性定制化装配式建筑。

法兰克福商业银行总部大楼（图7-9）是德国为数不多的高层钢结构建筑。建筑高度185m，钢制构件和金属玻璃幕墙采用工厂化加工、现场安装的方式建造。采用双塔形式，两栋塔楼之间形成一个巨大的室内中庭，中间用钢结构设置多层连接平台，布置绿化和交往空间。建筑结构为现浇钢筋混凝土结构，以满足承载、防火、隔声、热惰性等综合技术要求。高性能的全玻璃幕墙、隔墙、楼面、顶棚等采用预制装配系统。

图7-9　法兰克福商业银行总部大楼

获得德国2012年钢结构建筑奖的帝森克虏伯总部大楼（图7-10），代表德国近年来钢结构建筑的一个发展方向。由于混凝土结构优异的防火、隔声、耐久、经济实用等性能以及现代建筑技术能够成熟地利用混凝土结构优异的蓄热性能，同时也能满足建筑节能和室内舒

图7-10 帝森克虏伯总部大楼

适度的要求，使混凝土或钢混结构成为德国高层建筑最主要的结构形式。建筑核心筒和楼板通常采用现浇混凝土形式，梁和柱采用钢材、钢混或混凝土形式，以满足承载、防火、隔声、热惰性等综合技术要求。建筑外墙、隔墙、地面、顶棚等部品则大量采用预制装配系统。

（2）预制多层钢结构建造体系

汉诺威VGH保险大楼（图7-11），采用模块化、多层钢结构装配式体系建造，由承重结构、外墙、内部结构和建筑设备组成。基本构件包括楼板5.00m×2.50m，厚度20cm，墙板3.00m×1.25m，厚度15cm。楼板和墙板由U型钢框架和梯形钢板构成，表面为防火板。楼地面采用架空双层地面构造，楼板和承重墙板之间采用螺栓固定，并用柔性材料隔绝固体传声。非承重隔墙采用轻钢龙骨石膏板墙体。

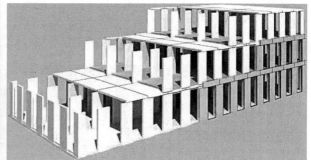

图7-11 汉诺威VGH保险大楼
（资料来源：卢求. 德国装配式建筑发展研究 [J]. 住宅产业，2016（6））

4. 预制木结构建造体系

德国小住宅领域（独栋和双拼）是采用预制装配式建造形式最高的领域，该领域大量采用的是木结构体系。木结构体系又可细分为木框板结构、木框架结构和层压实木板材结构三种形式。

（1）木框板结构

承重木框架和抗剪板体是木框板结构建筑的特点。板材主要由木材或石膏板材构成。标准化的木截面和标准化的板材尺寸使加工生产和建造得到优化。实木框架和板材有机组合，形成墙、楼板和屋顶结构体系，能够有效地吸收和承载所有垂直和水平荷载。木框板结构建筑自重轻，保温层位于木框材料之间，因而建筑显得轻盈。要达到被动房的节能水平，需要增加外侧或内侧保温材料，这一步可以在工厂预先完成。外墙部分可选择装饰木材面板、面砖或保温层加涂料等形式。在工厂预制的墙体等板材中需预先安装好建筑的保温隔热层、隔蒸汽层、气密层、建筑上下水管线、电气设备管线或预留好穿线和接口空间。装配式木结构建筑可以保证质量、

图7-12 预制木框板结构装配体系构件生产
过程

图7-13 预制木框板结构装配体系建造的小住宅项目
（资料来源：卢求.德国装配式建筑发展研究[J].住宅产业，2016（6））

控制成本、缩短施工周期，通常在地下室或建筑地面板完成之后的 5 个星期内即可入住。计算机控制、自动化生产、现代化的生产组织优化使预制木结构住宅不断完善进步。预制木结构建筑质量有严格保证，每件预制产品在出厂时都有质量检测合格标识。除了小住宅建筑外，木框板结构在办公建筑、幼儿园、多层住宅、商业建筑等领域均有应用。图 7-12 为预制木框板结构装配体系构件的生产过程，图 7-13 和图 7-14 分别为用预制木框板结构装配体系建造的小住宅项目与多层居住建筑。

图7-14 用预制木框板结构装配体系建造的
多层居住建筑
（资料来源：卢求.德国装配式建筑发展研究[J].住宅产业，2016（6））

（2）木框架结构

木框架结构体系是指由垂直承载的木制柱和水平承载的木制梁组成的木结构体系。木材大多采用工程用高质量的复合胶合木，跨度可达 5m，这种工程用复合胶合木也被用来建造大跨度体育馆等建筑。辅助性木结构，如楼板次梁、檩条等，则采用构造用实木。用木框架结构体系建造的房屋，其外墙板也具有保温隔热层、隔蒸汽层和气密层，但木框架结构体系中的内外墙板不承担任何结构作用。建筑物的抗剪由木制、钢制斜撑或刚性楼梯间承担。由于墙体是填充性构件，因而墙体可随意布置并可在未来轻松更改，楼板也可方便设置挑空构造。建筑内部空间灵活流动，开窗位置与面积灵活，采光和景观好。图 7-15 和图 7-16 为用预制木框架结构体系建造的独立小住宅项目与多层办公建筑。

（3）层压实木板材结构

近 10 年来，层压实木板材结构建筑得到快速发展。实木板材结构采用交叉层压木材，具有很好的结构承载性能，可以加工制成楼板、墙体和屋面板。现代化的计算机控制切割机床，能够轻松切割出任何需要的洞口和形状。层压实木板材结构不受建筑模数限制，可以创造出独特的、纯净的空间，受到建筑师、结构工程师和业主的青睐。层压实木板材结构和木框板结构、木框架结构一样，可在工厂预制完成生产再运输至施工现场进行组装。图 7-17 为层压实木板材结构构件的存放与施工过程。

图7-15　用预制木框架结构体系建造的独立
　　　　小住宅项目
（资料来源：卢求.德国装配式建筑发展研究 [J].
住宅产业，2016（6））

图7-16　用预制木框架结构体系建造的多层办公建筑
（资料来源：卢求.德国装配式建筑发展研究 [J].住宅产业，2016（6））

图7-17　层压实木板材结构的存放与施工
（资料来源：卢求.德国装配式建筑发展研究 [J].住宅产业，2016（6））

7.2.3　RAP 技术体系

RAP 技术体系，即机器人自动化生产技术体系。近年来，德国建筑界开发了多种机器人生产技术，主要用于装配式建筑复杂构件与部品的预制生产，如三明治墙、保温夹面或双面墙、间隔实心墙及异形楼板的自动化生产。例如在自动化填缝料划胶生产流程中，基于 CAD 数据的机器人启动 AAP 机械手，自动将饰面材料（瓷砖、面砖）传送至输送切割装置，然后通过FML 机械手准确布置于生产托模上，再由 AAP 机械手从输送装置上拾取饰面材料，并送至切割装置或 FML 机械手处。布置机械手抓取材料后，将其准确移至填缝料划出的轮廓中，其间距可自行定义。这种技术体系是一种高度灵活、高产能的多层预制构件生产方式，打开了复杂预制构件自动化生产应用的新篇章。

7.2.4　BIM 技术体系

BIM 技术是目前德国用于装配式工业设计、建造和管理的数据化工具，通过参数模型整合项目的相关信息，在各种装配式建筑项目策划、运行和维护的全生命周期中进行信息的传递和共享，使工程技术人员对各种建筑信息作出正确理解和高效应对，为设计团队以及包括建筑运营单位在内的各方建设主体提供协同工作的基础，在提高生产效率、节约成本和缩短工期等方面发挥了重要作用。例如，德国 RIB 集团是世界领先的建筑软件供应商，其旗舰产品 RIB-iTWO 是全球领先的装配式建筑全流程建造管理 BIM 5D 解决方案，其概念如图 7-18所示。德国装配式建筑研究所（GABRI）所长科特勒·弗朗克博士指出："用传统的设计、施工和管理模式进行的装配化施工不能称为建筑工业化，新型装配式建筑是设计、生产、施工、装修和管理'五位一体'的体系化和集成化的建筑，它具备新型建筑工业化的五大特点：标准化设计、工厂化生产、装配化施工、一体化装修和信息化管理。"

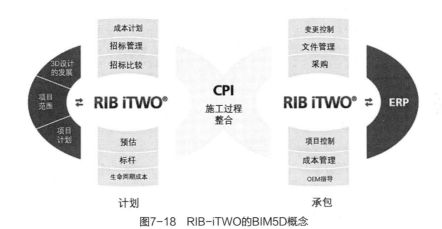

图7-18 RIB-iTWO的BIM5D概念

7.2.5 DGNB 评估体系

1. DGNB 评估体系

DGNB 评估体系，即德国 DGNB 可持续建筑评估体系，其认证的评估领域及标准见表 7-5。创建于 2007 年的 DGNB 是当今世界上最为先进、完整同时也是最新的可持续建筑评估体系，由德国可持续建筑委员会和德国政府共同编制，具有国家标准性质。DGNB 可用于评估生态建筑、节能建筑、智能建筑、集成建筑和装配式建筑等，覆盖德国建筑行业的整个产业链，整个体系有严格全面的评价方法和庞大数据库及计算机软件的支持。DGNB 认证是一套透明的评估认证体系，它以易于理解和操作的方式定义了所有新建建筑的质量（包括装配式住宅与建筑）。

DGNB 认证的评估领域及标准 表 7-5

评估领域	标准
生态质量	全球温室效应影响；臭氧层消耗量；臭氧形成量
环境质量	环境酸化形成潜势；化肥成分含量；对当地环境的影响；对全球环境的影响；小环境气候；饮用水需求和废水处理；土地使用

评估领域	标准
节能质量	材料节能效率；建筑物节能效率；建筑工程节能效率；一次性能源的需求；可再生能源所占比重
经济质量	全生命周期的建筑成本与费用；物业的价值稳定性
社会文化和功能质量	冬季的热舒适度；夏季的热舒适度；室内空气质量；声环境舒适度；视觉舒适度；使用功能可改性与适用性；使用者干预与可调性；屋面设计；安全性；无障碍设计；面积使用率；公共可达性；自行车使用舒适性
设计和规划质量	建筑上的艺术设施；整合设计；设计步骤方法的优化和完整性
技术质量	建筑防火；噪声防护；建筑外维护结构节能；建筑外维护结构防潮技术；建筑外立面易于清洁；建筑物易于维护；环境可恢复性；可循环使用；易于拆除
工程质量	项目准备质量；在工程招标文件和发标过程中考虑可持续因素及其证明文件；创造最佳的使用及运营的前提条件；建筑工地和建设过程；施工单位的质量和资格预审；施工质量保证；系统性的验收调试和投入使用
基地质量	基地局部环境的风险；与基地局部环境的关系；基地及小区周边的形象及现状条件；交通状况；临近的相关市政服务设施；临近的城市基础设施

2. DGNB 可持续建筑评估体系的突出优势

DGNB 可持续建筑评估体系的突出优势体现在以下几个方面：

（1）DGNB 不仅是绿色建筑标准，而且是涵盖了生态、经济与社会三大方面因素的第二代可持续建筑评估体系（包括集成建筑、装配式住宅等）。

（2）包含了建筑全寿命周期成本计算，如建造成本、运营成本、回收成本，可有效评估控制建筑成本和投资风险。

（3）展示如何通过提高可持续性获得更大经济回报。

（4）以建筑性能评价为核心而不是以有无措施为标准，保证建筑质量，为业主和设计师达到目标提供广泛途径。

（5）展示不同技术体系应用相关利弊关系，以利于综合应用性能评价。

（6）建立在德国建筑工业体系高水平质量基础上的标准体系。

（7）按照欧盟标准体系原则，可适用于不同国家气候与经济环境。

7.3　产业链管理分析

7.3.1　阶段主体与产业流程

本节主要介绍当今德国装配式建筑工业上下游产业链的链节主体与产业流程概况。

1. 研发阶段

阶段主体：①高校；②专业研究机构；③企业内部研发部门。

产业流程：德国在产学研方面一直走在发达国家前列，在装配式建筑技术和产品研发方面，德国有很多高校都与有相关产品和技术研发需求的企业或者企业的研发部门保持着紧密合作的关系。企业根据自身产品和技术革新的需求，向高校提出联合或者委托研究，高校在理论和验证性实验方面都具备完整的科研体系，能科学地完成相关科研设定目标，理性地给出相关结果。而其他高校之外的研究机构，则在材料、力学等方面有着深厚的实用性研究成果，大大促进了新技术新产品的发展。

经典案例：以 Filigran 公司为例，Filigran 是一个小型家族企业，主要从事钢结构方面的产品研发和生产，发明了钢筋桁架，并联合了汉堡大学、德雷斯顿大学等科研单位，对钢筋桁架叠合楼板进行了大量研究，相关成果见表 7–6。研究成果最终形成了行业标准，对钢筋桁架叠合楼板的全球应用产生了深远影响。

Filigran 公司的主要产品 表 7–6

格子梁	
格子梁是工厂预制生产的预应力构件，由下弦、对角线和上弦组成。根据不同的应用需求，可以生产出不同型号和规格的格子梁。格子梁在德国的生产、认证和使用均基于德国的技术认证	
冲压剪力加固钢筋	
冲压剪力加固钢筋是一种优化的冲压剪切加固件，其生产、认证和使用均基于欧洲技术认证	
线圈钢筋	
线圈钢筋按照 DIN488-3 标准在冷成型过程中生产和认证，可分为带肋钢筋和普通延性钢筋，其公称直径分别为 6mm、8mm、10mm 和 12mm，并可进一步矫直和切割	
普通钢筋	
具有光滑表面的普通钢筋按照 DIN488-3 标准生产并认证，钢筋的公称直径在 5~10mm 的范围内	
卷制钢筋	
在公司自身的矫直和切割设备中，根据特定的客户要求，将线圈钢筋拉直，并以直切长度交付。卷制钢筋由 B500A 钢筋和 B500B 钢筋生产	

2. 设计阶段

阶段主体：①专业建筑结构设计单位；②专业水暖电设计单位；③装配式建筑深化设计单位；④大型构件集团内部设计部门；⑤专业软件供应商。

产业流程：在德国，装配式建筑的设计分工有序，且各设计单位之间紧密合作，由建筑设计单位牵头与客户对接，相关的机电专业如水电、暖通等设计单位也会受委托进行专项设计，而装配式建筑的深化设计通常和结构设计结合在一起。

经典案例：大型构件集团的设计部门会单独完成构件的深化设计，如 FDU 公司。不同设计单位所用的设计软件，通常是由 Nemetschek、Tekla 等公司开发的类似于 Allplan 平台的设计软件，而涉及各个专业的相关产品企业则会积极开发数字系统，并将其融入软件数据库中，方便设计师们进行设计。同时 BIM 技术得到广泛应用，设计成果不仅仅包含三维模型、图纸还包括大量的数据和清单，目的是为了方便后期与生产系统以及各企业 ERP 管理系统对接。

3. 生产阶段

阶段主体：①各类预制构件生产厂商；②流水线系统控制软件供应商；③各类预制构件所需预埋件供应商；④各类生产设备供应商；⑤特殊物流工具及车辆供应商；⑥各类工人培训机构。

产业流程：德国强大的机械设备使得预制构件的生产形式得到了变革式的飞跃发展。因此，随着装配式建筑的发展，大批预制构件生产企业纷纷成立，历经繁荣，也面临着市场需求减少所带来的困境。对于构件的运输，车辆供应商结合市场需求不断开发出特殊的运输车辆。此外，在该生产系统中，各生产厂家在产品标准、研发、协调等方面也起着重要的作用。

经典案例：由于得到了 Vollert、Avermann 等专职于设备加工的企业和 Unitechnik 集团以及诸如 SAA 工程有限公司等提供生产控制系统的软件供应商的支持，使得板式构件的流水加工变为可能，摆脱了传统板式构件预制必须具备固定模数尺寸的限制，在不降低效率的情况下提高自由度，更加满足个性化的市场需求。非板式构件的加工同样受益于机械设备和模具制造厂家的发明创造，如长线台的灵活性、预制楼梯和梁柱多尺寸的适应性、固定方式的科学性等。

4. 施工阶段

阶段主体：①专业建筑施工企业；②施工所需模板及其他辅材供应商；③专业吊装设备供应商；④建筑施工机械临时租赁公司。

产业流程：装配式建筑的工业化施工是指按照统一标准定型设计，在工厂内成批生产各种预制构件，然后运到施工现场，在现场以机械化的方式装配施工。

经典案例：从德国的 Hochtief、Zueblin 等大集团公司到地方上的小家族企业，都有着装配式建筑的施工经验。德国旭普林国际有限公司总部办公楼是德国装配式公共建筑中的经典案例，该项目在装配式建筑领域中取得了多处创新。Peri、Doka 等公司在施工工具、支撑、模板等方面对施工企业给予了莫大的支持。同时，Liebherr 等公司在吊装机械方面做出了巨大的贡献。

5. 运营及维护阶段

阶段主体：①专业物业管理公司；②专业既有建筑改造公司；③检测公司；④维护所需材料供应商。

产业流程：指对新建的装配式建筑及配套的设施设备在运营期间的日常维护和管理，包括房屋管理、设施设备管理、房屋和设施设备维护等。

经典案例：德国战后建造的多层板式住宅楼，由于当时的技术条件和建造条件的限制，迫切需要大量的维修和改造。以西伟德建材集团为例，其在德国为改造类以及维修维护类项目提供了大量所需的特殊建材，而新建的装配式建筑也面临着有效能源管理、物业管理等问题，所以专业的物业公司在德国较为普遍。

7.3.2 上下游产业链的特征

通过对当今德国装配式建筑上下游产业链进行分析，可以总结出以下几个特征，包括工业化、社会化、节能减排和信息化。

1. 工业化

工业化贯穿于德国的任何行业，从预制构件的生产方式到物流工具以及施工方式，可以看出德国人始终在追求流程标准化、作业机械化，不断提高生产效率，这都是工业化的特质。

2. 社会化

整个产业链具有许多分支，且参与的企业数量众多。社会化最大的表现之一是大多产品供应类企业，包括设备供应商、配件供应商、添加剂供应商、构件供应商等，都不仅仅只生产某单一类产品，这种社会资源的高度整合，正是社会化的特质。

3. 节能减排

德国是一个特别注重节能和环保的国家，对行业的发展甚至都有相关的法律来约束，在这种大环境背景下，企业的技术发展、产品开发都是朝着提升效率、提高质量、减少人工、减少排放的方向发展，装配式建筑也不例外。

4. 信息化

自从德国提出"工业 4.0"的概念后，意味着第三次工业革命的到来，从现有装配式建筑的设计（信息化设计）到预制构件的生产（数控式生产）再到施工企业的管理（信息化管理）可以看出，相比于其他国家，信息化已成为德国在该领域发展的重量级特征，且未来将有更进一步地提升。

7.4 案例展示

7.4.1 柏林 Tour Total 大楼

1. 案例概况

2012 年在柏林落成的 Tour Total 大厦，是德国预制混凝土装配式建筑非常有创意的一项工程。建筑面积约 28000m^2，高度 68m。建筑采用混凝土现浇核心筒、预制混凝土外墙密柱、现浇混凝土楼板（30cm 厚）的结构体系，形成楼层内部宽敞的无柱空间。结构柱外挂预制混凝土装饰构件，在结构柱与外观装饰构件之间是保温层和遮阳设施。外墙面积约 10000m^2，由 1395 个、200 多个不同种类、三维方向变化的预制混凝土构件装配而成。每个构件高度 7.35m，构件误差小于 3mm，安装缝误差小于 1.5mm。构件由白色混凝土加入石材粉末颗粒浇筑而成，精确、细致、三维方向微妙变化、富有雕塑感的预制件，使建筑显得光影丰富、精致耐看。Tour Total 大厦的远景与近景如图 7-19 所示。

图7-19 TourTotal大厦远景与近景

2. 预制构件设计

为了形成动态的外观，建筑的外部承重表皮由具有不同刻面的预制混凝土构件组成。表皮格构利用增加构件深度和雕塑感的方式来强调建筑的竖向线条。建筑的格栅交错生成，像一道厚帘幕包裹住整个建筑，也是内部私密空间与外部公共空间的过渡。外承重墙与内核心筒连接，在室内形成了无柱的开阔空间。图 7-20 为 Tour Total 大厦外墙预制装配构件分解图，图 7-21~ 图 7-23 分别为预制构件的实景图、预制构件的局部图、预制构件效果图。

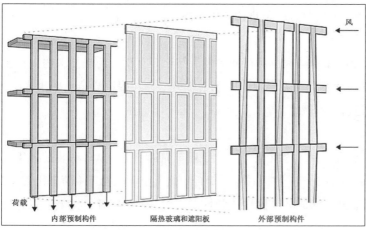

图7-20 外墙预制装配构件分解图
（资料来源：卢求.德国装配式建筑发展研究 [J]. 住宅产业，2016（6））

图7-21 预制构件实景图
（资料来源：卢求.德国装配式建筑发展研究 [J]. 住宅产业，2016（6））

图7-22 预制构件局部图
（资料来源：卢求.德国装配式建筑发展研究 [J]. 住宅产业，2016（6））

图7-23 预制构件效果图
（资料来源：卢求.德国装配式建筑发展研究 [J]. 住宅产业，2016（6））

3. 工艺流程分析

该建筑的承重外墙由多种预制混凝土构件组成，给建筑缔造了一种不断变化的表皮样式。这些不计其数的预制构件最终组合成了一个 T 字形的墙板，高达 7.35m，宽 2.4m。这种混凝土材料具有高效的防火性能，这种巨大的优势使其能有效保护包裹在材料内的钢筋。图 7-24~图 7-28 分别为预制构件的浇筑、冲洗、运输、吊装与安装过程，图 7-29 为安装完成后的 Tour Total 大厦的标准层办公空间内景图。

7.4.2　德国装配式别墅

在德国，一栋独立的别墅只需 6 周左右的时间就可以建设完成，这是一种潮流和趋势。HUF HAUS 创始于 1912 年，是德国最著名的装配式豪华别墅供应商之一，迄今为止在全球完工的项目逾 10000 个。在互联网时代，这家德国百年家族企业也推出了网上定制服务。德国装配式别墅建造完成以后的正面外观如图 7-30 所示。这种装配式别墅的工艺流程如下：

图7-24　预制构件浇筑

图7-25　预制构件的冲洗（养护表面）

图7-26　预制构件装箱与运输

图7-27 预制构件的吊装

图7-28 预制构件的安装

图7-29 预制构件效果图   图7-30 德国装配式别墅正面外观
（资料来源：卢求．德国装配式建筑发展研究 [J].
住宅产业，2016（6））

1. 预制构件生产过程

原材料在标准化的工厂经过固定的流水线加工形成各种预制构件，如预制墙、预制板、卫生间等，经过质量检验合格出厂后运输至施工现场进行拼装，构件的生产过程如图7-31所示。

图7-31　装配式别墅预制构件生产过程

2. 基础地板铺设

施工现场在经过场地平整、基坑开挖压实整平以后，在地下室底板位置首先铺设一层挤塑 XPS 聚苯乙烯泡沫保温板，然后再铺设一层防水隔潮卷材，上部垫支双层双向钢筋网，利用混凝土泵送车浇筑混凝土，进而完成基础底板混凝土的凝结、硬化与养护，如图 7-32 所示。

3. 吊装搭建

基础底板混凝土经过凝结硬化养护之后，使用双层空腔预制钢筋混凝土墙体大板，围护地下室墙体。吊装搭建完毕之后，首先向空腔内部灌充混凝土，在地下室空间内部架设立柱以及水平横梁。然后，在地下室墙体的顶面，吊装露出一半钢筋笼的预制钢筋混凝土薄板，在穿插管线和布放钢筋网后浇筑混凝土，形成整体结构的水平楼层。接着，在地下室墙体外侧钉设一层浅绿色的挤塑 XPS 聚苯乙烯泡沫保温板，在外表粘贴一层专用防水隔潮卷材层。

图7-32　基础底板的铺设

屋顶按照预制木结构屋面板、屋面防水透潮卷材层、顺水木搁条、挂瓦木搁条、屋面瓦块的构造层次完成搭建。装配式别墅吊装搭建流程如图 7-33~ 图 7-37 所示。

图7-33　墙板的吊装与围护

图7-34　整体结构的水平楼层　　　　图7-35　墙体外侧材料的铺设

图7-36　住宅内部施工过程　　　　　图7-37　屋顶施工过程

4. 配套系统铺设

在完成主体施工后同时布设室内供水（冷水、热水）管线、采暖管道，如图 7-38 所示。室内低温热水辐射采暖如地暖，类似 PEX 管道线路布放固定，如图 7-39 所示，在地板采暖管道的顶面现场浇筑专用混凝土形成地面基底层。

5. 防水

卫生间的墙面采用防水型纸面石膏板饰面，在防水石膏板的表面粘贴墙面瓷砖，如图 7-40 所示。防水透潮薄膜的铺设如图 7-41 所示。

图7-38 室内管道布设   图7-39 地暖布设

图7-40 墙面瓷砖的粘贴   图7-41 防水薄膜

7.4.3 Contact Row 低能耗住宅

位于德国塔姆施塔特市的 Contact Row 低能耗住宅，是一幢包含 4 个居住单元的条形联排住宅，如图 7-42 所示。建筑物的保温和热能回收是设计的重点，其主要设计措施如下：

1. 外围护结构的保温效果

该住宅的屋顶、外墙、地下室、窗户和通风系统都做了特殊装配处理，使房屋在多年后仍能保持很好的隔热性能。其材料运用及隔热效果是：

（1）屋顶（从上至下）构件与材料：植草屋面（腐殖质、过滤网、防根穿刺膜、50mm 无甲醛刨花板）；木制轻质梁（工字木梁，螺栓连接的硬质纤维板）；吊顶 12.5mm 石膏板（吊顶上部 445mm 空腔内布置矿棉保温材料）；木屑壁纸；乳胶漆面层；粉刷层（带矿物增强布）；275mm 的聚苯乙烯保温板（EPS）（二层设置 150+125）。

（2）外墙（从下至上）构件与材料：175mm 灰砂砖砌体（加气混凝土砌墙体）；15mm 室内连续石膏抹灰；木屑壁纸；乳胶漆涂料；玻璃纤维织物作表面处理；250mm 厚聚苯乙烯保温板（EPS）；160mm 厚混凝土。

（3）地下室顶板（从下至上）构件与材料：40mm 厚的聚苯乙烯隔声层；50mm 厚的水泥面层；8~15mm 厚的复合地板；胶粘剂；无溶剂密封。

（4）窗户（从内至外）构件与材料：三层 LOW-E 玻璃，填充氩气，U 值 0.7W/（m²k）；木窗，聚氨酯泡沫保温框架。

2. 气密度和通风系统

Contact Row 低能耗住宅中气密性要求也很高，在完工入住两年后的加压测试中，n50 ≤ 0.3/h；热成像图像显示，建筑构件并没有形成热桥。

3. 热源和热量回收

一般情况下，普通住宅楼面积的年均通风热损失是 35kW·h/m²，因此，必须采用控制的通风系统才能获得高效的热量回收。通过设计和优化，被动屋在运行中回收了 80% 以上的热量。在热量供给方面，通过太阳能真空集热管（每户 5.3m² 或者每人 1.4m²）加热热水，天然气作为辅助的热源，平板集热器热系统提供了 66% 的热能。

4. 新鲜空气

住宅给每单元的起居和睡眠区最低可提供 100m³/h 以上的新鲜空气（按照每户 4 人，每人 25m³/h 的新风量确定），最高则可提供 160~185m³/h 新鲜空气，可以满足人们的新风要求。

该住宅实际运行表明：除了住宅刚建成的第一年总能耗稍高外，在入住后近 10 年间，Contact Row 低能耗住宅的总能耗控制在 40kW·h/（m²a）以下，远远低于当时"被动屋"的能耗规定，成为以后大规模发展"节能低能耗装配式住宅"及低碳住宅的成功范例。

图7-42 Contact Row住宅效果图
（资料来源：王志成.德国装配式住宅工业化发展态势（三）[J].住宅与房地产，2016（32））

7.4.4 ISIS 低碳示范组合楼

位于德国弗赖堡市沃邦社区的 ISIS 低碳示范组合楼，一共 6 座，每座都有 4 层（另有一层地下室，作为酒窖）。其主要设计措施如下：

1. 外围护结构

该组合楼采用隔热性能较好的外围护结构，建筑体形系数为 0.39。其材料运用及隔热效果是：

（1）外墙（从内到外）构件与材料：175mm 灰砂砖砌体；280mm 厚 EPS 保温板。U 值 0.13W/（m^2k）。

（2）屋顶（从上到下）构件与材料：轻质结构；400mm 厚 EPS 保温板。U 值 0.11W/（m^2k）。

（3）酒窖顶棚（不采暖）（从上到下）构件与材料：220mm 混凝土构件；50mm 隔声层构件；200mm 保温层。U 值 0.18W/（m^2k）。

（4）窗户构件与材料：高性能三层玻璃窗加木窗框，外部热绝缘。U 值 0.90W/（m^2k）。

2. 气密性和通风

为保证气密性，住宅北侧的楼梯和连廊构件与主体建筑结构是完全分离的，在立面上的保温材料没有被打断，减少了因结构连接而造成的保温薄弱环节。在通风方面，每户人家都安装有采暖通风混合装置，这个装置包含了空气热回收、废气余温加热新风和热水的多重作用。

3. 主动利用太阳能

为充分利用南向立面，建筑入口设在北面，通过独立的楼梯间和连廊进入室内。窗户占南立面面积的 49%，每户都有南向的宽大阳台或底层平台院落。除中央采暖系统外，23m^2 的太阳能集热器组可作为补充，用于提供采暖和室内热水。另外，还有个别人家安装了 5kW 的光伏系统用于提供电能。

示范结论：通过以上措施，ISIS 组合楼的采暖能耗为 13.2kW·h/（m^2a），用于提供热水的能耗为 12.5kW·h/（m^2a），太阳能收集器的预期收益为 300kW·h/（m^2a），通风（风扇）的能耗为 5kW·h/（m^2a），控制器（泵）的能耗为 1.7kW·h/（m^2a），照明和电器的能耗为 27kW·h/（m^2a），达到了"低碳示范组合楼"的节能标准。这个案例给多层"节能低能耗的装配式住宅"的设计提供了积极的参考。紧凑的布局、高效的保温品质、热桥最小化和具有良好气密性的建筑表皮是"低能耗装配式"公寓楼建设的主要途径。

7.5 经验借鉴及启示

1. 预制混凝土大板建筑的经验教训

德国早期预制混凝土大板建造技术的出现和大规模应用，主要是为了解决战后城市住宅十分匮乏的社会问题。20 世纪初，采用预制混凝土大板建造的卫星城、城市新区深受以《雅典宪章》为代表的理想主义现代城市规划思潮的影响。《雅典宪章》试图克服工业城市带来的弊病，摒弃建筑装饰，用工业化的技术手段快速解决社会问题，创造一个健康、平等的社会。但人类社会非常复杂，城市发展更是如此，由于当时规划指导思想的局限性，建筑过分强调整齐划一，建筑单元、户型和建筑构件大量重复使用，造成这类建筑过分单调、僵化、死板、缺乏特色和人性化设计。有些城区成为失业者、外来移民等低收入、社会下层人士集中的地区，致使社会问题更加严重，近年来部分项目被迫大规模拆除，如图 7-43 所示。

2. 对我国的借鉴与思考

混凝土大板建造体系在人性化城市空间塑造、个性化建筑表现、建筑成本控制、建筑构

图7-43 大规模拆除现场
（资料来源：卢求. 德国装配式建筑发展研究 [J]. 住宅
产业，2016（6））

造技术等方面都存在严重不足，这正是目前混凝土大板建造体系在德国被淘汰的根本原因。由此可见，中国不应盲目推广混凝土大板建造体系，特别是不应为了追求高预制率而广泛应用混凝土大板建造体系。

我国推广装配式建筑最主要的目的应该是提高建筑产品质量、建筑的环保性和可持续性。因此，建筑产业化的发展必须向着工厂化、工具化、工业化、产业化的方向全面推进，特别是要大幅提高建筑材料、部品、成品的质量标准要求和生产、建造、安装过程中的环保要求。因此，应因地制宜地选择合适的建造体系，发挥建筑工业化的优势，以达到提升建筑品质和环保性能的目的，而不是盲目追求过高的预制率。

装配式住宅是传统建筑业与先进制造业良性互动、建筑工业化和信息化深度融合的产物。多年来，德国推进装配式住宅发展，对推动建筑施工方式变革、保障工程建设质量安全、促进建筑产业转型升级等具有重要意义。其优势特点有：

（1）居室设计多样化。装配式住宅，采用大开间灵活分割的方式，根据住户的需要，可分割成大厅小居室或小厅大居室。住宅采用灵活的大开间，其核心问题之一就是要具备配套的轻质隔墙，而轻钢龙骨配以石膏板、轻板则是隔墙和吊顶的最好材料。

（2）降低建造成本。德国建筑产业中心的综合成本核算显示，建设装配式住宅的劳动力减少，交叉作业方便有序，每道工序都可以像设备安装那样检查精度，保证质量，可以大大降低建造成本。

（3）减少建筑污染。块式装配式组装集成住宅对节能环保大有益处，通过预制件工厂化生产和现场装配施工，可以大量地减少建筑废弃物和废水排放，降低建筑噪声、有害气体及粉尘的排放，减少现场施工及管理人员。

（4）住宅节能环保。在住宅房屋建成和使用过程中，装配式住宅更加绿色节能环保。如果按照每户计量的方式，在相同的暖气温度下，拼装房室内保温更好，而住宅户主可以采用降低暖气温度的方式，节省采暖费，同时减少能源的使用。

（5）结构安全保障。装配式组装集成住宅与传统建造的住宅相比，构件精度更高，能最大限度地改善墙体开裂、渗漏等质量通病，并提高住宅整体安全等级、防火性和耐久性。特别是预制的楼梯、外墙等运到施工现场后，都需要进行刚性的机械式连接，并不是简单地搭接，每个楼板内都贯穿着衔接结构，房屋结构具有足够刚度、强度及稳定性。

（6）快速调节市场。装配式组装集成住宅这种绿色住宅产业化不仅对开发企业的资金流转有好处，而且还能提高住宅的建造速度，据德国建筑技术学院的生产测算，装配式组装集成住宅比传统建设方式的进度快30%左右，所以能够调节供给关系，对于抑制房价也会起到良好的作用。

（7）住宅功能现代化。德国的装配式住宅已经全面采用功能现代化的各类先进建材，如外墙采用设有保温层的硅酸盐保温材料、硬泡聚氨酯或 A 级无机防火保温砂浆，可以极大限度地降低冬季采暖和夏季空调的能耗，提高墙体和门窗的密封功能。保温材料具有吸声功能使室内有一个安静的环境，避免外来噪声的干扰。使用不燃或难燃材料可有效防止火灾的蔓延或波及。大量使用轻质材料，以降低建筑物重量，可增加装配式的柔性连结。

（8）延长建筑寿命。建筑长寿化的基础是装配式结构支撑体的高耐久性和长寿化，但不可否认，建筑内填充体的寿命无法与结构主体同步，传统住宅随着时间的累积，内填充的装饰、管线部分逐渐老化，必然面临更新检修的要求。因此，百年住宅强调采用装配式住宅的多项技术体系，实现支撑体与填充体完全分离，共用部分与私有部分区分明确，有利于在使用中进行更新和维护，实现百年的安全、可变、耐用。这其中主要体现了德国绿色装配与产品技术体系中的 BIM 信息化、预制装配化、空间可变与 RAP 技术等内容。

（9）提升住宅品质。装配式住宅强调对综合性玄关、全屋收纳、阳台家政区等进行人性化设计，同时采用环保内装、新风系统、地暖、整体卫浴等工业化新技术，有效提高住宅性能质量和品质。这其中主要体现了德国绿色装配与产品技术体系中的功能家居空间、居室设计多样化、装配式部品人性化等内容。

（10）人性化工作效应。对于装配式住宅与建筑，其构件与部品在工厂化预制生产时，能够依靠空调以及干燥的室内环境，使工人的安全系数有所提高。而其他住宅与建筑的现场施工不仅要求工人需要面对恶劣天气条件、比较危险的施工位置、突出物等，还可能需要工人们长途跋涉。而工厂化预制生产能给工人们提供一个短途通勤的机会，这既减少了成本，也降低了工人们在长时间工作之后因为疲劳而导致他们在往返于工地和家中的路上发生危险的几率。

8 装配式建筑信息化管理案例分析

目前，我国装配式建筑建设管理效率低下，管理过程中还面临着以下诸多问题：①在装配式建筑的设计阶段，由于缺少信息共享平台且各设计软件之间缺乏互操作性，导致不同专业的设计师需分专业多次建模，设计信息无法高效无损地传递、共享；②设计、生产、运输及装配全过程产生的实时信息缺少传递载体，导致信息传递缺乏时效性；③装配阶段缺少先进的辅助定位技术，导致预制构件的吊装缺乏精准性；④城市大规模装配式建筑群产生的海量数据缺少集中管理平台，导致没有更好地利用已产生的经验数据；⑤装配式建筑的施工工艺与传统建筑相比有很大差异，施工工人的技术水平和知识水平有限，需进行施工阶段的施工模拟。

目前应用 BIM 技术、P-BIM 平台、RFID 技术、二维码技术、北斗定位技术、云技术、VR 技术、3D 打印技术、移动 APP 等前沿信息技术解决装配式建筑建设管理过程中遇到的技术难题。主要包括利用 P-BIM 平台解决装配式建筑设计阶段设计信息无缝对接的信息孤岛难题；运用 RFID 或二维码技术解决预制构件设计、生产、运输及装配全过程信息传递缺乏时效性难题；提出基于北斗定位技术的 BIM 系统解决预制构件吊装过程缺乏精准性难题；应用大数据及云技术管理大规模装配式建筑群数据的传递与互通难题；应用虚拟现实技术实现装配式建筑施工培训及模拟难题；应用 3D 打印技术降低建筑成本、缩短工期，同时增加装配式建筑整体的坚固性、美观性及增加住户空间的灵活性。

8.1 BIM 技术在装配式建筑中的应用

8.1.1 BIM 技术概述

建筑行业的资源浪费现象严重，生产效率低下，技术水平和管理理念落后等问题与建筑行业的信息化水平低存在必然的联系。随着信息化进程的不断加快，以及建筑行业规模的迅速发展，建筑行业信息化的应用和普及已经势在必行。BIM 技术在这种环境背景下，BIM 技术术应运而生，现代建筑项目的管理已经转换为以信息化管理为主的管理方式。

建筑信息模型（Building Information Modeling，BIM）是以建筑工程项目的各项相关信息数据作为基础，建立建筑模型并通过数字信息仿真模拟建筑物所具有的真实信息。BIM 不是简单地将数字信息进行集成，而是一种数字信息的应用，并可以用于设计、建造、管理的数字化方法。该方法支持建筑工程的集成管理环境，使建筑工程在其整个进程中显著提高效率和质量、降低风险和费用等。

我国住房和城乡建设部对 BIM 技术作出了如下解释：BIM 技术是一种应用于工程设计建造管理的数据化工具，通过参数模型整合各种项目的相关信息，并将信息在项目策划、运行和维护的全生命周期中进行共享和传递（图 8-1）。该技术使工程技术人员对各种建筑信息作出正确理解和高效应对，为设计团队以及包括建筑运营单位在内的各方建设主体提供协同工作的基础，在提高生产效率、节约成本、缩短工期等方面发挥重要作用。

图8-1　BIM技术应用于工程项目全生命周期

BIM 具有可视化、协调性、模拟性、优化性、可出图性、一体化性、参数化性以及信息完备性八大特点。

1. 可视化

可视化这一特点对于整个建筑行业来说作用巨大。例如，在施工图纸上，采用线条绘制的方式表达各构件的二维信息，但其真正的构造形式只能依靠建筑业参与人员自行想象。BIM 提供了可视化的思路，将以往线条式的构件通过三维立体实物图形展示。在建筑设计过程中，效果图通常分包给专业的制作团队并通过线条式信息制作而成，该过程不是构件信息自动生成的过程，它缺少了各构件之间的互动性和反馈性，然而 BIM 所具有的可视化是一种能使构件之间形成互动性和反馈性的表达结果。在 BIM 技术的应用中，全过程可视化的结果不仅可以应用于效果图的展示及报表的生成，还可应用于项目设计、施工和运营的全过程。

2. 协调性

协调性对于建筑业来说极其重要，不管是业主、施工单位还是设计单位，都需要充分协调和积极配合。项目在实施过程中遇到了问题，就要将各相关单位组织起来进行协调，找出原因并寻求解决办法。例如，在工程项目的设计阶段，往往由于各专业设计师之间的沟通不到位而出现各种专业之间的碰撞问题，利用 BIM 的协调性可以有效解决该问题，也就是说 BIM 可在建筑物建造前期对各专业的碰撞问题进行协调。此外，BIM 的协调作用不仅能解决各专业间的碰撞问题，它还可以解决电梯井布置、其他设计布置及净空要求之间的协调问题，防火分区与其他设计布置之间的协调问题，地下排水布置与其他设计布置之间的协调问题等。

3. 模拟性

模拟性并非特指模拟设计的建筑物，还可以模拟无法在真实世界中进行操作的事物。在设计阶段，BIM 可以对需要进行模拟的事务进行模拟实验，例如节能模拟、紧急疏散模拟、日照模拟、热能传导模拟等。在招标投标和施工阶段，基于 3D 建筑信息模型关联进度信息进行 4D 施工模拟，即根据施工组织设计模拟实际施工，从而不断优化并最终选择合理的施工方案。同时，在此基础上还可以继续关联成本信息进行 5D 模拟，以此来实现施工单位的成本控制。在运营阶段，BIM 技术可以进行日常紧急情况处理方式的模拟，例如地震人员逃生模拟以及消防人员疏散模拟等。

4. 优化性

工程项目的招标投标、设计、施工、运营等过程需要不断优化，优化主要受信息、复杂程度和时间的制约。没有准确的信息做不出合理的优化结果，BIM 模型提供了建筑物实际存在的信息，包括几何信息、物理信息和规则信息。当复杂性达到一定程度时，参与人员自身的能力无法掌握所有的信息，必须借助一定的科学技术和设备的帮助。现代建筑物的复杂程度大多超过参与人员本身的能力极限，BIM 技术及与其配套的各种优化工具提供了对复杂项目进行优化的可能。BIM 技术的优化性主要体现在以下两个方面：

（1）项目方案的优化。把项目设计和投资回报相结合，设计变化对投资回报的影响可以实时计算。因此，业主对设计方案的选择不会主要停留在对项目形状的评价上，而更多的可以使得业主知道项目的哪种设计方案更有利于自身多角度的需求。

（2）特殊项目的设计优化。例如，幕墙、屋顶等看起来占整个建筑比例不大，却占投资和工程量比例较大，通常这些部位的施工难度也较大，施工问题较多，利用 BIM 技术可以优化这些内容的设计施工方案，从而缩短工期和降低成本。

5. 可出图性

可出图性并不是特指生成建筑设计图纸及部分构件的加工图纸，而是对建筑物进行可视化展示、协调、模拟和优化，从而帮助业主完成以下文档：

（1）综合管线图（经过碰撞检查、设计修改最终消除了相应错误以后）；

（2）综合结构留洞图（预埋套管图）；

（3）碰撞检查侦错报告和建议改进方案。

6. 一体化性

基于 BIM 技术可进行工程项目全生命周期的一体化管理。BIM 技术的核心是一个由计算机三维模型所形成的数据库，它不仅包含了建筑的设计信息，而且还容纳了从设计到建成使用的全过程信息。

7. 参数化性

参数化建模指的是通过参数而非数字的形式建立和分析模型，简单地改变模型中的参数值就能建立和分析新的模型。BIM 中的图元是以构件的形式出现，而不同构件之间则是通过调整参数进行区分，参数保存了图元作为数字化建筑构件的所有信息。

8. 信息完备性

信息完备性体现在 BIM 技术可对工程对象进行 3D 几何信息、拓扑关系以及完整工程信息的描述。

8.1.2 BIM 技术的应用优势分析

当前，建筑行业逐步向绿色低碳、低能耗、低污染和可持续发展的方向推进，装配式建筑作为建筑产业化的一种新形式应运而生，是建筑产业化发展的必经之路，同时推进着现代建筑产业化的快速发展。信息化、系列化、标准化是建筑产业化的内在技术需求，BIM 技术的出现正是迎合了装配式建筑发展的技术需求，装配式建筑建设管理过程中运用 BIM 技术的最终目的是使整个项目在全生命周期各个阶段均能有效实现节约资源能源、降低成本、减少环境污染，从而提高建筑行业整体效率。

BIM 与装配式建筑的结合是未来建筑业发展的必然趋势，具有很强的理论和现实意义。首先，从理论研究上讲，装配式建筑符合现代社会提出的低碳节能的绿色建筑理念，加速了构建和谐社会的进程。从现实意义上讲，BIM 技术应用在装配式建筑中，减少设计出错率，提高设计及出图的效率，便于预制装配式构件的工厂预制化及现场的机械化装配等，从而达到提高生产效率、节约成本和缩短工期的目标。BIM 技术的运用对建设节约型社会、创建和谐社会具有积极意义，同时也推动了建筑产业的进一步发展，间接改善了人们的生活质量。BIM 技术的应用优势可分为以下两个方面：

1. BIM 在装配式建筑中的技术应用优势

BIM 技术集成了整个建筑项目中各部门的数据信息，BIM 模型本身就是一个数据集成模型。该模型可以完整准确地提供整个建筑工程项目信息。下文分别对 BIM 技术在装配式建筑中应用优势进行总结。

（1）精密的工业化制造

装配式建筑是采用工厂化生产的构件、配件、部品，采用机械化、信息化装配式技术组装的建筑整体，其工厂化生产构配件精度能达到毫米级，现场组装精度要求也较高，从而满足各种产品组件的安装精度要求。总体来说，建筑工业化要求全面"精密建造"，要全面实现精细化设计、产品化加工和精密化装配。而 BIM 应用的优势，从可视化和 3D 模拟的层面而言，在于"所见即所得"，这和建筑工业化的"精密建造"特点高度契合。而在传统建筑生产方式下，由于其粗放型管理模式和"齐不齐、一把泥"的工艺，无法实现精细化设计、精密化施工。

（2）集成的建筑系统信息平台

新型装配式建筑是设计、生产、施工、装修和管理"五位一体"的系统化和集成化建筑，不是"传统生产方式 + 装配化"建筑。新型建筑工业化应具备五大特点，即标准化设计、工厂化生产、装配化施工、一体化装修和信息化管理，而按传统设计、施工和管理模式进行装配化施工难以体现这些特点。装配式建筑核心是"集成"，BIM则是"集成"的主线，串联起设计、生产、施工、装修和管理全过程，服务于设计、施工、运营全生命周期，可数字化仿真模拟，信息化描述系统要素，实现信息化协同设计、可视化装配，工程量信息交互和节点连接模拟及检验等全新应用，整合建筑全产业链，实现全过程、全方位信息化集成。

（3）全专业高效合作与协同

BIM技术可以提供一个信息共享平台，各专业设计工程师在该平台上共同建模、共同修改、共享信息、协同设计。在设计过程中，任何一个专业出现修改，其他专业均可及时获取信息并进行处理。同时，不同专业设计师可以在同一平台上分工合作，按照一定的标准和原则进行设计，从而大大提高设计精度和效率。

2. BIM技术给项目参与方带来的应用价值

将BIM技术应用于装配式建筑，对于建设单位、设计单位、预制构件生产厂家、施工单位以及运营管理单位均有应用价值，能为工程的各参与方带来经济效益。

（1）BIM技术给建设单位带来的价值

建设单位作为项目投资方，主导整个工程项目的推进，提高工程质量、加快工程进度、控制建设成本是建设单位必须解决的问题。为此，建设单位需要与项目各参与方进行交流。将BIM技术引入项目中，可简化沟通过程，有效避免沟通障碍，从而更加直观地获取建筑信息、了解施工流程。例如在装配式建筑设计阶段，利用BIM模型的建立和BIM技术的可视化功能，建设单位和设计单位可以进行更好的信息传递，以达到建设单位的理想设计方案，特别是在装配式建筑深化设计阶段应用BIM技术，对构件的尺寸、材料、预留孔洞等关键控制参数进行精准设计，使预制构件真正地满足施工、生产、运输等各阶段的要求。在费用方面，通过碰撞检查和各专业性能分析，可以减少由设计失误导致的费用增加。在进度方面，通过对施工过程进行施工模拟，可以在施工前对施工重难点进行分析、研究，并找到合适的解决措施，避免施工阶段不必要的返工，从而缩短工期。在资源方面，通过模拟施工，找到资源的最优配置，减少不必要的资源浪费，从而保护环境，有利于社会的可持续发展。

（2）BIM技术给设计单位带来的价值

在装配式建筑的设计过程中应用BIM技术，建筑信息可以直观地在各专业设计人员之间传递，对设计方案进行"同时"修改，做到多专业协同设计。在设计阶段对设计方案进行分专业检验，如结构分析、能耗分析、日照分析以及可视化分析，以达到优化设计的目的，达到建设单位的理想设计方案。利用BIM技术进行的专业分析相比传统CAD制图中人为的专业性能分析，能更加准确、方便和快捷，同时还能减少人工成本。针对装配式建筑模块化、标准化的特点，通过参数分析，可以实现装配式预制构件标准化设计，方法是应用BIM技术通过族建立部品部件来构建模型，从而更加直观地表现装配式建筑。各专业工程师通过BIM信息模型的可视化等功能，可以解决设计中不合理的地方，进而提高设计方案的准确性。

（3）BIM技术给预制构件生产厂家带来的价值

装配式建筑是构件生产工业化与施工现场装配化的有机结合，是建筑行业未来发展的主流趋势。BIM 技术贯穿工程建设的全生命周期，其核心就是建筑信息模型，构件制造商可通过建筑信息模型中的信息来获取各部品部件的几何尺寸、材料种类等，提高部品部件生产的合格率，达到精准化生产，降低机械化生产的误差，提高预制构件的生产效率，从而为预制构件生产厂家节约建设成本，并保证生产质量。

（4）BIM 技术给施工单位带来的价值

BIM 技术的应用给装配式施工企业带来的价值主要体现以下三个方面：① BIM 技术可以增加施工单位的中标率。利用 BIM 技术可以优化施工方案，在投标过程中以施工模拟和漫游动画等直观的可视化展示方式能获得额外的加分。同时，利用 BIM 5D 技术可以使算量与计价变得更加精准，使施工企业在投标中占据更大的优势。② BIM 技术可以提高施工单位的管控能力。由于设计阶段设计的不够完善，不同专业之间的协调不够顺畅，在施工时经常会出现管道与管道、管道与主体结构之间的碰撞，利用 BIM 软件进行各专业之间的碰撞检查，在施工之前发现问题并解决问题，从而减少施工过程中的方案变更。③ BIM 技术可以解决施工难题。在装配式建筑施工现场，由于施工场地的限制以及工程项目结构的复杂性，往往导致施工过程不能顺利进行，无法在短时间内找到合适的解决方案，导致后续的施工无法继续进行，这将会给施工单位带来工期和费用上的重大损失。利用 BIM 技术可以在虚拟环境中对构件进行虚拟的装配化施工，从构件进场、堆放以及装配等各环节入手，优化施工方案。同时，利用 BIM 技术将重难点施工流程以动画的方式展现给技术人员和现场施工工人，在一定程度上可以避免在施工时由于不了解施工技术而造成的不必要的损失。此外，在 BIM 技术的平台上进行 4D、5D 模拟，还可以进行施工进度动态管理和成本控制。

（5）BIM 技术给运营管理单位带来的价值

在装配式建筑投入使用后，管理工作就交给了运营管理单位，维护产品是运营管理单位的职责。BIM 技术在装配式建筑运营管理阶段的应用主要包括设备运行与检测、建筑能耗监测、安全保障管理和数据收集管理。首先，BIM 技术能储存设备的所有信息，在设备维修过程中，可以准确地定位到需要维修或者更换的设备位置。其次，利用 BIM 技术可以分析建筑的能耗，通过性能分析减少建筑物不必要的能耗，既能达到保障建筑物所需的能源要求，又能实现节约能源的目的。再次，在装配式建筑运营管理过程中，利用 BIM 技术可以快速地进行安全管理，提供最有效、最快捷的疏散方案。同时，利用 BIM 技术还可以将项目运营过程中的大量数据进行分类保存，通过 BIM 平台实时分享，使各利益相关者能实时掌控建筑物的运营情况，以便更好地决策。

8.1.3　BIM 技术在装配式建筑中的应用前景

1. BIM 技术在装配式建筑质量管控体系中的应用

质量管理要实现螺旋式上升，必须以技术进步为依托。破旧的设备、落后的技术、传统的管理方式，只能维持低水平运转。只有加大科技投入、大胆技术创新和加快质量检测技术的研发，才能使企业真正走出一条优质、高产、低耗和高效的质量效益型之路。

装配式建筑质量管理理念的核心是精益生产理论和零缺陷理论，为了将这两种理论贯彻实施，承包商需要在细节处严格把控。特别是在质量管理模型的构建阶段，以设计标准严格把关构件制造，从源头上做好工程质量的保障性工作，利用 BIM 进行生产标准化设计，加强车间管理，从新的视角审视质量管控工作，整体上把控工业化建筑质量，实现规模化效益。

（1）建立质量信息库

高效快捷施工是工业化建筑的主要特点之一，因此施工过程中信息的有效传递显得至关重要。BIM 的信息载体特性将相关质量资料集成到构件模型中并附加规格、级别等信息，与形成的监测报告和评估结果形成了以 BIM 三维模型为主要平台的可追踪的、完整的质量信息库，使得合格证、检测报告等质量资料的提取更加方便快捷，有利于工程材料、构配件和设备质量信息等的核对及质量联动管理。

（2）建立质量监管信息标签

BIM 可视化功能更直观地表达了整个项目施工过程中需要重点注意的施工节点以及危险性较高的关键施工部位。在 BIM 模型上对这些关键部位、关键工序以及重难点部分进行标记，建立质量管理信息标签，有针对性地制定质量保证实施计划，用于工程技术交底，指导工程施工，使施工人员深入理解项目质量要求及标准，有效降低因人为因素导致的质量问题。现场管理人员通过移动化的记录仪记录施工过程中出现的质量问题以及对构配件的保护状况，有利于技术管理人员对工程实体质量进行抽查检验，并根据抽检结果及时调整施工方案和质量控制方法，完善质量监督责任体系，提高工程质量。

（3）装配式建筑施工重难点控制

对于较危险的重点难点部位或者单项工程，施工单位需组织各方对此进行基于 BIM 技术的施工模拟。通过 BIM 模型中的各种参数来分析施工工艺和顺序、评估技术风险、优化及完善技术措施，从而提升专项施工方案的准确性，如图 8-2 所示。

施工现场机械化拼装施工时，预制构件节点的连接质量直接关系到装配式建筑的整体稳定性、防水隔声等效果，要求构件的深化加工设计图与现场的可操作性须相符、施工垂直吊运机械与构件尺寸的选用须经济合理、构件的临时固定和校正方法须方便适用等。如果采用

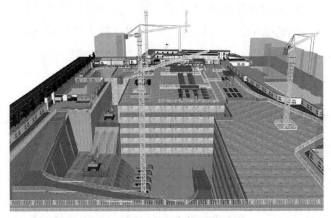

图8-2　基于BIM技术的施工模拟

二维图纸交底，工人将难以理解构件连接的工艺，造成工作效率低下。在 BIM 模型的基础上关联进度计划形成 4D 施工模拟动画，通过模拟真实施工进度及状况预演施工场景，形象直观地表达每个构件的施工工艺流程，并在 BIM 模型的基础上对复杂节点进行可视化交底（图8-3），工人能清楚地理解构件的拼装顺序以及构件钢筋与现浇部分钢筋穿筋节点的位置关系，从而能更好地指导构件现场拼装施工，提高构件安装质量且优化吊装进度计划。

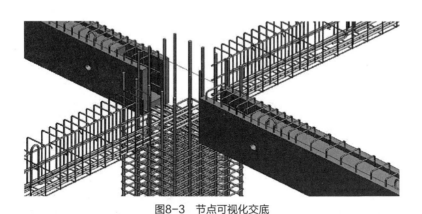

图8-3 节点可视化交底

（4）预制构件的质量跟踪

传统现场施工中由于操作不规范、验收不仔细，常常导致露筋、爆模等问题，而装配式建筑所用的预制构件是在工厂加工生产的，可以给成品预制构件的养护提供良好的环境，使建筑构件质量得到保障，从而提高了建筑质量。同时，BIM 技术有助于实现数字化制造，减少人力的投入，降低人工操作可能带来的失误，从而进一步保障了构件质量。利用 BIM 技术与 RFID 技术的结合，当预制构件在生产、运输、储存、吊装等过程中发生意外导致构件无法正常使用时，厂家可第一时间根据该构件上的 RFID 芯片的信息重新生产，防止因构件质量导致施工进度滞后的情况发生（图 8-4）。

图8-4 预制构件质量管理流程

2. BIM 技术在施工平面布置中的应用

（1）施工现场的构件存储管理

装配式建筑施工过程中，预制构件进场后的储存是个关键问题，与塔吊选型、运输车辆路线规划、构件堆放场地等因素有关，同时需要兼顾施工过程中的不可预见问题。由于施工现场的面积有限，预制构件堆放存量不能过多，需要控制构件进场数量和时间。对施工现场的构件进行存储管理时，不论是分类堆放，还是出入库统计，均需耗费大量的时间和人力。BIM 技术与 RFID 技术相结合的信息化手段可以较好地解决这一问题。在预制构件的生产阶段植入 RFID 芯片后，物流配送、仓储管理等相关工作人员只需读取芯片，即可直接验收，避免了构件堆放时位置、数量偏差等相关问题，从而节约成本和时间。在预制构件的吊装、拼接过程中，通过 RFID 芯片的应用，技术人员可直接获取构件的综合信息，并复查构件安装位置等信息，确认无误后再进行吊装和拼接，由此提升安装预制构件的效率以及管控吊装过程的能力。

（2）塔吊布置方案的确定

装配式建筑施工过程中，塔吊作为关键施工机械，其作业效率对建筑的整体施工效率会产生影响。由于塔吊布置欠缺合理性，常常导致构件二次倒运现象的发生，从而对施工进度造成极大影响。因此，合理选定塔吊的型号、装设位置至关重要。首先，根据构件卸车装车对其吊臂的需求，选定塔吊型号。其次，依据设备作业覆盖面的需求以及与输电线之间的安全距离，确定塔吊在现场的布设位置。在完成以上两大操作后，针对多个塔吊布设方案，进行基于 BIM 技术的模拟、对比和分析，最终选择最优方案，如图 8-5、图 8-6 所示。

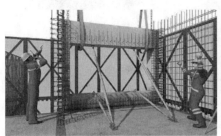

图8-5　预制构件的吊装模拟

图8-6　预制构件的塔吊布置

（3）预制构件存放场地的要求

预制构件在施工现场的储备量应满足楼层施工的需求，并结合实际情况优化构件的存放场地，避免造成施工现场内的交通堵塞。BIM 技术可模拟预制构件进场和现场堆放的方案（图 8-7、图 8-8）。

（4）预制构件运输道路的要求

预制构件从工厂运输至施工现场后，在不影响其他作业的前提下应保证施工现场内的运

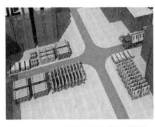  

图8-7　预制构件的进场模拟　　图8-8　预制构件的现场堆放模拟　　图8-9　装配式建筑施工现场平面布置
（资料来源：肖阳.BIM 技术在装　　　　　　　　　　　　　　　　　　　　　　　　模拟
配式建筑施工阶段的应用研究）

输路线满足卸车、吊装的需求。针对以上需求，BIM 技术可模拟施工现场的平面布置，合理
选择预制构件的仓库位置和确定塔吊的布置方案。同时，BIM 技术还可以优化施工场地内运
输车辆的行驶路线，从而减少预制构件在施工现场的二次搬运和提高吊装效率，进而加快装
配式建筑的施工进度。基于 BIM 技术的装配式建筑施工现场平面布置模拟如图 8-9 所示，优
化施工平面布置的流程如图 8-10 所示。

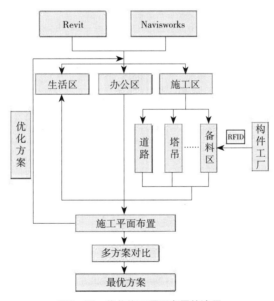

图8-10　优化施工平面布置的流程
（资料来源：肖阳.BIM 技术在装配式建筑施工阶段的应用研究）

8.2　P-BIM 平台在装配式建筑中的应用

8.2.1　P-BIM 技术概述

P-BIM（Practice-based Building Information Modeling）是基于工程实践的建筑信息模型应
用方式，由中国 BIM 发展联盟和中国 BIM 标准委员会提出，它是结合中国目前的发展现状、

充分发挥各参与方积极性、利用现有专业软件、在相关标准的指导下对现有专业软件按照 BIM 理念进行改造，在我国分步实现 BIM 的目标。它以"聚合信息，为我所用"为核心，指导项目 BIM 实施，从业务需求出发，对项目工程进行分析，确定 BIM 应用范围，编制信息交互专用标准，在数据交互标准的约束下，实现全员参与的公众型 BIM 应用。项目参与人员能从 P–BIM 信息管理系统中，获取完成工作的信息。工作完成后，又能将产生的其他参与方需求的信息上传至 P–BIM 信息管理系统中，以协助其他参与方完成工作。通过此系统将项目各参与方串联起来，形成一个多方信息共享、数据互通的信息网络，从而加强协作，有效利用 BIM 数据，避免重复工作，提高工作效率。

根据中国建筑业的特殊发展情况，我国应建立属于自己的 BIM 技术实施模式，即 P–BIM 模式，以促进 BIM 技术在我国的发展和落地应用。根据不同的建筑领域建立不同的 BIM 实施模式，对各领域项目进行不同的项目分解，针对不同领域项目、子项目的任务制订专门的信息创建与交换标准，为各个专业承包商与从业者开发能帮助他们完成工作业务的专业软件与协调软件，创建符合每个工作任务需要的子模型，并将虚拟模型与现场实建实体模型进行对比分析，从而指导现场。依靠大众的力量从六个层次开创中国的 P–BIM 模式，这六个层次分别是项目分析、专业分析、产品数据管理、用好模型、大众通用和专门标准，具体含义如图 8–11 所示。在实际操作中，按照 P–BIM 思想对这 6 个层次进行全面分析，指导现场，实现真正意义上的 P–BIM，达到"聚合信息，为我所用"的终极目的。

图8-11 P–BIM构成示意图
（资料来源：黄强 .P–BIM，基于工程实践的建筑信息模型实施方式）

1. 项目分析

建设行业各领域不同的项目类型具有不同的 BIM 实施方式，目前纳入美国 BIM 标准的设施只有各类建筑物或构筑物，由于其地理空间和线性结构所具有的复杂关系，需要单独生成线性结构的 BIM（即道路、电力管线、公用工程管线、地面停车位）。从美国的 BIM 标准来看，它所解决的仅仅是一个建筑问题，并没有解决其他问题，因此对于建设行业的各个领域，应根据此领域的材料、设计、施工、后期运维保修等特点，采用不同的方法来实施应用BIM，以促进BIM技术更快速、高质量的落地以及为该领域的发展带来更多价值。

2. 专业分析

以信息弱相关和强相关为分类依据，可将项目的所有工作分解为地基工程、结构工程、机电工程、室内工程、外装工程以及室外工程6个子项目。每个子项目工作由多项任务组成，子项目间为弱相关，子项目任务间为强相关。值得一提的是，由于铁路工程拥有自己特定的工作面和工序，所以该分解方式对于铁路工程无效，因此应按自己的方式进行分解。

3. 产品数据管理

P-BIM将建筑物视为多产品的组合，因此可以套用PDM的成功经验，PDM的中文名称为产品数据管理（Product Data Management）。PDM系统可以组织产品设计、完善产品结构和跟踪进展中的设计概念，及时方便地找出存档数据以及相关产品信息。从过程来看，PDM系统可协调组织整个产品生命周期内诸如设计审查、批准、变更、工作流优化、产品发布等过程事件。PDM也可理解为对产品全生命周期数据和过程进行有效管理的方法和技术，其目标是利用一个集成的信息系统来生成进行产品开发设计和制造所需的完整技术资料。

4. 用好模型

实际施工受环境、工艺、设备、管理等影响，不可避免地会产生误差，并做出相应的调整，所以实际施工的建筑不可能与设计模型完全一致。因此要想用好模型就必须用各种手段把现场施工的结果建到模型中去，不断与设计模型对比分析，及时发现问题并予以纠偏。建立规划、设计、合约、竣工及运维过程的实用模型,利用模型完成工程建设及全过程管理,进行所见与实建对比分析。

5. 大众通用

开发项目全生命周期各参与者的适用软件与信息交换技术。施工现场人员在施工之前通过BIM云技术可以掌握班组当日应完成的全部指定任务信息，同时班组人员可以把现场的实际完成情况反馈至BIM模型中，这就体现出BIM的大众化。通过BIM模型，项目经理、安全员、质检人员等所有相关信息以及各构件信息均可放至手机APP中。

6. 专门信息标准

按照项目参与者的信息需求，编制专门的信息交换标准，确保每个任务之间都能够实现信息共享、协同工作。BIM要尊重设计人员的工作习惯、尊重施工专业分工、尊重政府管理流程、尊重工程技术和管理人员多年积累的管理经验。P-BIM使"BIM技术"成为项目参与各方提高效率和质量的附加工具，现在BIM技术在工程应用的做法是在项目前期要投入大量成本，并且不确定投入的成本何时才能取得效益，根据BIM技术实施资料，这种BIM做法会先经历一个生产效率降低的时间段，而后才能获得效益。该BIM做法不能轻易用到工程实践中，一方面要大量地投入直到取得成效，这个时间段很难判定。另一方面，还要有专门人员去学习如何提高生产效率。P-BIM的做法则是前期仅需少量投入，短时间内就可获得大量收益，同时效率不会经历一个下降过程，而是初期慢慢平稳上升的一个状态。如果真正做到了由现在的BIM实施方式到P-BIM实施方式的转变，同时能够实现效率的提升，那么就真正做到了大众应用的BIM。

8.2.2　P-BIM 技术在装配式建筑中的应用前景

1. P-BIM 平台在装配式建筑设计阶段解决信息孤岛问题

装配式建筑的设计阶段是将设计模式由面向现场施工转变为面向工厂生产和现场装配的新模式，这就要求在设计阶段用产业化的目光重新审视原有的知识结构和技术体系，采用产业化的思维重新建立企业之间的分工与合作，使设计阶段建筑、结构、给水排水、暖通空调、电气、智能化、燃气等专业软件之间的设计信息形成完整的共享机制。当前的装配式建筑设计工作仍处于探索阶段，整体从业人员专业化水平有待提高，装配式建造体系有待进一步完善。受传统思想和建造成本提高的影响，机电专业管线敷设仍未摆脱传统现浇结构的安装方式，导致土建与装修严重脱节，不能充分发挥装配式建筑的技术、效率、环保、节材以及运营维护方面的技术优势。因此，应严格落实各专业、各环节甚至各行业的协同配合。

通过选取新的 BIM 指导思想——P-BIM 理论，以"聚合信息，为我所用"为核心指导项目 BIM 实施，从业务需求出发，对项目工程进行分析，确定 BIM 应用范围，编制信息交互专用标准。在数据交互标准的约束下，实现全员参与的公众型 BIM 应用，项目参与人员能从 P-BIM 信息管理系统中，获取完成工作的信息。工作完成后，将产生的有用信息上传至 P-BIM 信息管理系统中，以帮助他人完成工作。通过此系统将项目各参与方串联起来，形成一个多方信息共享、数据互通的信息网络，加强协作，有效利用 BIM 数据，避免重复工作，提高工作效率。

目前，不同的设计软件之间由于数据库、功能、操作方式等不同，导致这些软件生成的数据信息不能相互识别，缺乏互操作性，不同设计单位拥有不同的 BIM 软件，各软件之间信息不能共享，存在"信息孤岛"，要设定同一个目标将所有的"信息孤岛"连接起来，从而提高互操作性，但如何实现信息孤岛的连接仍然是一个技术难题。例如，建筑软件产生的设计变更信息如何及时有效地传递给结构软件。因此，需要通过一个特定的平台将各软件数据进行整合。在装配式建筑实施过程中，项目各相关方已经意识到设计阶段信息互操作的重要性，应加强设计阶段数据共享平台的建设，注重建筑、结构、给水排水、暖通空调、电气、智能化、燃气等专业软件间的配合，持续优化装配式建筑的设计，从而更好地推动装配式建筑的发展。但目前，为了利用 BIM 解决设计阶段各设计软件间数据的互操作性成为了新的技术难题。

如图 8-12 所示，在装配式建筑设计阶段，需要为不同的软件供应商制定统一的 P-BIM 标准，依据这些数据标准，所有类似功能的软件和硬件都可以直接读入和输出数据，最终实现电子数据信息交互、管理和访问，并且无缝对接。同时，信息只需输入数据库系统一次，各参与方就可通过无线网络实时获取所需的信息。为加快 BIM 技术在我国的落地应用、维护我国建筑业信息数据主权、解决我国目前建筑业信息孤岛问题，建筑行业应建立我国自主 BIM 平台，开发自主知识产权 P-BIM 软件，为所有设计软件如建筑、结构、给水排水、暖通空调、电气、智能化、燃气等提供设计信息交换的系统平台。例如，建筑 P-BIM 软件与结构 P-BIM 软件均能通过 P-BIM 数据插件读取标准格式的数据文件，还能与 BIM 协同设计平台进行无缝对接，实现设计信息的上传与下载。同时，在不同设计软件之间，可以实现子设计模型数据

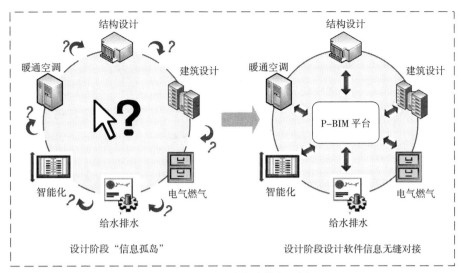

图8-12 P-BIM平台解决信息孤岛问题

的提取、多专业设计模型的集成展示、BIM 信息的查询等功能。在装配式建筑设计阶段，P-BIM 平台能够满足基于 BIM 数据的多专业协同设计工作，解决设计信息孤岛的问题。

2. P-BIM 应用示例

以某办公大楼项目为例，应用 P-BIM 数据交换标准进行勘察、基坑、建筑、结构、基础、给水排水、暖通、电气等多专业的协同设计。限于篇幅，下文只阐述建筑、结构和水电专业的 P-BIM 数据交换过程。各专业软件借助所开发的 P-BIM 插件，按 P-BIM 软件功能与信息交换标准，将工作成果模型导出为 mdb（message driven bean）表格形式，将其上传到 P-BIM 协同客户端后再传给下游软件，下游软件从 P-BIM 客户端中根据 P-BIM 标准已约定的不同专业间需要传递的数据文件编号下载上游输出的 mdb 格式的 BIM 数据文件，并自动生成模型和验证数据的正确性，接着各专业即可在线或离线进行本专业设计，再将设计好的模型交付给下游，实现数据的无缝传递，P-BIM 云平台架构如图 8-13 所示。

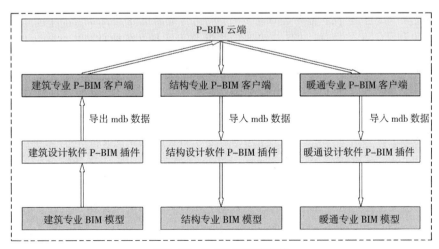

图8-13 P-BIM云平台架构

如图 8-14 所示,建筑设计人员在建筑设计软件(本例采用图软公司软件)中完成建筑设计,并根据各专业间约定的信息需求制定的编码规则,通过建筑设计软件的 P-BIM 插件,将模型按照流程需求导出为 9 个不同相关方需要的数据包文件,如图 8-15 所示。P-BIM 的数据交换格式采用 mdb 交换格式,其优点包括数据格式开放、数据定义准确、数据读写简单、数据扩展容易等,有效提高了网络传输速率,降低了存储量,计算机读取信息也将更加精确。

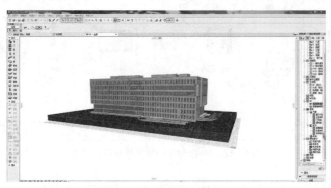

图8-14　图软建筑设计

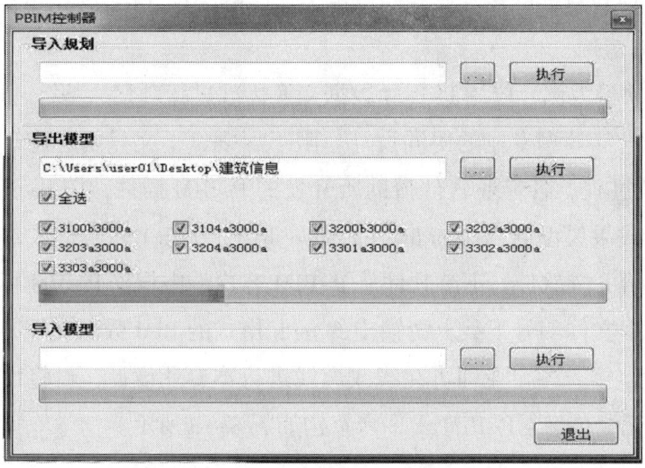

图8-15　导出建筑BIM模型数据

将导出的建筑 BIM 模型数据上传至协同客户端,混凝土结构设计软件(本例采用 PKPM 软件)的 P-BIM 客户端就会接收到建筑设计文件上传的提醒,如图 8-16 所示。

在结构设计软件中,混凝土结构设计人员从协同客户端中下载结构设计所需文件。结构设计软件自动快速将 mdb 文件转换成模型,并验证下载数据的正确性,该过程无需任何人工干预。混凝土结构设计人员在此数据模型基础上完成结构设计工作,如图 8-17 所示。

按照以上流程,结构设计人员也可将成果模型上传到 P-BIM 协同客户端中,供其他专业人员下载使用。给水排水专业设计软件(本例采用鸿业给水排水设计软件)下载建筑设计软件交付的文件后,如图 8-18 所示,系统会自动生成设计所需的数据模型,给水排水专业设计人员在此模型基础上完成给水排水管道设计,如图 8-19 所示。建筑模型可直接生成结构模型,省去了二次建模的过程,提高了设计效率和准确率,如图 8-20 所示。

图8-16 客户端接收新任务提醒

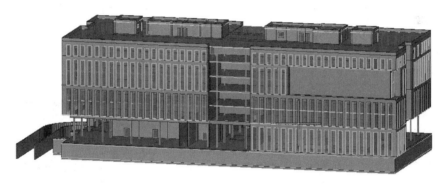

图8-17 P-BIM插件自动生成建筑BIM模型

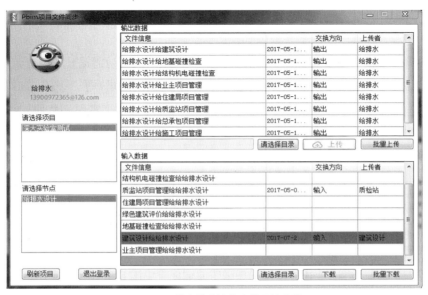

图8-18 给水排水接收建筑设计文件

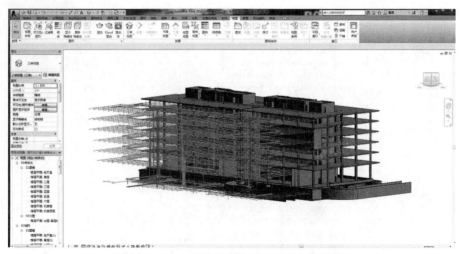

图8-19　自动生成的BIM模型与给水排水模型设计

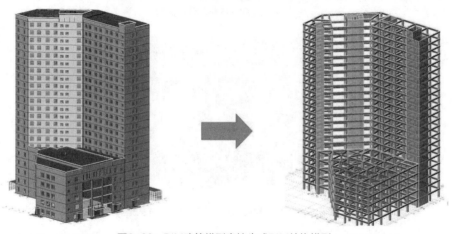

图8-20　BIM建筑模型直接生成BIM结构模型

　　在国内外广泛使用的专业设计软件的基础上，进行 P-BIM 功能提升和改造，内置 P-BIM 插件，并结合 P-BIM 协同平台能够很好地满足建筑业的数据协同要求。基于 mdb 数据库格式的数据能较好地满足 BIM 专业软件之间数据共享、交换等要求，实现 BIM 协同系统的集成。在软件开发方面，将现有专业设计软件按 P-BIM 交换标准进行改造，无需改变专业软件原有功能与使用习惯，工程师不需要学习新软件，依旧可以继续在熟练掌握的专业软件上进行数据交换，使得 BIM 模型数据交换摆脱了对单一模型的依赖，将 BIM 化整为零，利用不同阶段、不同专业的一系列 P-BIM 软件，与协同软件共同构成中国 BIM 软件体系。P-BIM 标准弥补了 IFC 的不足，为中国 BIM 模型数据交换提供了一种新范式，实践证明 P-BIM 标准具有可操作性，可推动中国 BIM 应用的快速发展。深圳大学 BIM 实验研究中心为 P-BIM 系列标准软件之间的信息交换提供了验证环境，与中国 BIM 发展联盟共同促进中国 BIM 技术的应用落地，如图 8-21 所示。

图8-21 深圳大学建筑互联网与BIM实验研究中心

8.3 RFID 技术在装配式建筑中的应用

8.3.1 RFID 技术概述

RFID（Radio Frequency Identification）技术，又称无线射频识别技术，俗称电子标签。它是产品电子代码（EPC）的物理载体，附着于可跟踪的物品上，可全球流通并对其进行识别和读写。RFID 技术作为构建"物联网"的关键技术近年来逐渐受到人们的关注，其最早起源于英国，应用于第二次世界大战中辨别敌我飞机身份，20 世纪 60 年代起开始商用。RFID 要大规模应用，一方面是要降低 RFID 标签的价格，另一方面要看应用 RFID 技术之后能否带来增值服务。欧盟统计局的统计数据表明，2010 年，欧盟有 3% 的公司应用 RFID 技术，应用分布在身份证件和门禁控制、供应链和库存跟踪、汽车收费、防盗、生产控制、资产管理等领域。

RFID 技术可通过无线电信号识别特定目标并读写相关数据，而无需识别系统与特定目标之间建立机械或光学接触。其主要由标签、阅读器和天线组成，使用专用的 RFID 阅读器（图 8-22）及专门的可附着于目标物的 RFID 标签（图 8-23），利用频率信号将信息由 RFID 标签传送至 RFID 阅读器。RFID 阅读器是连接数据管理系统和 RFID 标签的重要部件，其通过向识别区域发射射频能量，形成电磁场，激发通过该区域的 RFID 标签，标签再将信息传送至阅读器。同时，阅读器也可以向标签发送信息，改写标签中的数据。阅读器的主要功能是实现与标签之间的数据通信以及借助网络连接向数据管理系统中传送识别信息。RFID 具有如下优势：

1. 标识具有唯一性

RFID 标签的标识具有唯一性，避免了重复识别的问题，同时也保证了构件在生产制造、施工吊装、运营维护等阶段的信息准确性。

2. 信息读取方便快捷

不受覆盖物遮挡的干扰，可以远程通信，具有很强的穿透性，同时多个电子标签所包含的信息能够同时被接收，操作方便快捷。

3. 快速扫描

RFID 阅读器可同时读取多个 RFID 标签。

4. 体积小型化、形状多样化

RFID 在读取上并不受尺寸大小和形状限制，RFID 标签还可往小型化与多样化发展，以应用于不同产品。

5. 抗污染能力和耐久性

传统条形码的载体是纸张，因此容易受到污染，但 RFID 对水、油、化学药品等物质具有强抵抗性。此外，由于条形码是附于塑料袋或外包装纸箱上，所以特别容易受到折损，而 RFID 标签是将数据储存在芯片中，因此可以免受污损。

6. 可重复使用

RFID 标签可以反复地新增、修改、删除 RFID 标签内储存的数据，方便信息的更新。

7. 穿透性和无屏障阅读

在被覆盖的情况下，RFID 能够穿透纸张、木材、塑料等非金属或非透明的材质，穿透性通信，而条形码扫描机必须在近距离而且没有物体阻挡的情况下，才可以阅读条形码。

8. 数据的记忆容量大

一维条形码的容量是 50Bytes，二维条形码最大的容量可储存 2~3000 字符，而 RFID 最大的容量则有数 MegaBytes。随着记忆载体的发展，数据容量也有不断扩大的趋势。未来物品所需携带的信息量会越来越大，对标签所能扩充容量的需求也相应增加。

9. 安全性

由于 RFID 承载的是电子式信息，其数据内容可由密码保护，使其内容不易被伪造或变造。

10. 远距离读取、高储存量

它不仅可以帮助一个企业大幅提高货物、信息管理的效率，还可以让销售企业和制造企业相互关联，从而更加准确地接收反馈信息，控制需求信息，优化整个供应链。

图8-22 RFID阅读

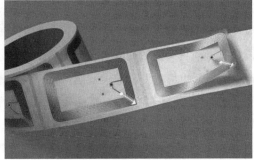

图8-23 RFID标签

8.3.2 RFID 技术在装配式建筑中的应用前景

装配式建筑部品部件繁多，合理的现场布置是关键。预制构件是装配式建筑的核心，传统的物流模式和人工验收有较多弊端，一些看似不重要的问题往往会导致施工无法顺利进展，例如数量偏差、构件位置堆放偏差、出库记录不准确。利用 BIM 与 RFID 技术的结合，物流配送人员与仓储验收人员可直接读取预制构件的相关信息，记录构件的入库、出库情况，可节约大量时间。

BIM 技术可以很好地与 RFID 技术结合，应用于预制装配式住宅构件的制作、运输、入场和吊装等环节，如图 8-24 所示。首先，在预制构件生产阶段，以 BIM 模型构件拆分设计形成的数据为基础数据库，对每一个构件进行编码，并将 RFID 标签芯片植入构件内部。其次，在预制构件运输阶段，实时扫描预制构件的 RFID 标签，以便实时监控车辆运输状况。最后，当运输构件的车辆进入施工现场时，门禁读卡器自动识别构件并将标签信息发送至现场控制中心，项目负责人通知现场检验人员对构件进行入场验收，根据吊装工序合理安排构件现场堆放，在构件吊装时技术负责人结合 BIM 模型和吊装工序模拟方案进行可视化交底，以保证吊装质量。

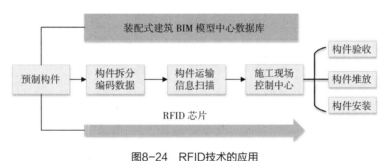

图8-24　RFID技术的应用

8.4　北斗定位技术在装配式建筑中的应用

8.4.1　北斗定位技术概述

1. 北斗卫星导航系统与北斗定位技术

北斗卫星导航系统（BeiDou Navigation Satellite System）是中国正在实施的自主发展、独立运行的全球卫星导航系统。系统建设的目标是建成独立自主、开放兼容、技术先进、稳定可靠的覆盖全球的北斗卫星导航系统，促进卫星导航产业链发展，形成完善的国家卫星导航应用产业支撑、推广和保障体系，推动卫星导航在国民经济社会各行业的广泛应用。其致力于向全球用户提供高质量的定位、导航和授时服务，包括开放服务和授权服务两种方式。开放服务是向全球免费提供定位、测速和授时服务，定位精度 10m，测速精度 0.2m/s，授时精度 10ns。授权服务是为有高精度、高可靠卫星导航需求的用户，提供定位、测速、授时和通信服务以及系统完好性信息。建设中的北斗系统已经覆盖了我国本土及其周边地区，可以无缝覆盖我国全部国土和周边海域，在中国全境范围内具有良好的导航定位可用性。预计到 2020 年，将基本建成服务范围涵盖全球的新一代北斗导航系统。北斗卫星导航系统运营以来，在民用领域上发挥了重要作用，迄今为止，已为用户提供定位服务超过亿次，通信服务超过千万条，在森林防火、水利防汛、交通运输等民用、军用领域产生了显著的社会效益。

北斗定位技术是基于北斗卫星导航系统，对空间物体进行实时定位的先进技术。北斗的出现不仅使人们在导航产品上有了全新的选择，其在国防军事领域的运用更是提高了部队作战效率，降低了军事成本。在国内民用部门对 GPS 的运用，特别是国内边远地区和远洋航海方面，美国可不经过任何部门许可而单方面关闭 GPS，这使得我国的交通运输存在非常严重的安全隐患，北斗定位技术的出现为我国导航领域提供了新的、更为可靠的选择。

2. 北斗高精度定位的优势

北斗导航系统与世界其他三大导航系统相比，具有很多方面的优势。它开创了世界各国所有导航系统中都不曾拥有的导航通信功能，并且北斗导航系统几乎不存在通信盲区，因此凭借诸多优势能够极大提高与其他导航系统的竞争力，具体优势如下：

（1）测站之间无需通视

利用北斗进行定位时，对测站间的通视情况不作要求，只要测站信号接收良好，点位易于保存即可。因此，北斗监测网在选点时更加灵活、方便，避免了常规测量中选取观测过渡点和转点额外增加的工作量。

（2）全天候观测

北斗用户可在一天内的任意时刻同时观测到 4 颗以上卫星，可全天候连续进行北斗定位测量，不受气候条件的影响，大大提高了监测效率，减少了外业工作强度。

（3）自动化程度高

以华测 N72 北斗接收机为例，它能自动跟踪并锁定卫星信号，自动实时地接收数据，而且还为用户预留了必要的接口，便于结合计算机技术建立无人值守的自动化监测系统，从而实现数据从采集、传输、处理、分析、报警到入库的自动化和实时化，这对于长期连续运行的变形监测系统具有十分重要的意义，缩短了观测周期，提高了响应能力。

（4）高精度三维定位

北斗卫星可同时精确测定测站点的平面位置和大地高，即一次性获得高精度的测站点的三维坐标，实现了监测时域、空域的严格统一，对进一步数据处理和变形分析具有重要作用。

3. 北斗高精度定位的关键技术

（1）具有多天线复用技术的高精度监测终端

单个北斗监测终端的价格相对较高，但是天线的价格相对低廉，故可采用时分多址技术，对天线进行轮流切换，采集数据，从而有效降低成本，能够更好地进行项目推广。

（2）集成建筑安全的多种传感器融合解算

多传感器集成是指通过将结构位移监测与应力监测、振动监测、环境监测结合起来，建立以位移分析为主的多指标数据融合分析评价系统。数据分析是通过对卫星位移监测数据的分析，掌握结构的位移变化，通过模态分析、有限元计算等多种手段，结合应力、振动等其他监测指标完成对结构物状态的评估。采用北斗 GNSS 多系统兼容技术，不但可以测出结构物整体位移和坐标，还可以通过数据处理、傅里叶变换得到结构物频谱，也可测量结构物相对三维变形，从而测出扭曲、倾斜等变形参数。

（3）设备自动检测和数据校验技术

设备自动检验技术可以轮流对建筑物内的设备进行数据质量检验，它通过数据的质量反映设备的工作状态，监控设备是否疲劳、是否死机等现象，自动调节设备的工作状态，能够进行休眠、重启、复位等操作。数据校验和完好性检验是通过独立线程检验服务器的数据游标，对比本地的数据，检测服务器与本地的数据是否一致。当数据不一致时，系统将开辟单独的传输通道，将数据补发给服务器。在此过程中，采用数据压缩和加密算法，既保证了数据的机密性，又减轻了数据中心的负荷。对本地数据的管理上，采用增量压缩，减少本地磁盘的空间，达到存储 1 年数据的要求。

8.4.2 北斗定位技术在装配式建筑中的应用前景

装配式建筑现场组装过程中，由于预制构件的大量性和特殊性，装配工人需要在规定的工期内准确无误地装配所有预制构件成为了一大技术难题。装配过程缺乏精准性可能导致工期延误，施工单位将承担一定的施工进度风险。目前，在预制构件装配过程中，虽然 BIM 能提供可视化信息，施工工人通过 BIM 能将预制构件与装配位置一一对应，但由于缺乏技术性、专业性和精准性的定位工具，装配过程容易出现难于控制装配位置、需要反复装配以及容易碰撞相邻构件等情况，经常会导致二次搬运，降低装配效率，增加施工成本。因此，迫切需要通过选取一种特定的定位工具来保证预制构件装配过程的精准性。此外由于装配式建筑现场装配构件需要更高的吊装定位精度，因此对塔吊的操控提出了更加精准的技术要求。目前主要采用人工目测，但人眼定位受制于眼睛健康状况和精神状态，环境影响比较大，作业时间长，容易发生定位偏差，甚至发生碰撞事故。

在预制构件装配阶段，通过在塔吊的吊臂以及吊钩平衡杆上安装北斗定位接收器，可实时定位预制构件的装配位置，实现构件的精准装配。通过北斗定位接收器将数据传输到云中央数据库，按照精确定位的装配位置以及预期的装配时间，预制构件的各项参数将自动与每一具体装配位置进行匹配。预制构件装配完成后，如果预制构件的装配质量符合施工规范和要求，北斗定位接收器通过无线网络即可将该构件的各项参数、完成时间、装配工人等信息上传至基于 BIM 的云中央数据库，项目利益相关者通过 BIM 系统可实时观测和了解装配式建筑的施工进度。

装配式建筑构件装配塔吊定位系统包括基于载波相位差分（Real-time kinematic，RTK）技术的基准站和流动站、测长传感器、超宽带（Ultra Wideband，UWB）定位基站、UWB 定位标签、数据处理系统、应用服务系统、移动终端、塔吊起重机、变幅小车、吊钩与平衡杆。其中基准站、流动站、测长传感器、UWB 定位基站、UWB 定位标签、移动终端通过无线通信网络与数据处理系统、应用服务系统相互连接。基准站设在目标项目相对固定的已知坐标点，移动终端上安装有应用服务系统并设在塔吊驾驶室内。基准站和流动站均为带有一个高精度卫星定位模块、天线模块、高精度倾角传感器、电子罗盘模块、电源模块、数据处理模块、存储模块、数据交换模块及通信模块分别与控制核心模块连接组成的设备。

流动站安装在塔式起重机吊臂上时，可将其设置在吊臂的变幅小车上，使其跟随变幅小车同步运动。塔式起重机、吊钩与变幅小车之间通过测长传感器测定吊钩下放的高度。变幅小车上设置的基于 RTK 技术的流动站用于精确定位出变幅小车的空间位置，如经度、纬度和高程坐标。测长传感器获取吊钩与变幅小车间的相对高程差值，计算得出吊钩的空间坐标，实现塔吊吊钩的精确定位，如图 8-25 所示。

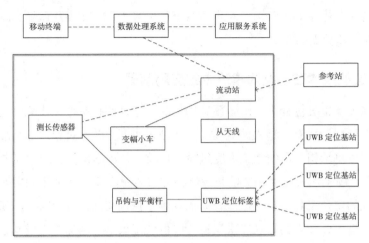

图8-25　塔吊起重机示意图

8.5 云技术在装配式建筑中的应用

8.5.1 云技术概述

云技术是基于云计算商业模式应用的网络技术、信息技术、整合技术、管理平台技术、应用技术等的总称，是在广域网或局域网内将硬件、软件、网络等系列资源统一起来，实现数据的计算、储存、处理和共享的一种托管技术。同时，云技术也是一种新兴的商业服务模式，在该模式中，用户可以获得来自于与地理位置无关的资源池中的资源，并按实际使用情况付费。云计算作为分布式计算技术的一种，是云技术最基本的概念。

当前，云计算业务和技术迅猛发展，获得了从政府、产业界到学术界的广泛关注和投入，由此体现出其具有较大的发展优势。其中，最明显的优势是，在利用云技术过程中，资源已经不限定在处理器、网络宽带等物理范畴，而是扩展到了软件平台、Web 服务和应用程序等软件范畴。云计算不仅是一种新的计算模型，还是一种新的共享基础架构的方式。在对资源的共享性上，将会体现出非常大的优势。此外，云技术在应用过程中还表现出便捷性和安全性。在线的数据存储中心是云计算提供给用户的一个重要服务，用户可以将重要数据保存在远程的云端服务器，避免在本地机器上容易出现的由于磁盘损坏、病毒入侵造成的数据丢失。云技术服务提供商拥有专业的团队来帮助用户管理信息，同时通过使用严格的权限管理策略帮助用户制定安全的共享数据。综上所述，云技术在发展应用过程中将会有非常大的优势。

1. 云技术与 BIM 技术的集成

云技术强大的计算及存储能力能够为 BIM 应用提供支撑。通过调用云计算服务，现有的 BIM 专业软件能够获得更为灵活、高效、智能的数据处理能力。BIM 与云技术的集成主要包括以下三个方面：①利用云计算实现基于 BIM 的协同。用户将 BIM 专业软件所创建的业务数据保存到云端，从而能够随时随地访问到相应的业务数据，实现多人协同工作。②利用云计算实现基于 BIM 的复杂计算工作。BIM 专业软件所涉及的一些复杂计算过程（如模型渲染、结构分析、工程量计算等）可以从本地计算机转移到云端服务器进行，这将大幅度提升计算效率，减少用户等待时间。③利用云计算提供的大规模数据存储和处理能力，BIM 专业软件能够高效访问庞大且实时更新的数据（如地理信息数据和气象数据等），提升 BIM 集成应用功能的准确程度和智能程度。

由专业软件开发商提供有关基于云的 BIM 服务平台（以下简称为"云 BIM 平台"），以实现各专业、各参与方 BIM 模型的集成交互和协同管理。在项目实施过程中，业主方、设计方、施工方以及运维方都可以通过该云平台实时地对 BIM 模型进行查看、修改和批注，形成各参与方协同工作的机制。该机制进一步使得项目管理组织结构扁平化，各方在云平台上面对同一模型进行交流，减少了信息不对称和信息壁垒，避免了由于信息传递不准确可能带来的诸多问题。

基于云的 BIM 应用发挥了云平台计算能力强大、信息共享方便、数据传输快捷等特点，使 BIM 技术在建设项目中的应用更加高效。首先，云 BIM 平台是一个数据共享和管理平台。其次，该平台是针对项目的 BIM 应用而搭建的，项目方可以将 BIM 应用所需要的图形工作站、高性能计算资源、高性能存储以及 BIM 软件部署在云端。BIM 模型应用和分析的结果数据将存储在云端，设计和模型维护本地端用户在个人电脑上主要工作是建模和修改模型，无需强大的图形处理功能，而非设计和模型维护本地端用户无需安装专业的 BIM 软件，只需要一台普通的终端电脑通过网络连接到云平台，就可以在云端进行 BIM 相关工作，充分发挥了 BIM 技术在数据集成和协同方面的优势。基于云技术的 BIM 平台基本架构一般由基础层、应用层以及访问层组成，各部分的介绍如下：

（1）基础层

基础层处于云 BIM 平台的底层，功能是实现云计算存储、模型数据库管理与虚拟计算，主要负责海量复杂建筑模型信息的存储与处理。整个项目的 BIM 信息在此汇集，通过集群系统、分布式文件系统、网络计算等技术，从软硬件上支撑了基于项目全生命周期的云 BIM 服务器的信息存储与处理。

（2）应用层

应用层是云 BIM 平台的中间层次，可以根据不同项目不同时间节点的具体需求提供不同类型的应用服务，包括模型集成、碰撞检查和版本管理、模型浏览管理、施工方案模拟、图形渲染、权限和安全管理、工作流程管理等。云 BIM 平台可以与项目管理 ERP 系统集成，以更好地进行项目资金、物料、质量等管理。

（3）访问层

访问层直接面对项目的各参与方。设计单位将 BIM 模型存入云 BIM 平台，业主、监理、施工单位等所有参与方拥有不同的访问权限对 BIM 模型进行浏览和批注。访问的终端可以是平板、手机等移动设备，能真正实现远程办公和即时办公。

2. 基于云 BIM 的应用优势

云 BIM 技术，由于其继承了云技术强大的计算能力和云服务多方共享和协同的特点，具有高性能、安全可靠、通用性好、成本低、可扩展性好等优势，其主要优势如下：

（1）加强项目各方之间的协同工作

云 BIM 技术降低了各项目参与方之间协同工作的难度，改变了传统以纸质文件为媒介的"点对点"沟通模式，形成各方针对同一 BIM 模型的"多对点"沟通模式。项目管理方利用云技术将建筑信息模型及相关图形和文档同步保存至云端，不同参与者之间都只通过一个统一的模型和相关联的图档进行沟通，各方对模型的修改和现场施工中反馈的信息都在统一的云 BIM 平台上及时调整，确保了工程信息能够快速、安全、便捷、受控地在各参与方中流通和共享，最大限度地减少了传统信息沟通方式带来的效率较低和准确性不够的问题。

（2）BIM 技术在移动端使用更加便捷

云技术提高了 BIM 在移动端的使用频率与效果，使随时随地对项目进行查看、修改和批注这一设想变成了现实。项目各参与方能够通过手机、平板电脑等移动设备方便地登录云平台浏览工程模型，进行相关文档与模型的查询、审批、标记及沟通，从而为远程办公和跨专业的协作提供了极大的便利。

（3）降低 BIM 技术应用的基础软硬件投入

随着建筑项目规模日趋增大、过程日益复杂，BIM 应用对系统的基础硬件计算能力、存储能力、协同信息处理和共享能力等提出了更高要求，同时 BIM 软件系统版本的迅速升级也使得后续软件投入不断增加，这些都成为 BIM 技术应用推广的客观障碍，云 BIM 为解决这种困境提供了有效的方法。企业可以针对不同的项目规模和特色，在不同的阶段购买不同的云 BIM 应用，从而大大降低本地端软件投入。同时，它能扩大企业本地端原有配置下普通计算机或服务器在 BIM 应用中的适用范围，充分利用现有资源，减少硬件投入。

3. 基于云 BIM 的应用现状

（1）应用价值点

目前，已有多家软件生产商如 Autodesk、广联达、鲁班等推出了自己的云 BIM 服务，其中主要应用价值点有以下几个方面：

1）数据共享与文件实时批注和修改

云 BIM 可以把模型放在云端，使项目各协作方更方便地进行模型的查看、修改和实时批注。在基于云 BIM 的工程项目管理中，各专业的设计模型可以很容易地通过云平台进行整合、碰撞检查和设计优化。项目各参与方可以对模型内的建筑构件进行标记，文档和任务动态在云平台上即时更新，集成短信平台即时推送信息，这使得各参与方对项目的进度、质量等信息可以实时把握。

2）支持各终端和各参与方实时预览

云 BIM 支持 PC 客户端以及手机、平板等移动终端实时预览。各使用方通过各自设备登录云端，对项目进行相应的预览与批注，可在云端存储和管理项目全生命周期的 BIM 模型及相关信息，随时随地访问工程文件。便捷地实现了项目各参与方在规划、设计、招标投标、施工、运维等各阶段的信息共享和协作。

3）利用云端强大计算能力实现图形渲染、施工模拟等应用

BIM 模型数据量很大，大型项目往往达到几百个 gigabytes 的数据，企业本地服务器往往无法满足运算能力的要求，无法保证 BIM 应用的及时性和效率。而利用云端强大的数据处理能力，可以实现大型项目 BIM 模型的渲染和施工仿真等工作的快速完成，可以实现 BIM 模型数据修改的及时整合和显示，使得 BIM 4D 和 BIM 5D 真正能够应用到项目管理实践中。

4）保障数据安全性

相比基于企业级及私有级的 BIM 模式，基于云的 BIM 模式显著提高了数据的安全性。私有级以及企业级 BIM 在数据安全方面依赖常规的安全保护，而云 BIM 由于项目的有关数据都保存在云端，并由 BIM 云服务商采用更为专业的安全保护软硬件措施，对其数据安全提供了更大的保障。

（2）基于云 BIM 的收费模式

目前市场上存在着三种云服务收费模式，第一种模式按照工程预算的一定比例收费，即整体租赁云服务器，在按工程预算额付费后，在整个项目建设过程中，工程中所用到的 BIM 软件都可以免费使用，一般也不限制用户节点数量。因此，不必因为云端存储空间增加或者超过节点数而另外缴费。第二种是按照云空间的大小以及同时接入的用户节点数收费。第三种则是针对具体的单项云 BIM 应用收费，如钢筋算量和放样的云应用。目前市场上推出的这三种软件收费模式可以满足不同企业在不同需求下的云 BIM 应用。

（3）基于云 BIM 软件

目前，提供云 BIM 服务的公司主要有 Autodesk 的 BIM360、广联达软件公司的广联云和鲁班软件的单项 BIM 云应用。BIM360 和广联云都有模型储存、实现数据共享、文件实时修改和各参与方模型实时预览等基本功能，都可以实现移动终端的接入。同时，还提供不同种类和深度的云端数据计算服务，如云端的 BIM 各专业碰撞检查。在收费模式上，BIM360 采用按工程预算收费，广联云采用按云端空间和节点数量收费，鲁班软件通过将具体云 BIM 应用集成到相应软件中，不单独对其收费。

4. 基于云 BIM 应用局限

（1）BIM 模型数据格式缺乏统一标准

云端各个项目参与方提供的 BIM 模型一般以各 BIM 软件特定的文件格式进行 BIM 数据存储和传递，导致数据的集成和交互存在一定的困难。虽然大部分支持 IFC 格式，但是由于缺乏统一标准，仍然造成数据的不兼容、丢失、冗余等现象。目前，相应的国家标准正在编制和出台中。

（2）BIM 云服务器网络传输负担大

BIM 数据存储在中央数据库上，但是 BIM 模型的存入和读取都需要网络支持。由于 BIM 模型数据量大，会存在网络传输负担大的问题，其效率性能和稳定性受限于网络环境，没有高速稳定的网络环境，会严重影响云 BIM 的实际应用效果。

（3）BIM 模型知识产权等问题

将工程项目完整的 BIM 数据集中存储在中央服务器中，会引发项目各参与方对于各自模型数据的产权、安全和权责等一系列法律法规问题。由于投资、设计、施工、运维阶段 BIM 模型存在延续性，需要对各自的知识产权进行划分和保护，这些目前都没有相应的法律法规来约束。

（4）基于云 BIM 难以实现在建筑全生命周期中的应用价值

现在我国项目各参与方软件还不配套，无法完全兼容，缺乏针对全生命周期的云 BIM 平台。目前，云 BIM 主要应用在施工阶段，少量在设计阶段，鲜有在运维阶段，这与 BIM 在建筑全生命周期各阶段的应用特点和现状相一致。

8.5.2　基于云 BIM 平台的风险分析和安全防护体系构建

1. 风险分析

对于一个业内较少使用、还未普及的前沿技术而言，企业是否能够用好 BIM 私有云平台显得尤为关键，主要风险有如下几点：

（1）可用性风险

可用性风险具体如下：①企业管理人员信息化水平是否达标。鉴于建筑业目前的信息化水平，相关管理层的信息化水平能否达到运营该私有云平台的标准是一个基本前提。②平台服务对象的工作方式能否尽快转变。BIM 使用人员需要先花时间学习、熟练云平台的操作及使用技巧，这对于传统 BIM 使用者而言是一个挑战。③企业培训机制能否同步跟进。要想使平台达到预期使用效果，就必须定期组织相关人员进行培训，并及时评估其培训效果，以保证平台使用不会成为 BIM 设计的绊脚石。

（2）信息安全风险

相对于公有云平台而言，私有云平台信息安全风险较低。但无论多么完善的系统，都有一定的信息安全风险存在，主要风险如下：①数据丢失。这是大部分云平台都可能存在的风险之一，当前的普遍做法是将同一份数据定期备份在不同服务器上，如果一个服务器崩溃，还能从其他备份中找回。②数据泄露。涉及企业机密的数据存在泄露风险：一是从网络上进行攻击，但是私有云平台的数据是受企业防火墙保护的，因此风险较低；二是直接进入机房，从云平台物理设施中窃取，这就需要企业加强安保措施。总体而言，私有云平台的信息安全风险较传统 BIM 应用模式而言要低很多，且待这一模式发展成熟后，能够把这些风险降到可控的范围内。

（3）财务风险

财务风险是评估企业投入在云平台上的资金能否给企业创造更大的价值，其中的风险主要根据以上所述的可用性风险来评估。假设一个小型企业，只有几个 BIM 用户，但也搭建一个私有云平台是极不经济的。这里提到的企业级 BIM 私有云平台的推荐客户应该是中大型企业，它们包含较多的 BIM 用户，如果要为每位用户都配备高性能的电脑，成本较高，这时采用云平台可有效解决这一问题。所以，企业管理层需要对企业自身情况十分了解，对云平台和企业实际情况是否相符有清晰的认识，否则盲目引入云平台将会带来较大的财务风险。

2. 安全防护体系构建

随着基于云平台的BIM管理系统的发展，其面临的安全风险越来越高，构建基于云BIM平台管理系统的安全防护体系十分必要。通过对云BIM平台管理系统进行风险分析，可以得出，云BIM平台管理系统安全防护体系应该能够有效地控制数据安全风险、人员风险、部门协调风险、设备安全风险和网络风险，并能够有效地保护企业的隐私。图8-26为基于云BIM平台管理系统的安全防护体系框架图，从图中可以看出安全防护体系分为三个子防护体系，即应用层安全防护体系、账户和网络安全防护体系、数据和设备安全防护体系。三个子防护体系的具体安全措施如下：

（1）应用层安全防护体系

建筑企业在应用云BIM平台管理系统过程中涉及工程部、技术部、质量部、物资部和财务部等多个部门。多个部门对同一BIM模型进行管理和共享，因此要建立部门安全责任人制度，对"云服务"的口令、BIM模型的修改、数据的下载等都要由部门负责人专管。同时，严格制订企业各部门系统工作方案，避免BIM模型维护延迟造成的企业质量、进度、成本等事故的发生。

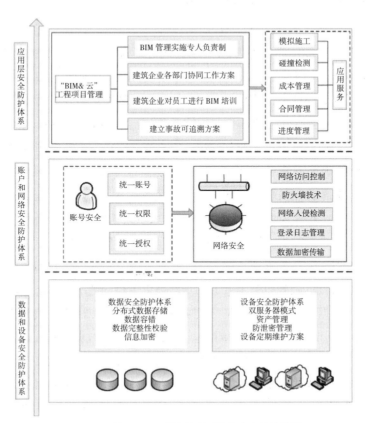

图8-26　基于云BIM平台管理系统的安全防护体系
（来源：陈小波"BIM & 云"管理体系安全研究）

（2）账号和网络安全防护体系

由于云 BIM 平台管理系统基于网络运行，因此要特别防范来自网络病毒、木马等的攻击，应建立完善的网络病毒防护机制，企业用户要严格规定 U 盘、移动硬盘等存储介质及即时通信工具在电脑上的使用。无论"私有云"和"公有云"对权限都应设立统一的管理模式，都应该明确超级用户权限和基础用户权限，特别是"公有云"BIM 用户，整个 BIM 管理过程全部基于公有服务器账号完成，在服务器内部建立子项目部及总公司各部门的权限账号，因此应统一权限管理。

（3）数据和设备安全防护体系

应用云 BIM 平台，数据安全极为重要。对于"私有云"用户来讲，应特别注重硬件的维护，完善数据备份和数据安全恢复机制，应保障在发生异常情况下能够有效地恢复损失数据。"公有云"用户则要建立数据泄露等应急响应机制及处理流程，维护各类日志的管理，提高发生数据安全问题时的事后溯源审查能力。同时，该用户要加强设备资产管理、定期维护和防泄密管理，并运用双服务器模式，一旦服务器发生故障，备用服务器及时启动，满足系统故障时的服务能力。

8.5.3 云技术在装配式建筑中的应用前景

1. 基于云技术的城市装配式建筑群数据互通

在城市大规模装配式建筑建设过程中，装配式建筑和涉及的利益相关者数量繁多。同时，伴随着装配式建筑全生命周期的展开，设计、生产、运输以及装配全过程中会产生大量的文档、图片、图纸、合同等数据信息，并且这些数据信息在不断地更新，数据呈现出体量巨大、格式繁多、关联复杂、变动频繁、互操作性弱等特点。由于数据信息之间缺乏互操作性和时效性，导致这些海量的数据信息并没有被充分利用，通常被储存在各个数据服务器中，无法对所有装配式建筑进行纵向及横向的对比分析，无法通过这些已有的、零散的数据得出经验性数据，也无法同时对多个装配式建筑群更好地进行项目管理。因此，如何管理这些海量数据已成为一大技术难题，亟需建立城市大规模装配式建筑群大数据综合管理平台。

云技术凭借着能大量收集、储存、分析、管理以及共享信息数据等功能被设想用于城市大规模装配式建筑群的大数据管理。近年来，随着云技术和智能移动端的发展，基于云技术的 BIM 平台为解决装配式建筑群数据互通的难题提供了新的解决方案，可以解决跨专业、跨企业、跨阶段、大数据量等问题。在装配式建筑设计、生产、运输、装配各阶段产生的 BIM 信息、RFID 信息以及北斗定位信息上传至基于云技术的中央数据库系统。该数据库系统是一个面向对象、数据丰富并具有参数化、智能化和数字化特点的中心数据库。如图 8-27 所示，基于云技术的数据库能连接装配式建筑群各参与方、各阶段的对象数据，支持装配式建筑全生命周期中动态数据信息的创建、交互、更新、共享以及管理，使得数据信息具有一致性、可视化、可用化的特点。例如，在设计阶段，建筑、结构、机电各设计单位通过基于云技术

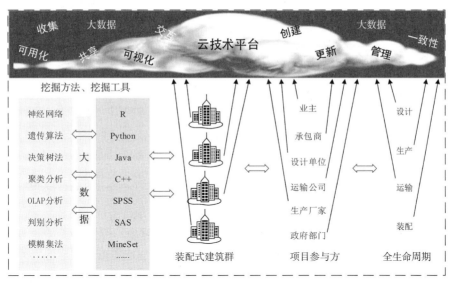

图8-27　基于云技术的大数据互通与管理

的中央数据库下载和更新装配式建筑设计模型，对某一个部位进行修改处理，并将不同的意见进行标记，其他设计单位均能共享并集中处理。所以，随着BIM技术和云技术在建筑行业中的日益普及，基于云技术的城市装配式建筑群的数据管理，实现了数据在各参与方之间的互通，使BIM技术和云技术真正地服务于装配式建筑。

2. 城市大规模装配式建筑群的大数据管理

在城市大规模装配式建筑建设过程中，数据呈现体量巨大、格式繁多、关联复杂、变动频繁、成本高、互操作性弱等特点。对装配式建筑全生命周期不同阶段生成的数据信息进行实时收集、处理、储存、分析和交互。在数据收集的过程中，由于数据来源广泛，数据类型繁杂，并且数据分散于不同的参与方和阶段中，使得装配式建筑群大数据的收集成为了极大的挑战。基于云技术的BIM平台可以实现装配式建筑全生命周期数据的实时收集，RFID、北斗定位产生的基于位置信息的数据便于项目各参与方实时可视化管理。在数据处理的过程中，通过统一的大数据处理机制，在城市大规模装配式建筑群之间以及装配式建筑各阶段、各参与方之间架起"信息孤岛"的桥梁，使数据同质化，满足装配式建筑不同层级之间的数据需求以及提高大数据的管理水平。在数据的储存过程中，将经同质化处理后的数据以文件的形式储存在云平台，便于项目相关方实时了解、跟踪装配式建筑，从而及时反馈和决策。在数据分析的过程中，由于云平台集成了装配式建筑所有有关数据，各项目参与方可以利用数据分析技术从海量数据中获取自身需要的数据信息，常用的数据分析技术有数据挖掘、仿真模拟、机器学习等。在数据交互的过程中，项目各参与方通过云平台可以实时进行数据共享与交互，实现各参与方之间有效地协同工作，以便更好地进行决策，减少成本、缩短工期。运用云技术对城市大规模装配式建筑群的大数据进行管理，有助于提高各相关方之间的协同工作，推动装配式建筑的快速发展。

8.6　VR 技术在装配式建筑中的应用

8.6.1　VR 技术概述

虚拟现实技术（Visual Reality，VR）是指通过计算机语言生成一种模拟环境，形成一种多源信息融合的动态即视影像和实际体验的仿真系统，可以展现出计算机模拟环境，能够让使用者有一种身临其境的感觉。该系统智能化程度高，充分考虑到了人体工学的生理特性。比如双眼之间的距离会导致对图像的捕捉产生偏差，虚拟现实系统便利用这一点，模拟双眼距离生成多重图像，并将这些图像重合起来形成一个高度符合肉眼视觉的全景图，囊括了远近大小所有的图像信息。

虚拟现实技术是一项综合性极强的新兴信息技术，该技术已经发展了十余年，最先被应用于军事信息侦察领域。近年来，随着社会的发展进步，这一技术也离我们的生活越来越近，已逐渐渗透到建筑、医学、艺术、娱乐以及销售行业的运营实务中，并取得了显著的行业增值效应。

1. 虚拟现实技术的主要特征

（1）沉浸性

它要求计算机所创造的虚拟环境能使计算机操作人员有"身临其境"的感觉，使操作人员相信在虚拟境界中人也是确实存在的，就像真正面对客观现实世界一样。在整个操作过程中，该技术可以自始至终发挥作用。

（2）交互性

它是指操作者在虚拟境界中与所遇到的各种对象相互作用的能力，这种交互是三维的，用户是交互作用的主体，与虚拟客体间可进行多行为的交谈。通过虚拟现实向使用者提供交互机制，使用者的输入可使呈现的界面发生相应的变化，这一变化将给使用者的感觉产生新的内容。

（3）自主性

它要求用户能以客观世界的实际动作或以人类熟悉的方式来操作虚拟系统，让用户感觉到他面对的是一个真实的世界，这就要求虚拟环境中的物体应依据物理定律动作。

（4）多感知性

除了一般计算机技术所具有的视觉感知之外，还有听觉感知、力觉感知、触觉感知，甚至包括味觉感知、嗅觉感知等。理想的虚拟现实技术应该具有人的一切感知功能，由于传感器技术的限制，目前虚拟现实技术所能提供的感知功能仅限于视觉、听觉、力觉和触觉。

2. 虚拟现实系统的组成

（1）效果发生器

效果发生器是完成人与虚拟环境交互的硬件接口装置，包括使人们产生现实感受的各类输出装置，例如头盔显示器、立体声耳机等。同时，它还包括能测定视线方向和手指动作的输入装置，例如头部方位探测器和数据手套等。

（2）实景仿真器

实景仿真器是虚拟现实系统的核心部分，它实际上是计算机软硬件系统，由软件开发工具及配套硬件组成，其任务是接收和发送效果发生器产生或接收的信号。

（3）应用系统

应用系统是面向不同虚拟过程的软件部分，它描述虚拟的具体内容，包括仿真动态逻辑、结构以及仿真对象之间和仿真对象与用户之间的交互关系。

3. 几何构造系统

它描述仿真对象的物理属性，例如形状、外观、颜色、位置等信息，应用系统在生成虚拟世界时，需要运用这些信息。

8.6.2　基于VR+BIM+装配式建筑集成技术的三维一体化系统

随着科技的进步，建筑的体量日渐庞大，造型也是复杂多变，常规的二维图纸无法形象地表达三维模型的空间关系，而BIM技术凭借着多维展现、建造建筑物的三维模型和信息共享等优点，被建筑行业公认为建筑业未来的必然趋势。但BIM技术不能达到用户的主观感受及实现真实的交互体验感，非专业人士读图、读模型和数据信息困难。虚拟现实技术凭借着其多感知性、交互性、自主性在建筑工程行业逐渐得到了关注，越来越多建筑从业人员致力于将其运用到策划、设计、施工、运维等建筑全生命周期的各个阶段。虚拟现实技术利用计算机生成一个三维的虚拟空间，为使用者提供由视觉、触觉和听觉三维度感官交互生成的模拟空间环境，给人以身临其境的感觉。将新技术与原有建筑技术和建筑信息数据充分结合，可以实现逼真的交互式体验，提升建筑设计的表达效果，优化建筑模型以及提高建筑工程的质量。BIM模型与VR模型相比在视觉效果上还是有很大差距，VR模型能弥补其视觉表现真实度的短板，可以将这些数据信息以全新的方式呈现，从而使各方沟通更方便、更高效、更真实。从建筑行业亟待解决的痛点和BIM、VR技术的特点出发，BIM+VR集成技术有着很大的优势，如图8-28所示。

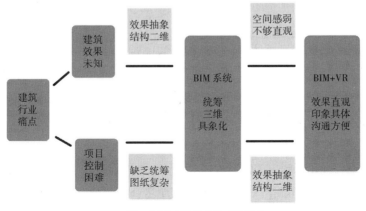

图8-28　BIM+VR技术集成的优势

装配式建筑、BIM 技术和 VR 技术以各自独特的优势在建筑行业稳步发展，它们都属于新兴技术，是信息化和工业化的深度融合。BIM+VR 集成技术在装配式建筑中的应用不仅可以提高效率，还可避免重复劳动，减少各环节工作错误，控制成本风险，提高装配式建筑施工质量，减少施工带来的环境污染问题。"十三五"规划指出，应重点发展装配式建筑，并重视新技术在装配式建筑中的应用，以解决装配式建筑领域的问题。以设计阶段为例，BIM+VR 集成技术在装配式建筑领域的应用流程如图 8-29 所示。

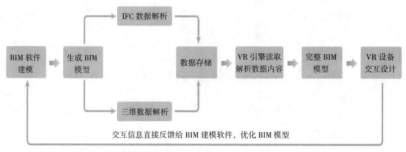

图8-29　BIM+VR集成技术在装配式建筑设计中的应用流程

BIM 三维建筑模型与 VR 虚拟现实系统，是由三维可视化、仿真和数字动画合成，综合 BIM 建模、信息处理和虚拟现实成果展示的系统。该系统利用 BIM 技术三维视图方法获得装配式建筑的模型参数，并通过 VR 虚拟现实技术实现装配式建筑生产施工过程中的虚拟漫游，以实现对生产施工人员的管理及技术指导，进而提高装配式建筑的施工质量。

8.6.3　VR 技术在装配式建筑中的应用前景

1. 建筑工程安全的预防和安全人员培训

建筑施工现场的安全事故主要包括下几种：高处坠落、触电事故、物体打击、机械伤害、坍塌等，主要原因如下：① 建筑施工从业人员素质不高；② 建筑安全法制不健全，执法不力；③ 建筑市场秩序混乱，施工单位越级承包工程，一个项目有多个分包商；④ 违反安全操作规则；⑤ 施工机具质量不合格；⑥ 防护设施不齐全。由于产生原因的多样性，在实际施工中，安全事故的发生异常难料，而利用虚拟现实技术，可以在虚拟环境中模拟各种事故的发生过程及可能造成的后果，比如高处坠落，在虚拟现实中模拟其下落的情况，包括其下落过程中的风速、方向、遇到阻碍时轨道的变化，甚至是被碰撞物的运动轨迹以及碰撞造成的危害。对于各种安全防护网的架设材料、高度、连接方式等，都可以通过在虚拟现实系统中的各种测试来完成，而不需通过真实的物体去测试，根据模拟结果，施工方可以采取相应措施预防和制止这些事故。

我国目前从事各种建筑施工的人员大多是民工，他们没有接受过专业教育和正规的培训，缺乏应有的安全知识。利用虚拟现实进行施工安全培训是一种非常理想的培训方式，其优越性主要体现在以下几个方面：① 虚拟现实是完全交互的，在虚拟环境中可由操作人员决定下一步做什么、该如何做、可重复做，虚拟现实不强调参与者的经验和理论知识，有经验的施工人员可向缺乏经验的人员提供安全管理的经验。② 参与者在虚拟现实中的交互方式和参与者在现实世界中完全相同，虚拟现实中的任何事物都很容易被参与者接受和理解，参与者不必具备任何操作计算机的技能，培训的覆盖面可包括所有的施工人员，可满足标准化安全管理体系中提出的"全员参与"的要求。装配式建筑施工现场设有 VR 虚拟体验室，方便人员培训，如图 8-30、图 8-31 所示。

图8-30　施工现场VR培训体验室　　　　图8-31　虚拟环境中安全通道的模拟

2. 建筑工程安全事故的分析与方案的评估

尽管在施工前和施工中，施工方都提出了许多预防事故发生的措施，但施工过程中的危险仍不可避免，这时可以在施工过程中借助虚拟现实系统真实再现客观环境。对于施工中的坍塌事故很难提前做出判断，通过虚拟现实技术对施工过程进行模拟，设计出各种可能发生的危险，并对其危险程度、应急处置顺序、人员安全管理等做出反应。一旦施工过程中出现可能发生的坍塌事故，虚拟现实系统会立即做出警示，并根据危险等级进行坍塌模拟，同时启动相应的预案，提出各级防护措施，指引人员撤离路线以及计算出各种求生方式的成功率，如图 8-32 所示。

 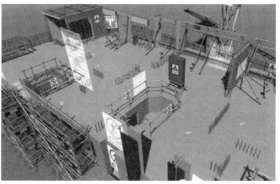

图8-32　VR场景中的方案评估模拟

对于已经发生的事故，不仅要吸取教训，更要知道事故发生的原因，并由此采取措施进行防范。以往的情况大多是听施工现场的工人叙述，或是一些专家结合现场进行分析，现在完全可以通过施工过程中建立的模型来重演事故，使分析结果更加直观、数据更加准确、原因更加具体。因此，虚拟现实技术在处理复杂的安全事故时更加符合实际，而且正确分析事故产生的原因对预防和杜绝类似事故的发生有重大意义。

3. 复杂工程的设计与施工分析

随着经济和社会的发展，人们对生活质量要求不断提高，对建筑的质量和建筑风格提出更高的要求，导致建筑施工环节不断增多，施工难度不断增强，施工进程难以控制。如果建筑工程师根据以往的工作经验来开展和组织施工，难以满足现代建筑多样性和个性化的需求，而且也难以保证建筑施工的质量和安全，因此利用 VR 技术提前模拟建筑施工过程中的各个施工环节，以实现建筑施工的全程虚拟和建筑施工方案的"预演仿真"（图 8-33），从而及时发现建筑设计或施工方案中存在的技术问题和安全隐患，保证建筑施工安全顺利进行。

图8-33 装配式建筑施工方案的"预演仿真"

装配式施工是一种新兴的施工工艺，无论是现场的施工技术人员还是施工操作人员，对这种施工工艺的理解都不够完善，特别是在预制构件吊装方面，都会存在各种问题。因此，在装配式建筑施工之前，先采用 VR 技术模拟、分析施工方案的可行性，或者对复杂结构建筑进行提前模拟分析，进而指导实际现场施工（图 8-34）。

图8-34 装配式施工重难点模拟

4. 用户体验性设计

为了确保生产出来的产品符合不同用户的需求，有必要让用户在产品的设计阶段就能体验产品的性能，以便随时修改设计方案。如图 8-35 所示，利用虚拟现实技术让用户在虚拟空间中，对系统进行性能评价和模拟体验。例如，在虚拟厨房体验中，设计者先根据用户的要求设计厨房的大致框架，据此用 CAD 软件画出平面图、立面图，并列出费用清单。然后让用户在模拟体验系统中体验厨房的方便程度，体验与厨房设计所对应的虚拟空间中各部分的配置，如空间的高度感和前后的延伸感，还可以体验厨房门的开闭、水龙头的操作以及在壁柜内放置物品的情况等。有了这种虚拟厨房，可以使用户在厨房制造前检验设计的合理性，再根据用户确定的设计启动计算机集成制造生产线，这就是虚拟现实技术作为设计和体验工具的具体应用。

图8-35　方案设计的用户体验

5. 技术论证

在实际工程项目中，因施工技术问题而导致原设计失败的例子屡见不鲜。因此，对于许多大型的建设项目而言，非常有必要进行施工技术的可行性论证。虚拟现实技术的出现可以有效解决这一难题，利用虚拟现实技术不仅可以对视觉方面进行仿真，还能对动力学、运动学等方面进行仿真。例如，通过模拟建筑施工中大型构件运输、装配过程，可以检验此过程中是否存在物件的碰撞，是否因构件形变导致结构破坏等。同时，经过虚拟施工过程，可以检查施工计划以及技术的合理性和有效性，如图 8-36 所示。

在传统模式中，主要凭借经验对施工过程进行分析，而虚拟现实技术中三维动画的应用，可以对施工全过程进行分析。三维动画可以让专家、施工技术员、业主等各参与方全面了解施工全过程的每一个细节。工程施工的重点、难点、关键环节以及注意事项都能以高仿真的动画形式展示出来，人们可以根据需要随时调整和修改施工方案。虚拟现实技术是计算机仿真技术应用中难度相对较低、投入较少、容易大面积推广的技术，它在上海环球金融中心、中央电视台新址、广州珠江新城西塔中的成功应用，引起了社会业界的广泛关注。

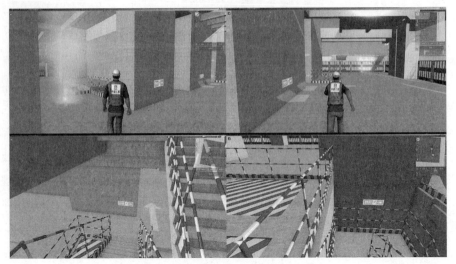

图8-36 虚拟环境中进行技术检验

8.7 3D打印技术在装配式建筑中的应用

8.7.1 3D打印技术概述

3D打印即快速成型技术的一种，它是一种以数字模型文件为基础，运用粉末状金属或塑料等可粘合材料，通过逐层打印的方式来构造物体的技术。3D打印不仅可以提高材料利用率，还可以用更短的时间制造出比较复杂的产品，无需机械加工或任何模具，就能直接从计算机图形数据中生成任何形状的零件，从而极大缩短产品的制造周期，提高生产率，降低生产成本。

3D打印装配式建筑就是通过3D打印机打印、拼接建造起来的建筑物。3D打印机根据电脑设计的图纸和方案，将3D打印材料通过挤压头挤压，然后层层叠加"油墨"喷绘成相关的结构件。打印机的挤压头上安装有齿轮转动装置，以"Z"字形的打印方式逐渐打印形成所需的房屋基础和墙壁。为了使打印的建筑更加牢固，在墙和墙中间还可以使用钢筋水泥进行二次打印灌注，从而使结构连成一体，最终拼接成建筑物整体。在原有的预制装配式建筑的基础上，加入3D打印技术，不仅可以解决普通装配式建筑放线、孔洞预留等难点，而且更节能、更环保，房屋的稳定性和保温性能也得以显著提高。

3D打印装配式建筑所采用的原料有很多，主要来源是建筑垃圾和工业垃圾。首先把建筑垃圾分离、粉碎加工完成后，结合水泥、钢筋和特殊的材料形成打印所需的"油墨"。打印"油墨"具有可塑性强、可循环打印、快速凝固成型的特点。这种打印方式实现了建筑垃圾的二次回收利用，不仅有效利用了原本应该废弃的建筑垃圾，同时也避免了建筑新建过程中产生建筑垃圾。

8.7.2 3D打印技术应用于装配式建筑的优越性

1. 3D打印技术可以降低建筑成本

3D打印技术的使用只需要设计人员通过计算机和打印机就可以完成建筑模型的制造，大大减少了劳动力的使用，节省了人工成本。模块的定制和单件的小批量生产可以节省大量的建筑原材料，因此建筑工程施工的成本可大幅下降。

2. 3D 打印可以缩短建设工期

3D 打印技术既不使用传统意义上的施工队，也不使用砖瓦等传统的建筑材料，大部分建筑构件可以在工厂进行打印建造，然后再进行现场组装，使得建筑工程的建设工期大幅缩减，生产效率大大提高。实践显示，与传统现浇技术相比，3D 打印技术的速度快了 10 倍以上。

3. 3D 打印技术可以降低建筑工程施工的作业危险

3D 打印技术的使用可以降低建筑施工作业中高空坠落和建筑坍塌的危险，为工人提供了更为安全的工作环境。

8.7.3 3D 打印技术在装配式建筑中的应用前景

在建筑设计阶段，使用 3D 打印技术可以进行虚拟的三维设计建筑模型的打印，具有快速、环保、低成本、造型精美的特点。在进行建筑建造时，3D 打印技术既可以现场打印整栋建筑，也可以小批量生产模块构件。同时，该技术可以实现预制装配式框架结构体系中复杂楼梯和阳台的制作，也可以完成模块建筑体系内独立单元的建造以及其内部的装修。此外，3D 打印技术还可以实现角支撑模块、楼梯模块以及非承重模块的建造，并可以对这些模块进行混凝土的多次灌注以及钢筋的使用，这种应用于空心混凝土结构制造的 3D 打印技术使得建筑整体既坚固又美观，还能够增加住户空间的灵活性。

3D 打印装配式建筑的实现还需要用到 BIM 技术，BIM 技术与 3D 打印技术的融合主要体现在施工阶段。在设计阶段，可以通过 BIM 技术建立模型，并绘制图纸。BIM 模型中，每个图元都包含了构件的空间尺寸、材料属性等参数，而且所有的构件之间都是相互关联的。任何一个构件的参数信息发生变化，与之相关的所有构件都会发生相应的变化，由此产生的 3D 模型相对传统设计而言更为精准。而且所有的图元构成的 3D 模型更直观，因而可以及时发现设计存在的问题和完善设计方案。这在施工阶段通过 BIM 技术与 3D 打印技术的结合，打印出来的建筑更符合空间合理性，同时能够提高建筑建造的准确度。只要在合理的范围内变动部分参数，就可以制造出空间不一样的建筑物，也不需要支任何模板，这样既节省了材料和人力，同时满足了不同人群的居住需求。

8.8 案例分析

8.8.1 项目概况

项目名称：香港屯门 54 区第 1、2 期工程

项目地点：中国香港屯门 54 区

工期：2 年

开工时间：2014 年 3 月 15 日

参与单位：香港建造业议会（HKCIC）

　　　　　香港建造商会（HKCA）

　　　　　深圳土木工程与建筑学会

　　　　　广东工业大学（GDUT）

　　　　　Unicon 混凝土产品（Unicon Concrete Products）

　　　　　油利建筑（Yau Lee Construction）

　　　　　惠州市荣康顺建筑材料制品有限公司

　　　　　惠州金泽国际物流有限公司

　　　　　开放平台技术有限公司（Open Platform Technology Company Limited）

　　　　　Afina 数据系统有限公司

　　　　　广州万志信息技术有限公司

信息技术：BIM 技术

　　　　　RFID 技术

　　　　　GPS 技术

8.8.2　信息平台的介绍

RFID 技术作为新兴的信息采集工具，采集及时准确，作用对象广泛并具有信息存储功能，自动化程度高，而 BIM 作为先进的信息化技术，其可视化、交互共享、协同作业等功能已经在国内外建筑领域得到了快速发展和广泛应用，两者集成自动采集信息并通过 BIM 模型可视化动态展现，具有强大的应用功能和远大的发展前景。

本项目开发的信息平台又称为基于 RFID 的 BIM 平台（RBIMP），该平台的重点在于开发 6 个技术模块，如图 8-37 所示。这 6 个技术模块包含在软件和基础设施两项服务中。软件服务即开发三个决策服务系统，这些系统作为服务平台提供给业主方并用于本项目的三个重要

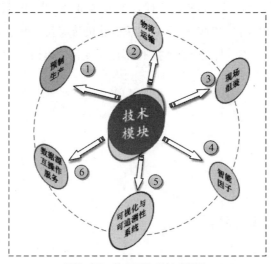

图8-37　信息平台的技术模块

阶段，即预制构件在项目全生命周期中的预制生产阶段、物流运输阶段和现场组装阶段。基础设施服务旨在通过结合软、硬件组件用以创建一个智能的建筑环境。该服务包括智能因子、可视化与可追溯性系统和数据源互操作服务。

以下分别介绍上述6个核心技术模块在本项目中的应用情况：

1. 预制生产阶段

（1）面临的问题

本项目预制构件的生产现场如图8-38所示，在生产过程中面临的主要问题有：预制构件的生产计划、生产调度、厂内运输以及预制构件的合格认证。

图8-38 预制生产现场

（2）预制生产阶段的信息管理

预制生产阶段通过遗传算法、蚁群算法以及粒子群算法制定出最优生产进度计划，该阶段的信息管理主要包括开发以下几个子服务系统：生产计划服务系统、生产调度服务系统、内部物流服务系统、生产执行服务系统。这些子服务系统可以加快预制构件的生产操作以及信息在各子阶段和各利益相关者之间的传递与共享。

1）生产计划服务系统

开发生产计划服务系统的目的在于通过运用BIM将要进行预制生产的构件转换成预制厂家所需的特定格式，同时生成标准化的生产订单。从BIM中可以直接提取预制构件的订单信息，主要包括：构件尺寸、材料组成、标识码等几何信息和建筑信息。同时，通过查看所接收订单的备注来判断这些订单是否需要紧急生产，如需紧急生产，可将这些订单发送给预制厂家，并可以优先考虑生产这些预制构件。

2）生产调度服务系统

开发生产调度服务系统的目的在于让预制厂家的生产工人和产品经理明确自身任务，该服务使用混合流水车间和作业车间调度模型。主要涉及以下几个步骤：①分解并罗列出生产计划服务系统中分配的任务。②重新确定生产任务的优先级。③给特定的生产工人分配特定的生产任务。④监控每个任务的进度。⑤跟踪预制构件及生产工人的状态。⑥插入 RFID 标签，RFID 标签是预制构件今后能够被识别的基础。

3）内部物流服务系统

开发内部物流服务系统的目的在于为预制生产提供所需的原材料和机械设备。该服务采用图形算法，制定出最优方案。产品经理通过监控 RFID 产生的数据去实时了解物料交付状况以及消耗量，同时还可以清楚地掌握各材料的库存量，并决定是否需要及时购买某种材料以及该材料的购买量。内部物流运输工人根据预制构件的尺寸和装配位置选取合适的材料并对选取的材料进行有效地检查、校对和交付。

4）生产执行服务系统

开发生产执行服务系统的目的在于执行和控制生产过程。产品经理能够通过执行生产服务来保留或更新任务池，任务池能提供从计划和调度服务系统中发布出来的生产计划和调度的详细信息。生产过程中，当遇到产品检验不合格的情况时，可立即录入不合格的数据信息并上传至生产执行服务系统中，然后进行返工或者报废处理。因此，生产工人和产品经理可根据预制构件的实际情况，重新对生产任务进行优先级排序，从而提高生产效率。

如图 8-39 所示，在预制生产阶段，BIM 和 RFID 发挥了至关重要的作用。BIM 可以将设计阶段构件的设计信息转换成预制生产厂家所需的特定的几何信息和建筑信息，进而生成标准化的生产订单。RFID 可以实时采集预制构件的生产数据，预制厂家通过 RFID 完成对预制构件的生产管理，如预制任务管理、原材料需求管理、生产调度与执行管理。

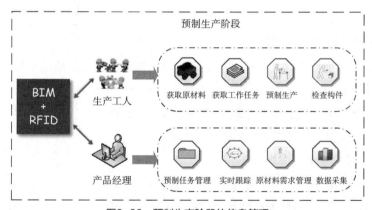

图8-39　预制生产阶段的信息管理

2. 物流运输阶段

（1）面临的问题

本项目的全部预制构件通过跨境运输的方式从广东惠州运输至香港施工现场。在运输的过程中，主要采用货车运输，物流公司负责预制构件的装卸及生产场地至施工现场的配送，如图 8-40 所示。其主要面临的问题有预制构件的运输顺序、运输车辆的实时监控、预制构件跨境运输的动态控制以及预制构件的进场堆放管理等。

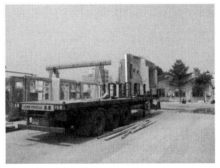

图8-40　预制构件的物流运输

（2）物流运输阶段的信息管理

预制构件在物流运输阶段的信息管理显得至关重要，主要负责管理和控制预制构件从生产厂家到装配现场之间的运输。物流运输阶段的信息管理主要包括开发以下几个子服务系统，包括运输规划与调度服务系统、交通监控服务系统、车队管理服务系统和进场堆放服务系统。

1）运输规划与调度服务系统

开发运输规划与调度服务系统的目的在于对预制构件的运输规划和调度作出最佳决策。一旦预制构件生产完成，预制生产服务系统就会启动物流运输服务系统，同时还可以与BIM同步。运输管理人员读取RFID中预制构件的基本出厂信息，核对构件与配送单是否一致，编写运输信息，生成运输线路，并连同运输车辆信息一并上传至数据库中。

2）交通监控服务系统

开发交通监控服务系统的目的在于实时掌控预制构件在整个运输过程中所处的状态和位置。该系统使用RFID和GPS技术并通过可视化数据来实时跟踪运输车辆，最终可以转换为预制构件运输的3D图形。各利益相关者通过3D图形以及RFID和GPS数据可以实时了解预制构件的物流状态、运输进度以及当前所处的位置，形成可视化视图。

3）车队管理服务系统

开发车队管理服务系统的目的在于管理运输预制构件的各种车辆。将GPS接收器和RFID阅读器安装在运输车辆上，各利益相关者可以通过信息系统中的数据库将运输车辆与预制构件一一对应。通过GPS定位运输车辆，同时通过使用RFID来创建一个智能的交通环境，用以加强搬运、装载和运输过程中实时信息的共享。这些实时信息可用于协调各利益相关者在规划、调度、执行、控制等过程中产生的决策和操作问题。

4）进场堆放服务系统

开发预制构件进场堆放服务系统的目的在于实时掌握预制构件进场信息以及便于构件的堆放管理。在施工现场的入口处安装RFID阅读器，当运输车辆进入施工现场后，可以在第一时间内读取到预制构件的信息，然后再制定或调整施工计划。将构件与GPS坐标相对应，施工单位即可通过信息系统观测到构件的实时定位信息，实现构件位置的可视化管理，从而快速、准确地找到构件。

如图 8-41 所示，RFID 和 GPS 的应用便于预制构件在物流运输阶段的信息管理。通过 RFID 能够将预制构件生产阶段的出厂信息与运输信息相结合，生成运输线路，创建一个智能的运输环境。通过 GPS 定位，各利益相关者可以实时掌握预制构件当前所处的物流状态。在进场堆放的过程中，对每一个预制构件精准定位，可快速、准确地管理各预制构件，减少二次搬运和防止预制构件的损坏。

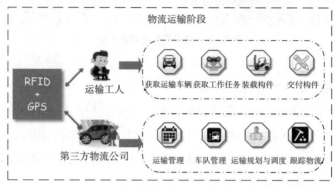

图8-41 物流运输阶段的信息管理

3. 现场组装阶段

（1）面临的问题

本项目预制构件施工现场的组装如图 8-42 所示，组装过程中面临的主要问题有施工作业空间、预制构件的有效管理、施工工人和施工设备的实时监控、施工现场实时数据的收集以及数据信息的实时反馈等。

图8-42 预制构件的现场组装

（2）现场装配阶段的信息管理

现场装配阶段的信息管理主要包括开发以下几个子服务系统，即资源管理服务系统、实时监控服务系统、数据采集服务系统和实时反馈服务系统。通过这些子系统，各利益相关者可以实时了解现场施工进度、检查装配质量。

1）资源管理服务系统

开发现场资源管理服务系统的目的在于优化管理，包括施工工人、预制构件、施工机械在内的建筑资源。该服务通过运用 RFID 设备来识别这些建筑资源，对施工现场进行有效的管理，如施工工人的分配、预制构件的堆放以及施工机械的安拆。在预制构件施工装配的过程中，RFID 设备能够实时获取装配现场的所有信息，并且能够提前预测风险和探知不安全因素，不仅可以简化施工现场的安全管理，还可以提高施工现场的安全程度。

2）实时监控服务系统

开发实时监控服务系统的目的在于实时监控现场施工工人、预制构件和施工机械。RFID不仅能够对预制构件实时定位，还能对构件装配进度和质量进行监控。由于每个构件在装配时都会同时携带与其对应的技术文件和 RFID 标签。RFID 标签中应包括构件编码、工程项目编码、计划完成时间、连接工程技术标准等基本信息。因此，项目各利益相关者可以根据当前的实际情况作出相应的决策。

3）数据采集服务系统

开发数据采集服务系统的目的在于从大量的 RFID 数据中获取有价值的信息。将 RFID 采集的数据信息传递给 BIM 模型，可实时了解施工现场装配进度与计划的偏差，找出偏差产生的原因，从而消除偏差。同时，利用这些实时有效的信息协调各利益相关者，并让各利益相关者能够更好地去完成项目的建设，便于各利益相关者采集数据和进行精准决策，从而加快施工进度。

4）实时反馈服务系统

开发实时反馈服务系统的目的在于将施工现场装配情况实时反馈给各参与方以及其他利益相关者。目前，国内装配式建筑主要通过安装网络摄像头，以获取施工项目的装配进度以及进行质量检测。施工工人完成预制构件的装配后，若符合规定的要求，可将构件装配完成后的各项参数上传至中央数据库，各利益相关者根据共享的信息数据实时了解预制构件装配进度以及检查装配的质量是否符合规定的要求。

如图 8-43 所示，BIM 和 RFID 的综合应用便于预制构件在现场装配阶段的信息管理。使用 RFID 进行施工进度的信息采集工作，将采集的信息传递给 BIM 模型，进而在 BIM 模型中实时展示实际与计划的偏差，从而可以更好地解决施工管理中的核心问题——实时跟踪和风险控制。

4. 智能因子

智能因子能将施工工具、机械、材料等信息绑定到不同的 RFID 设备上，再将预制构件转换成智能构件，它旨在为预制构件所属空间（如生产车间、运输过程、中转站以及施工现场）创建一个智能的建筑环境，使各智能构件之间相互感测，实现信息交互。预制构件分为主要预制构件和非主要预制构件，主要预制构件（如厨房、卫生间、预制外墙等）是通过单独标记从而转换成智能构件，进行单独标记的原因在于这些主要预制构件很容易影响到整个装配式建筑的施工进度。非主要预制构件（如非承重墙、半预制楼板）是按照订单或批次进行标

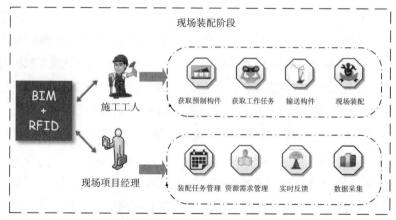

图8-43　现场装配阶段的信息管理

记，这意味着标签是贴在装载有这些非主要预制构件的运输车上而不是贴在每个单独的构件上。同时，它还可以收集预制构件在生产、运输以及现场组装过程中的实时信息，并根据预定义的工作流程，将这些信息反馈给初始决策者。

5. 可视化与可追溯性系统

可视化与可追溯性系统通过 RFID 获取的实时数据进行精准决策，如预制构件生产计划和调度、运输优化、JIT 配送以及现场组装。本项目将"可视化与可追溯性"定义为能时刻知道预制构件所处的每一个环节，包括从预制生产到现场组装，它有助于实现建筑业从 3D 到 5D 的转换，如图 8-44 所示。此外，该系统是安装在预制构件生产车间、运输车辆、中转站和施工现场的数据采集器，通过无线电波自动识别预制构件。预制构件与 RFID 标签进行绑定，贯穿预制构件生产、运输、组装和维护整个生命周期，并通过安全可控的方式与供应链中的其他参与者实现信息共享。

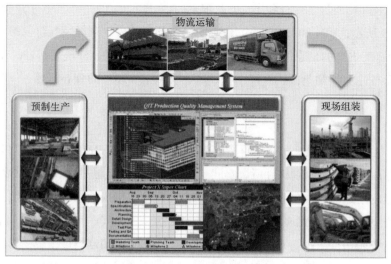

图8-44　可视化与可追溯性系统

可视化与可追溯系统可以称为是装配式建筑的控制中心，因为它能提供预制构件全生命周期的准确信息，并作为整个项目的监控系统。通过从不同的角度和不同的层面对项目数据进行整合，达到可视化效果，以便进一步观察。同时还为装配式建筑提供了全新的视角，并全面展示了它的进展情况。当出现偏差时，该系统可以通过获取项目当前数据和历史数据来分析偏差产生的原因。同时还可以从项目各阶段中提取数据源，一项数据源代表着一个阶段，将所有数据源整合在一起，就可以全面了解整个项目。因此，这些数据源会储存到该系统的中央数据库中，再通过各种维度进行链接，最终用一个简明的指标进行量化。

6. 数据源互操作服务系统

数据源互操作服务旨在整合各企业信息系统（EIS)，以便数据共享和提高系统的互操作性。它能够在没有人工干预的情况下，利用代理技术自主地完成工作任务。该系统作为信息共享的适配器，可以连接所有的异构数据源，其主要原理如图 8-45 所示，它是通过使用应用信息服务（AIS）作为中间配件，在不同的数据源之间提供信息查询服务。同时，它将建设过程中产生的"信息孤岛"集成到 BIM 信息平台中，用以解决当前信息共享中存在的问题。

图8-45　数据源互操作服务系统

8.9　未来展望

目前，装配式建筑正快速发展，基于前沿信息技术下的装配式建筑信息化管理正处于摸索阶段，应用实例不多，且未形成相对成熟的应用体系和应用方法，在此背景下，根据目前装配式建筑全生命周期建设管理中各参与方面临的困难，以及前沿信息技术的应用点和应用优势，主要借鉴如下：

（1）针对以往构件设计与施工相脱离的问题，设计阶段通过对各参与方的受限问题进行分析，然后建立基于 BIM 协同平台下的各方协同设计的基本流程，可以解决以往容易出现的构件设计不合理问题，实现了构件的空间优化，减少了构件的生产错误，同时施工阶段各参与方的实施方案不用再考虑设计变更对计划协同的影响。

（2）在构件制造阶段，可利用 BIM 技术和 RFID 技术实现构件的信息化管理，将 BIM 技术和 VR 技术应用于实际施工中，由此开展仿真、模拟操作，并针对现场资源配置予以优化、调整，使空间的利用更加趋于合理化。

（3）在装配式建筑的质量管理中，BIM技术和物联网技术的应用可有效提高质检效率，实现建设项目质量的全过程精细化管理，从而提升建筑物的整体质量。

（4）在安全管理中，应用VR技术对施工人员进行培训，不仅提高了项目安全宣传力度，同时大大降低了危险情况的发生机率。

（5）在进度管理中，可有效防止因人员分配、物料供给、各专业施工出现混乱等现象发生，将繁琐复杂的施工安排变得简单易行，确保工程正常有序地进行。

随着装配式建筑的大规模应用和信息技术的不断发展，相信越来越多的装配式建筑会将BIM、物联网等前沿信息技术运用到项目的全生命周期建设管理中。同时，信息技术应用于建筑行业，会逐渐形成更加成熟的管理方法和管理方式，行业的信息化水平、协同水平也会不断提高。

参考文献

[1] 纪颖波，周晓茗，李晓桐 . BIM 技术在新型建筑工业化中的应用 [J]. 建筑经济，2013（8）：14–16.

[2] 郑勇 . 装配式建筑在我国发展中存在的问题及对策 [J]. 建筑与装饰，2017（3）：131–132.

[3] 住房和城乡建设部住宅产业化促进中心，文林峰 . 大力推广装配式建筑必读：制度·政策·国内外发展 [M]. 北京：中国建筑工业出版社，2016.

[4] 杨闯，刘香 . 我国装配式住宅现存问题及应对策略分析 [J]. 建筑技术，2016（4）：301–304.

[5] 陈振基 . 中国工业化建筑的沿革与未来 [J]. 混凝土世界，2013（8）：32–37.

[6] 陈振基 . 中国住宅建筑工业化发展缓慢的原因及对策 [J]. 建筑技术，2015（3）：235–238.

[7] 王俊，赵基达，胡宗羽 . 我国建筑工业化发展现状与思考 [J]. 土木工程学报，2016（5）：1–8.

[8] 王威 . 基于 BIM 和物联网技术的装配式构件协同管理方法研究 [D]. 广州：广东工业大学，2018.

[9] 杨恺 . 基于 IFC 的装配式建筑构件信息集成研究 [D]. 武汉：湖北工业大学，2018.

[10] 中华人民共和国住房和城乡建设部 .GB/T 51129—2017 装配式建筑评价标准 [S]. 北京：中国建筑工业出版社，2017.

[11] 中华人民共和国住房和城乡建设部 .GB/T 51231—2016 装配式混凝土建筑技术标准 [S]. 北京：中国建筑工业出版社，2016.

[12] 中华人民共和国住房和城乡建设部 .GB/T 51232—2016 装配式钢结构建筑技术标准 [S]. 北京：中国建筑工业出版社，2016.

[13] 中华人民共和国住房和城乡建设部 .GB/T 51233—2016 装配式木结构建筑技术标准 [S]. 北京：中国建筑工业出版社，2016.

[14] 李淑珍 . BIM 技术在 PC 建筑中的应用 [D]. 长春：长春工程学院，2018.

[15] 沈辉 . BIM 技术在装配式混凝土建筑质量控制中的应用 [D]. 聊城：聊城大学，2018.

[16] 李硕昆 . 工业化装配式装修若干技术问题研究 [D]. 北京：北京建筑大学，2018.

[17] 罗志强 . 基于 BIM 的装配式混凝土建筑构件参数化实施研究 [D]. 聊城：聊城大学，2018.

[18] 张赛 . 基于 BIM 技术的装配式结构设计流程分析与应用研究 [D]. 合肥：安徽建筑大学，2018.

[19] 岳莹莹 . 基于 BIM 的装配式建筑信息共享途径和方法研究 [D]. 聊城：聊城大学，2017.

[20] 马冲 . 装配式建筑结构造型对比分析与 BIM 应用 [D]. 青岛：青岛理工大学，2018.

[21] 住房和城乡建设部科技与产业化发展中心，文林峰.装配式混凝土结构建筑工程案例汇编 [M].北京：中国建筑工业出版社，2017.

[22] 刘海成，郑勇.装配式剪力墙结构深化设计、构件制作与施工安装技术指南 [M].北京：中国建筑工业出版社，2016.

[23] 庄伟，匡亚川，廖平平.装配式混凝土结构设计与工艺深化设计从入门到精通 [M].北京：中国建筑工业出版社，2016.

[24] 李启明.建筑产业现代化导论 [M].南京：东南大学出版社，2017.

[25] 住房和城乡建设部住宅产业化促进中心，文林峰.大力推广装配式建筑必读:技术·标准·成本与效益 [M].北京：中国建筑工业出版社，2016.

[26] 李慧民，赵向东，华珊等.建筑工业化建造管理教程 [M].北京：科学出版社，2016.

[27] 深圳市建筑科技促进中心，陈振基.我国建筑工业化实践与经验文集 [M].北京：中国建筑工业出版社，2016.

[28] 钟吉祥.建筑工业化实用技术 [M].北京：中国建筑工业出版社，2017.

[29] 董超.浅谈"工法样板"在建筑工程中的作用 [J].城市建设理论研究（电子版），2014（30）：660-661.

[30] 魏邦仁.工具式外挂防护架在装配式混凝土结构中的应用 [J].安徽建筑，2016，23（1）：131-133.

[31] 戴鹏.香港预制外墙设计与施工技术初探 [J].混凝土世界，2014（8）：44-57.

[32] Li C Z，Hong J，Xue F，et al. SWOT analysis and Internet of Things-enabled platform for prefabrication housing production in Hong Kong[J]. Habitat International，2016，57：74-87.

[33] Wei Zhang，Ming Wai Lee，Lara Jaillon，Chi-Sun Poon. The hindrance to using prefabrication in Hong Kong's building industry[J]. Journal of Cleaner Production，2018，70-81.

[34] 周宁.香港地区超高层建筑施工中的预制件应用 [J].建筑施工，2005，27（7）：61-63.

[35] 张海燕，申琪玉，黄玉龙.香港地区新型预制混凝土结构体系施工研究 [J].建筑技术，2009，40（8）：747-750.

[36] 有利华建筑产业化科技(深圳)有限公司,黄业强.香港装配式建筑技术发展（一）[M].成都：电子科技大学出版社，2017.

[37] 麦耀荣.香港公共房屋预制装配建筑方法的演进 [J].混凝土世界，2015（09）：20-25.

[38] 郭志东，刘乃斌.浅析装配式建筑技术在美国的应用和发展 [J].四川建筑，2018，38（5）：187-189.

[39] 王志成.美国装配式建筑产业发展态势（一）[J].建筑，2017（9）：59-62.

[40] 王志成.美国装配式建筑产业发展态势（二）[J].建筑，2017（11）：53-56.

[41] 王志成.美国装配式建筑产业发展态势（三）[J].建筑，2017（13）：59-62.

[42] 王志成.美国装配式建筑产业发展态势（四）[J].建筑，2017（15）：54-57.

[43] 王志成.美国装配式建筑产业发展态势（五）[J].建筑，2017（17）：57-59.

[44] 王志成，约翰·格雷斯与约翰·凯·史密斯．美国装配式建筑产业发展趋势（上）[J]. 中国建筑金属结构，2017（9）：24-31.

[45] 王志成，约翰·格雷斯，约翰·凯·史密斯．美国装配式建筑产业发展趋势（下）[J]. 中国建筑金属结构，2017（10）：24-31.

[46] 王志成．美国装配式建筑"六大链"积聚产业链优势[J]. 中国勘察设计，2017（9）：57-59.

[47] SEEBER．美国装配式建筑发展历程相关政策与实现方[J]. 住宅产业，2017（5）：28-31.

[48] SEEBER．美国装配式建筑发展状况[J]. 住宅产业，2017（5）：26-27.

[49] SEEBER．美国装配式建筑主要特点与未来发展[J]. 住宅产业，2017（5）：32-35.

[50] 全球十个国家的装配式建筑发展现状[J]. 砖瓦，2017（4）：76-78.

[51] 王滋，王丽，张赛男，赵荣军，向琴．轻型木桁架的研究现状与发展趋势[J]. 林产工业，2016，43（02）：3-7.

[52] 宗德林，楚先锋，谷明旺．美国装配式建筑发展研究[J]. 住宅产业，2016（6）：20-25.

[53] 高祥．日本住宅产业化政策对我国住宅产业化发展的启示[J]. 住宅产业，2007（6）：89-90.

[54] 李荣帅，龚剑．浅谈日本住宅产业化的发展与现状[J]. 中外建筑，2014（1）：52-53.

[55] 李湘洲．国外住宅建筑工业化的发展与现状(一)——日本的住宅工业化[J]. 中国住宅设施，2005（1）：56-58.

[56] 刘长发，曾令荣，林少鸿等．日本建筑工业化考察报告（节选一）（待续）[J]. 居业，2011（1）：67-75.

[57] 刘长发，曾令荣，林少鸿等．日本建筑工业化考察报告（节选二）（续一）[J]. 居业，2011（2）：73-84.

[58] 刘长发，曾令荣，林少鸿等．日本建筑工业化考察报告（节选三）（续二，续毕）[J]. 居业，2011（3）：62-69.

[59] 谢怡．住宅产业化发展分析——从日本住宅产业化结构分析我国住宅产业发展之路[J]. 现代商贸工业，2009，21（17）：181-183.

[60] 张铁山，洪媛，许炳．日本住宅产业化发展的经验与启示[J]. 商业经济研究，2010（6）：116-118.

[61] 张辛，刘国维，张庆阳．日本：装配式建筑标准化批量化多样化[J]. 建筑，2018（11）：50-51.

[62] 肖扬，周姆．日本装配式住宅对传统建筑思想的继承和发展研究[J]. 中国房地产业，2016（14）：62-66.

[63] 杨迪钢．日本装配式住宅产业发展的经验与启示[J]. 新建筑，2017（2）：32-36.

[64] 张振坤．半预制混凝土结构在新加坡政府组屋中的应用[J]. 建筑结构，2012（1）：766-769.

[65] 高阳．新加坡装配式建筑发展研究[J]. 住宅产业，2016（6）：45-49.

[66] 高阳 . 新加坡装配式建筑发展状况与启示 [J]. 住宅产业，2017（9）：11–19.

[67] 张昕怡，刘晓惠 . 新加坡装配式组屋建设的经验与启示 [J]. 住宅科技，2012，32（4）：21–23.

[68] 王靖 . 樟宜机场皇冠假日酒店 [J]. 世界建筑，2009（9）：98–103.

[69] 佚名 . 预制构件技术成为新加坡建筑业发展趋势 [J]. 混凝土，2015（8）：134–134.

[70] 纪颖波 . 新加坡工业化住宅发展对我国的借鉴和启示 [J]. 改革与战略，2011，27（7）：182–184.

[71] 中国城市科学研究会绿色建筑与节能专业委员会 . 建筑工业化典型工程案例汇编 [M]. 北京：中国建筑工业出版社，2015.

[72] 崔秀清，于洋 . 从"全预制"到"半预制"——德国的装配式混凝土住宅发展之路 [J]. 建筑与文化，2017（8）：10–15..

[73] 夏锋，樊骅，丁泓 . 德国建筑工业化发展方向与特征 [J]. 住宅产业，2015（9）：68–74.

[74] 李瑜 . 德国新技术助力发展装配式建筑 [J]. 砖瓦，2016（12）：68–69.

[75] 卢求 . 德国装配式建筑发展研究 [J]. 住宅产业，2016（6）：26–35.

[76] 王志成，安得烈·杰姆斯 . 德国装配式住宅工业化发展态势（一）[J]. 住宅与房地产，2016（29）：62–68.

[77] 王志成，安得烈·杰姆斯 . 德国装配式住宅工业化发展态势（二）[J]. 住宅与房地产，2016（32）：73–76.

[78] 王志成，安得烈·杰姆斯 . 德国装配式住宅工业化发展态势（三）[J]. 住宅与房地产，2016（33）：75–77.

[79] 王志成，安得烈·杰姆斯 . 德国装配式住宅工业化发展态势（四）[J]. 住宅与房地产，2016（35）：67–71.

[80] 蔡恩健，蔡琪，白颖 . 浅析德国建筑工业化产业链的启示 [J]. 建筑机械化，2016，37（4）：19–20.

[81] 李瑜 . 全球十个国家的装配式建筑发展现状 [J]. 砖瓦，2017（4）：76–78.

[82] 陈小波 . "BIM& 云"管理体系安全研究 [J]. 建筑经济，2013（7）：93–96.

[83] 杜康 . BIM 技术在装配式建筑虚拟施工中的应用研究 [D]. 聊城：聊城大学，2017.

[84] 黄强 . 基于 P-BIM 工程实践的建筑信息模型实施方式 [J]. 河南土木建筑，2015（9）：1–20.

[85] 何玉童，姜春生 . 北斗高精度定位技术在建筑安全监测中的应用 [J]. 测绘通报，2014（2）：125–128.

[86] 吕伟才 . 基于 P-BIM 的总承包项目信息管理系统研究与应用 [J]. 施工技术，2016（2）：580–583.

[87] 张俊，刘洋，李伟勤 . 基于云技术的 BIM 应用现状与发展趋势 [J]. 建筑经济，2015（7）：27–30.

[88] 徐迅 . 建筑企业 BIM 私有云平台中心建设与实施 [J]. 土木工程与管理学报，2014（2）：

84–90.

[89] 黄强. 借助 P–BIM 标准实现建筑业"互联网 +"[J]. 工程建设标准化，2016（7）：12–15.

[90] 杜晓刚. 虚拟仿真技术在建筑施工中的应用分析 [J]. 中华民居旬刊，2011（6）：89–90.

[91] 吕治国，闫琪. 虚拟现实技术在建筑工程安全管理中的应用 [J]. 建筑安全，2009（4）：58–60.

[92] 黄艳雁. 虚拟现实技术在建筑工程中的应用 [J]. 武汉船舶职业技术学院学报，2007（4）：43–44.

[93] 赵锐，王文彬. 虚拟现实技术在土木建筑工程中的应用探究 [J]. 河南建材，2016（4）：279–280.

[94] 肖阳. BIM 技术在装配式建筑施工阶段的应用研究 [D]. 武汉：武汉工程大学，2017.

[95] 苏杨月. 装配式建筑建造过程质量问题及改进机制研究 [D]. 济南：山东建筑大学，2017.

[96] 郑河深. 3D 打印技术在装配式建筑的应用 [J]. 建设监理，2017（8）：79–81.

[97] 喻博，李政道，洪竞科等. 前沿信息技术在装配式建筑建设管理中的应用研究 [J]. 工程管理学报，2018，32（6）：1–6.